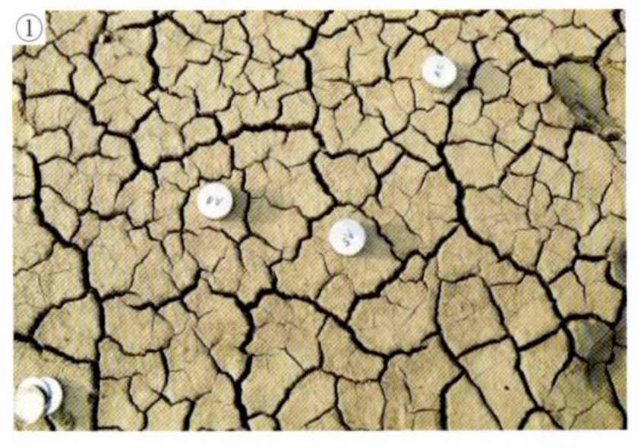

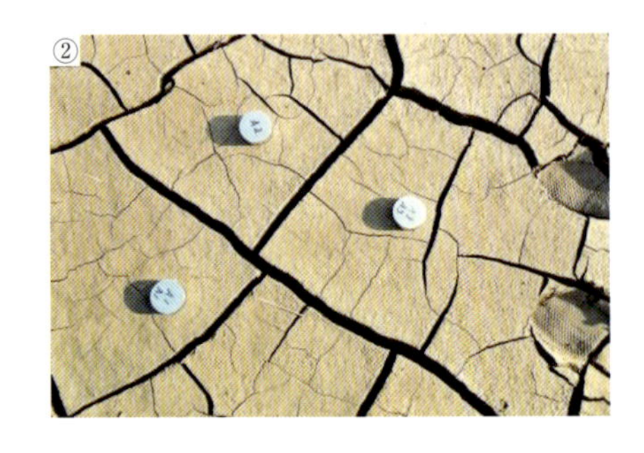

口絵 1　様々な地表面の亀裂形状（第 3 章参照）
①②代かきを行った裸地が乾いたときの亀裂
③水稲の条間にできた亀裂

口絵 2　重粘土質水田土壌の例（福井県）（第 2 章，第 4 章参照）
（0～30 cm：作土と硬盤，30～60 cm：赤い線（点）が根成孔隙（マクロポア），70 cm 以深：還元層）

口絵 3　塩類化した農地（第 5 章参照）
①大量の塩類が表面に集積したかつての農地（カザフスタン共和国）
②ソーダ質化により表面がクラストで覆われた農地（メキシコ合衆国）

口絵 4　灌漑が行われている農地（第 5 章参照）
①貴重な水資源の有効利用を考慮した点滴灌漑農地（メキシコ合衆国）
②大量の水を利用している畝間灌漑農地（中国・陝西省・洛恵渠灌漑区）

口絵 5　激しい土壌侵食を受けて作物が流失した農地（第 8 章参照）

口絵 6　河川から沿岸域に流入する濁水（第 8 章参照）

口絵 7　米国テキサス州を襲ったダストボウル（第 8 章参照）
(NOAA George E. Marsh Album)

口絵 8　ネットによる地表面のマルチング（第 8 章参照）
（写真提供：鈴木　純氏）

土壌物理学

西村　拓
［編］

朝倉書店

編集者

西村　拓（にしむら たく）　東京大学大学院農学生命科学研究科

執筆者

遠藤常嘉（えんどう つねよし）　鳥取大学農学部生命環境農学科

大澤和敏（おおさわ かずとし）　宇都宮大学農学部

常田岳志（ときだ たけし）　農研機構 農業環境変動研究センター

中村公人（なかむら きみひと）　京都大学大学院農学研究科

西村　拓（にしむら たく）　東京大学大学院農学生命科学研究科

登尾浩助（のぼりお こうすけ）　明治大学農学部

濱本昌一郎（はまもと しょういちろう）　東京大学大学院農学生命科学研究科

前田守弘（まえだ もりひろ）　岡山大学大学院環境生命科学研究科

柳井洋介（やない ようすけ）　農研機構 野菜花き研究部門

吉田修一郎（よしだ しゅういちろう）　東京大学大学院農学生命科学研究科

（五十音順）

はじめに

土壌は長い年月をかけて，物理的風化過程，化学的風化過程，さらには生物生態系由来の有機物の蓄積など様々なプロセスを経て生成されたものである．土壌は，母材に加えて生成過程における気候，地形，生物，時間といった土壌生成因子の寄与の多寡に応じて異なる性質や機能を示すようになる．定性的には，比較的若い土壌では母材の影響が，古い土壌では，生成過程において経験した生成因子の影響が現れることが多い．また，近年の研究では，黒ボク土の生成における野焼きの寄与のように，人為行為の影響も無視できない場合がある．結果として，世界中に様々なタイプの土壌が分布する．それぞれの地域の土壌が各々特有の性質を示すことから，土壌の性質を整理し，一定の尺度で評価・分類することが，土壌の挙動の理解や予測，土地の適切な利用の検討のために必要であり，そのために土壌分類が行われる．

米国農務省（USDA）の提案するSoil Taxonomyや国連食糧農業機関（FAO）のWorld Reference Base for Soil Resourcesは，土壌そのものの特性や層位，利用上の制限要因となるような土壌特性を特徴土層として評価し，これらの組み合わせで土壌を分類する．日本では，農地土壌，森林土壌で異なる分類が使われてきたが，近年，農地，林地といった土地利用の違いを問わずに適用可能な包括的土壌分類第1次試案（農業環境技術研究所，2011年当時）が提案されている．後述の包括的土壌分類第1次試案では，国内の土壌について，大項目から細項目へと10土壌大群，27土壌群，116土壌亜群，381土壌統群のカテゴリーを設定して分類を行っている．本書では，このような土壌生成や土壌分類の詳細については割愛するので，『最新土壌学』（朝倉書店）第2章・土壌の生成と分類などや包括的土壌分類第1次試案（https://soil-inventory.dc.affrc.go.jp/pdf/offer/dojoubunnrui dai1jishiann.pdf）や日本ペドロジー学会の日本土壌分類体系（http://pedology.jp/img/Soil Classification System of Japan.pdf）を参照してほしい．

同じ土壌タイプであっても，圧縮の有無や土性の違いなどによって乾燥密度や空隙率，孔隙径分布が異なると，保水性や透水性，通気性といった移動特性が大きく異なる．土壌物理学では，多様な土壌を統一的に理解し，扱うために，土粒子の粒径組成，孔隙の量や大きさといった土壌タイプによらない量を用いて土壌を考える．同じ観点で，地盤工学などで使われる工学的土壌分類がある．これも本書では割愛するので，関心のある人は，米国の統一的土壌分類体系（the Unified Soil Classification System）や地盤工学会基準を参照していただきたい．

土壌は静的な物質のような印象があるかもしれないが，土壌をめぐる水や熱，化学物質の移動は非常に動的である．動的な移動現象は，土壌中に非定常な（時間的に変化する）状態で生じる．非定常な現象を把握・理解・解析することは容易ではないため，従来，土壌物理学では対象とする現象を定常状態（時間的に変化のない移動現象），さらには平衡状態（移動がない静止状態）へと単純化して議論することが多かった．たとえば，土中水の移動を表現するダルシー（Darcy）式は，時間項のない定常状態の水移動を議論する式であり，毛管上昇高を使う議論は，移動のない平衡状態を仮定している．しかし，近年，コンピュータの能力が飛躍的に向上し，土壌中の移動現象を非定常のまま数値的に検討することが可能になり，地下水面より上の土壌における定常・非定常な状態の土壌水分を地下水面からの毛管上昇や懸垂水といった概念で考えることが必ずしも適当ではないことが明らかになってきた．

土壌中の水と熱の連成移動のように，相互に関連する移動現象がある．土壌中の熱・物質の移動は，鉱物種や土性，水分量，乾燥密度といった土壌の性質や状態量に左右される．また，土壌の化学性のみならず孔隙径分布などの物理性も，土壌中の移動現象の影響を受ける．上述した土壌分類に使われる特徴表層や特徴次表層の形成は土壌中の水の移動にともなう化学物質の溶脱や地表，地中における集積によるものである．湿潤地域では下方への水浸透にともなった溶脱が卓越する一方で，乾燥地，半乾燥地では蒸発が卓越し，地表における水溶性物質の集積が顕著になる．集積現象は，水の供給という点で気候因子や灌漑の多少に大きく依存するが，さらに，土壌中の物質移動を規定する透水性，保水性の影響が無視できない．土壌の粒径組成が異なれば，土壌中の水移動が異なる．粒径組成が同じ土壌であっても，充填の様子（乾燥密度（容積重，かさ密度）の大小）が異なると土壌の透水性が大きく異なる．これらを突き詰めていくと，土壌分類で整理される土壌タイプとは別に，土壌中の孔隙の量や孔隙径分布，孔隙の連続性といった物理的な量で表現される土壌の性質が土壌中の水やガスの移動，さらには土壌生成自体をも左右していることがわかる．

土壌には，植生や作物を維持する物理的基盤，水の貯留や浄化機能，有機物の分解と蓄積，養分の保持と植物への養分供給，土壌生物の生活の場，微気象の調整，さらには，土木や農業利用のための資材といった，いわゆるエコシステムサービス機能がある．また，国連食糧農業機関は，国連開発計画（UNDP）の持続可能な開発目標（SDGs，たとえば，外務省 SDGs アクションプラットフォーム参照）の 17 項目中，項目 1〜3 と 11〜15 の 8 項目に土壌がかかわると指摘している．土壌にかかわるこれらのサービス機能は，透水性や保水性，通気性，熱物性や土性といった土壌の物理性や土壌中の移動現象と関連が深い．土壌をめぐる熱・物質移動現象にかかわる個々のメカニズムの解明とともに，土壌中の移動現象がどのような形で土壌の生態系サービスにかかわっているかという点も十分に理解する必要がある．

本書では，上記を念頭に土壌内外で生じる諸現象を土壌物理学的な切り口で扱うことを重視した．基礎的な土壌学，土壌物理学の書籍を参考図書に想定し，従来の土壌物理学の教科書で多くのページを割いていた土壌水の状態や土壌水の移動についての記述を減らし，その分，現場で生じる現象を積極的に紹介することに重きを置いた．したがって，土壌の基本的な物理性性質や移動現象の基礎を扱う前半部分の第 1 章（土の固相），第 2 章（土壌中の水および化学物質の移動）ならびに第 3 章 3.1 節（土の変形の理論）については，本書で示すことのできなかった基礎的な事項を，たとえば，『土壌学概論』，『最新土壌学』，『土壌物理学』（いずれも朝倉書店），『土壌物理学』（築地書館），『土質力学』（共立出版）といった類書にゆだねる．

第 3 章の後半以降は下記のように実際に現場で発生する土壌にかかわる問題を取り上げ，その中に介在する土壌物理学的側面を解説する．具体的には，以下の 6 つの章が該当する．

第 3 章 3.2 節　土壌の圧縮と圧密　以降
第 4 章　温室効果ガス
第 5 章　土壌の塩類化
第 6 章　土壌の肥培管理と水質汚濁

第７章　土壌と気象障害

第８章　土壌侵食

最後の第９章では，近年，環境科学，農学で必須のツールとなりつつある数値モデル・数値計算について，土壌中の移動現象モデルを取り上げて，概説した．当然のことながら，個々の移動現象の理論を扱う第１章，第２章，第７章の内容と第９章の内容は非常に関連が深い．また，数値モデルに関する広範な内容を限られた紙面に押し込んだため，第９章については，数値解析の初学者が，類書を参考に自習するというよりは，講義において教員などのアドバイスのもとで内容に関する理解を深めるような形になることを予想している．

土壌物理学は，土壌内外で実際に生じる，時間的に動的な現象を扱うためのツールとして有用である．一方，土壌物理学はしばしば，単純化が過ぎて現場と乖離している，理論が難しすぎる，といった評価を受け，敬遠されることも多い．本書は，温室効果ガス発生などの物質循環問題や土壌劣化，土壌圧縮や水食といった農地で生じる現象を取り上げ，土壌物理学にかかわる側面を示しながら記述することを試みた．また，コンピュータ上のモデルで自然現象を表現することが一般的になりつつあることを鑑み，移動現象の数値解析について章を立てた．これらの試みがどれだけ功を奏するか，編者・著者共に心許ない部分があるが，本書をきっかけに，一人でも多くの人が土壌物理学に興味を持ってくれることを願っている．

最後に，本書では，あまり紙面を割くことができなかったが，時間的に動的な現象とは別に，土壌の性質の空間的な分布やそのスケールの大小，団粒の内外のような空間的な不均一性も土壌中の移動現象や生化学反応を左右する重要な要因であり，かつ，十分には解明されていない分野である．このような未解明のテーマにも興味を持っていただければ，望外の喜びである．

2019 年 3 月

西村　拓

目　　次

1 土の固相

本章では，後述の章で論じられる様々な現象において使われるだろう，土壌の固相に関する基本的な概念，変数，用語などを定義する．旧来の土壌物理学では，土壌の化学性と土壌中の物理現象の関連について考える意識が必ずしも高くなかったが，近年，土壌の化学性と物理性の架け橋になる粘土鉱物・粘土粒子を含むコロイドの土壌中の物質移動における重要性が強調されている．とくに日本では，2011 年の東日本大震災時に発生した原子力発電所の事故で周辺環境に粘土鉱物への吸着が著しい放射性セシウムが放出されたことを契機に，物質移動における粘土鉱物などコロイド粒子の重要性が再認識されている．この点をふまえて，粘土鉱物の基本的な性質についても紙面を割いた．

1.1 三相分布

土壌は，固体である鉱物粒子や有機物（固相）と固体間の間隙を満たす空気（気相）と水（液相）の 3 つの相から成り立っている．当然のことながらこの三相は，それぞれ大きく性質が異なる．たとえば，鉱物粒子は，圧縮性（変形性）が非常に小さく（第 3 章），水は突出して比誘電率が大きい（第 2 章）．また，空気（気相）の熱伝導率は，固体の熱伝導率よりもかなり小さい（第 7 章）．さらに，土壌中の水の移動性（透水係数）や空気の移動性（通気係数，ガス拡散係数）熱の伝わり方（熱伝導率）は，空隙を満たす水の量に応じて大きく変わる（第 2 章，第 7 章）．結果として，土壌における三相それぞれの体積割合は，土壌の振る舞いや土壌中の移動現象を考える際に重要な情報となる．

図 1.1 は，黒ボク土と沖積土の三相の深さ分布の測定例である．黒ボク土は一般に固相の占める体積割合が小さく，沖積土の方が相対的に固相が占める体積割合が大きい．ここで図に示したものは，土壌採取を行った日の状態であり，その

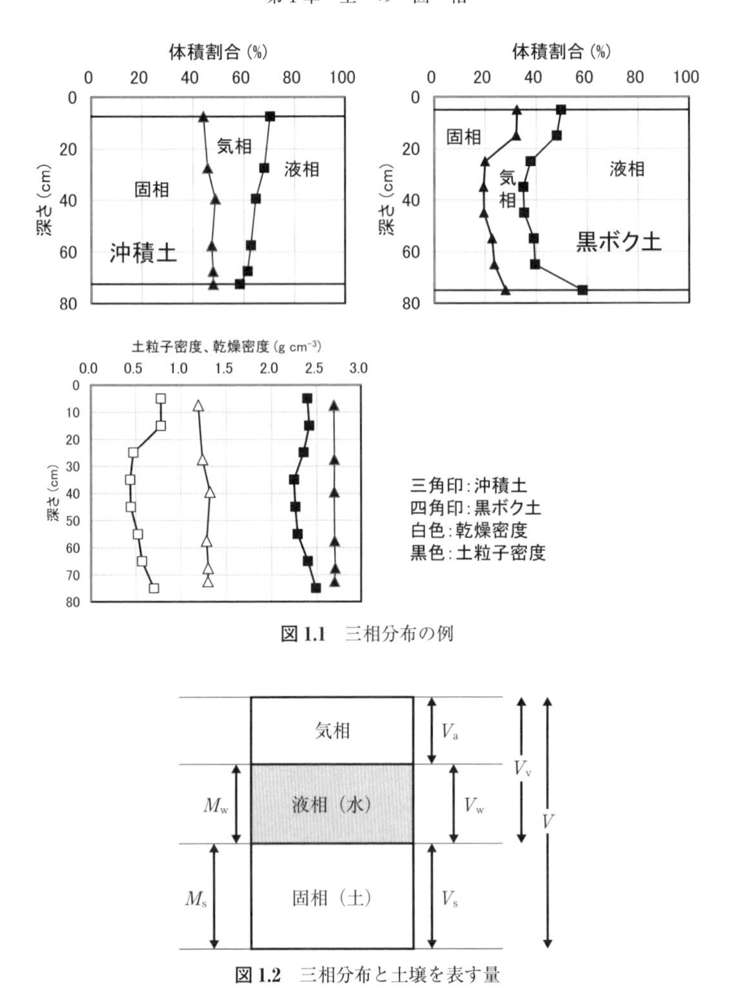

図 1.1　三相分布の例

図 1.2　三相分布と土壌を表す量

後，降雨や蒸発散などによる水分量の増減によって，気相率，液相率は変化する．

三相分布に関連して，頻繁に使う量として乾燥密度と水分量がある．図 1.2 のように土壌を表す量を定義する．M は質量（たとえば g），V は体積（同 cm^3），下付き文字の $_w$ と $_s$ と $_a$ はそれぞれ，液相（水），固相，気相を表す．

乾燥密度は，単位体積の土壌の質量であり，乾燥密度と湿潤密度がある．土壌の全体の体積 V (cm^3)，炉乾燥後の土の質量 M_s (g) に対して乾燥密度 ρ_d ($g\ cm^{-3}$) は，

$$\rho_d = \frac{M_s}{V} \tag{1.1}$$

で定義される．下付き文字の $_d$ は，乾燥（dry）の意である．M_s, V の単位は適宜変わるが，土壌学では，g と cm^{-3} を使うことが多い．乾燥密度は，容積重，かさ密度，仮比重とよばれることもある．測定に炉乾燥した試料を用いることや，土粒子密度との対応,「重」の意味の曖昧さ，湿潤密度と乾燥密度の使い分けなどを考慮して本書では乾燥密度を用いる．土壌の固相（土）と液相（水）の質量の和（$M_s + M_w$）を体積（V）で除したものを湿潤密度（ρ_t）とよぶ．

乾燥密度の定義は，土壌塊全体の体積と塊の中の固相の質量の比であるが，乾燥密度と同様に土壌の固相（粒子）のみの体積（V_s）と固相の質量（M_s）の比をとって土粒子密度（ρ_s）を定義する．ρ につく下付きの文字 $_s$ は水分量などに影響されない，土壌に固有な（specific）という意味である．土粒子密度は，石英など多くの土壌鉱物で 2.7 g cm^{-3} 程度であり，有機物含量の多い土壌では小さく，鉄鉱物など密度の高い物質を多く含む場合は大きくなる．一般の土壌では，2.6～2.65 g cm^{-3} 程度が典型的な値である．土粒子密度を水の密度で除したものを真比重とよび，長年使ってきた．一般に，比重を用いるときは水や水銀など基準となる物質を明示しなければならないが，真比重では暗黙のうちに水となっており，水の密度そのものが温度によって変化することや，他分野との言葉の整合性を考慮して，本書では土粒子密度を採用する．

土壌の間隙の定量的な表現としては間隙率と間隙比がある．間隙率（n もしくは Φ）は，土塊全体の体積に占める間隙の体積（V_v）の割合であり

$$n = \frac{V_v}{V} = 1 - \frac{V_s}{V} = 1 - \frac{\rho_d}{\rho_s} \tag{1.2}$$

土木・地盤工学では，間隙率の代わりに間隙比 $e = V_v/V_s$ あるいは，体積比 $f = V/V_s = e + 1$ が使われることが多い．

水分量の指標としては，含水比（ω）と体積含水率（θ）が通常用いられる．

$$\omega = \frac{M_w}{M_s} \tag{1.3}$$

$$\theta = \frac{V_w}{V} = \frac{M_w}{M_s} \times \frac{\rho_d}{\rho_w} \tag{1.4}$$

その他，体積含水比 $\theta = V_w/V_s = \omega \times \rho_s/\rho_w$ や飽和度（第 9 章参照）が使われるこ

ともある.

1.2 土　　性

土壌を分類・整理するにあたり，米国農務省（USDA）のSoil Taxonomyや国連食糧農業機関（FAO）が中心になって作った世界土壌照合基準，農業環境技術研究所（現環境変動研究センター）の作成した包括的土壌分類第1次試案といった土壌分類が広く使われている．しかし，同じ土壌タイプであっても様々な理由で性質が一致しないことが多い．たとえば，同じ土壌タイプで同程度の標高や地下水位であっても，降雨後に水溜まりが残る農地と降雨中にも水溜まりができにくい農地を見ることがある．

水やガスの土壌中の移動や土壌の保水などを考える際には，土壌中の間隙・孔隙の量や質が重要な要因になる．均一径の球を容器に充填する際，六方格子充填だと間隙率が0.395になり，そのときの代表的な孔隙の実効半径は，球の直径の1/20程度になる．実際の土壌では，必ずしもこのような単純な関係は成立しないが，それでも，粒径の約1/10程度の孔隙があるという目安は非常に重宝する．第2章で扱う透水性や保水性，第8章で出てくる降雨の浸入・流出について考える際に，土壌中の孔隙構造に深いかかわりをもつ土粒子の大きさに着目した分類が便利である．

土壌を構成する粒子の大きさに応じて，細粒側から粘土，シルト，砂，礫といった区分がある．農学では，礫は分析の対象外として2mm篩通過分の土壌試料を対象に検討を進めることが多い．図1.3に米国農務省，国際土壌科学連合（IUSS）ならびに日本のJIS A 1204で採用している粒径と粒子名の関係を示す．米国農務省や土壌科学では，0.002mm以下の粒子を粘土とよぶのに対して，工学系のJISでは，0.005mm以下を粘土画分にするなど若干の違いがある．

図1.3の区分の中で礫や粗砂を除いて粘土，シルト，砂（ただし2mm以下）の3画分の割合を用いて土壌を分類したものが土性である．図1.4に国際土壌科学連合と米国農務省で使われる土性区分三角座標を示す．両者で分類の仕方に若干の違いがあるが，要点は，土壌タイプによらず，同じ粒径組成であれば，同じ土性として土壌分類結果を問わず，類似した物理性を示す可能性が高いと考える点にある．たとえば，三角座標で重埴土（heavy clay）もしくは埴土（clay）に分類さ

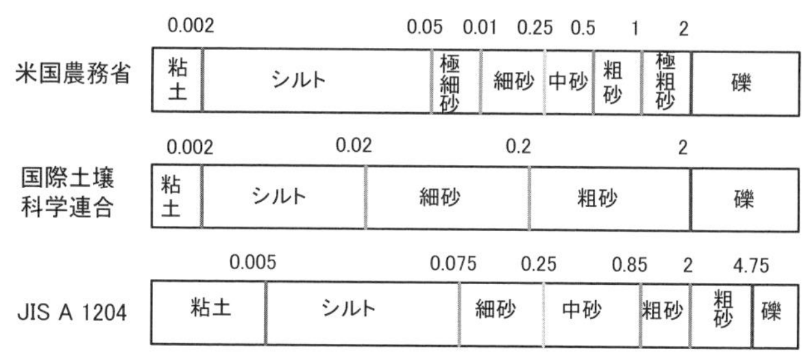

図 1.3 粒径の区分（IUSS, USDA, JIS）

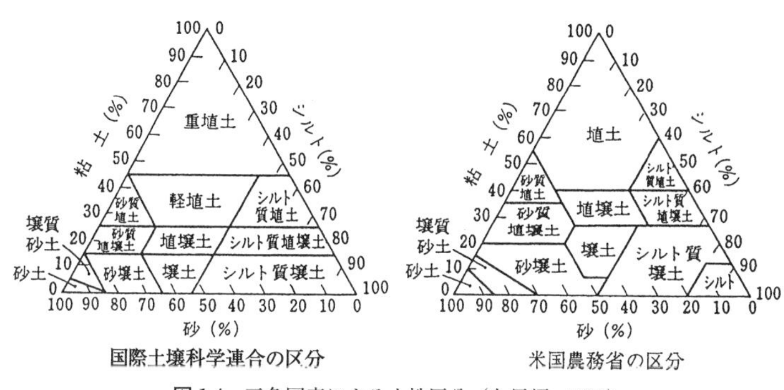

図 1.4 三角図表による土性区分（久馬編，1997）

れる土壌は，一般に透水性が低い傾向を示す．第 9 章における数値予測では，土壌の不飽和透水係数や保水性のモデルパラメータが結果を左右するため，米国などの土壌については，既存のデータを用いたモデルで粘土，シルト，砂の割合や乾燥密度の値を用いて，不飽和透水係数や保水性のモデルパラメータを推定するツールが提案されている（Schaap *et al.*, 2001）.

1.3 粘土鉱物と粘土粒子

土粒子を構成する鉱物には，一次鉱物と二次鉱物がある．一次鉱物はいわゆる岩石と同じもので，一次鉱物の風化の結果生成するのが二次鉱物である．土壌中に多く見られる一次鉱物としては，石英のほか，長石，輝石，角閃石，雲母がある（山根他，1998）.

土性の評価では，0.002 mm 以下の粒子を粘土画分と分類したが，粒径で定義される粘土画分とは別に，二次鉱物としての粘土鉱物の性質も土壌の物理性において重要な役割をもっている．粒径で定義される粘土画分の大半が粘土鉱物であるため混同されることも多いが，粒径分布における粘土画分は粒径という分析手法の結果によって定義されるものであり，粘土鉱物は二次鉱物を指すことに注意する必要がある．第3章で議論する土壌構造の安定性や膨潤の有無は，粘土鉱物の違いによるところが大きい．

光学顕微鏡以外に小さな粒子を観察する術がなかった時代，μm 以下の大きさの粘土粒子を視覚的に特定することはできなかった．しかし，見ることができない何かが存在し，それが土の物理性に影響を与えていることは明らかであった．目に見えない粘土粒子の性質を特徴づける手法として提案され，今日も使われている試験法にコンシステンシー試験がある．含水量を変えながら土壌試料の変形を評価すると，含水比が減少するにつれて，土は液性体，塑性体，半固体，固体へと変形状態が変化する．液性体（流動する状態）と塑性体（力を加えると変形する）の境界の含水比を液性限界とよび，塑性体と半固体（力を加えると変形した後,割れる状態）の境界の水分量を塑性限界とする．液性限界と塑性限界の差，すなわち，土が可塑性を示す水分範囲を塑性指数とよび，塑性指数と液性限界の値を用いて，粒子が視認できない粘土という物質の物理的・力学的性質を整理して実務に生かしてきた（図 1.5）．

粘土鉱物としては，層状ケイ酸塩鉱物，アロフェン，イモゴライトといった非晶質，準晶質鉱物，酸化物，和水酸化物（オーパリンシリカ，ギブサイト，鉄鉱物），リン酸塩，硫酸塩，炭酸塩といったものがある．詳細は類書（たとえば,『最新土壌学』朝倉書店）に任せるが，ここでは，層状ケイ酸塩鉱物と日本各地の火山灰土壌によく見られる非晶質鉱物について簡単に触れる．

1.3.1 層状ケイ酸塩鉱物の構造と荷電の発生

粘土鉱物の単位構造としては, Si 原子の周囲に酸素原子が 4 個配位した Si 四面体と Al 原子の周囲に酸素が 6 個配位した Al 八面体がある．それぞれ二次元的に結合して板状になったものを Si 四面体層，Al 八面体層とよぶ．Si 四面体層と Al 八面体層が 1 対 1 で重なっていく粘土鉱物を 1 : 1 型粘土鉱物とよぶ（図 1.6）．1 : 1 型粘土鉱物には, カオリナイトやハロイサイトといった鉱物が一般的である．他方，2 枚の Si 四面体層が Al 八面体層を挟む形で単位構造を作る粘土鉱物も多く，

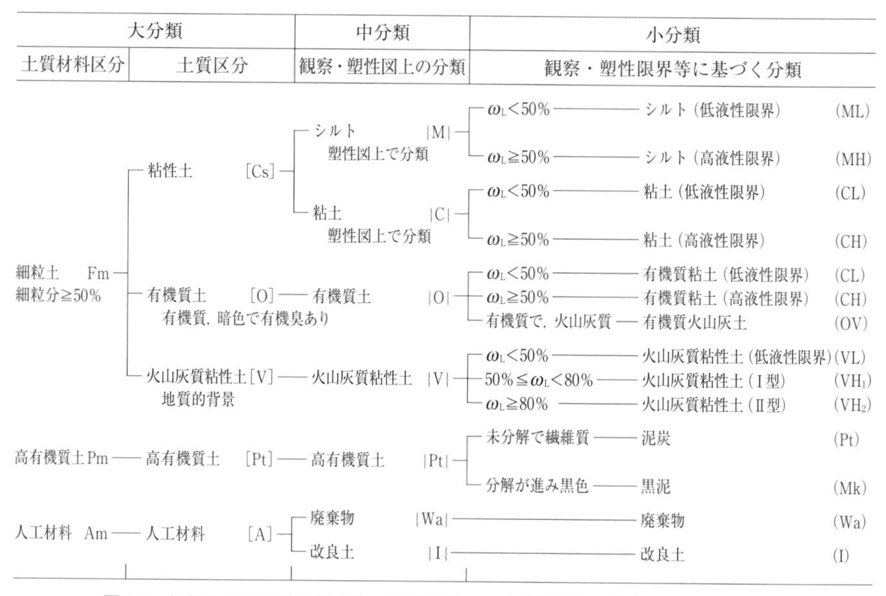

図 1.5　細粒土の工学的分類方法（地盤工学会室内試験規格・基準委員会編，2009）
ω_L は液性限界を示す．

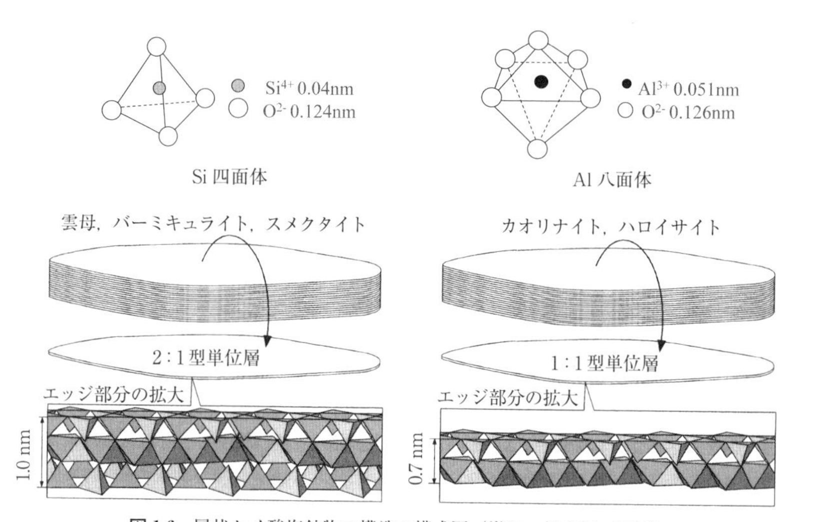

図 1.6　層状ケイ酸塩鉱物の構造の模式図（岩田・足立編，2004）
層状ケイ酸塩は単位層の積み重ねからなる．単位層には，厚さ 1.0 nm の 2：1 型単位層と厚さ 0.7 nm の 1：1 型単位層の 2 種類ある．

この種の粘土鉱物を2:1型粘土鉱物とよぶ．また，これらを総称して層状ケイ酸塩鉱物とよぶ．

層状ケイ酸塩粘土鉱物では，Si四面体層のSi^{4+}の位置にAl^{3+}が入ったり，Al八面体層のAl^{3+}原子の位置にMg^{2+}やFe^{2+}が入る同形置換が生じることがある．同形置換は，もともとあった陽イオンに対してイオン半径の値が近く，価数の小さい陽イオンが入る傾向にある（ポーリング（Pauling）則）．このような同形置換は1:1型粘土鉱物（カオリナイトなど）ではほとんどないと考えられており，主として2:1型粘土鉱物の性質を左右する重要な現象である．

同形置換の結果，もともとあった四面体層のSi^{4+}や八面体層のAl^{3+}よりも価数の小さい陽イオンが結晶中に入るため，電気的中性が保たれなくなる．この状態を粘土鉱物の外から見るとあたかも粘土鉱物が電気を帯びているように理解できる．結晶中の同形置換に由来する粘土鉱物の荷電を永久荷電とよぶ．永久荷電は，その名の通り，結晶構造が壊れない限り，周囲の土壌溶液の条件によらず，一定の荷電量を発現する．また，同形置換に由来するため，板状の粘土鉱物粒子の面の部分に発現するとともに荷電量が同形置換の程度（結晶内で，どの程度のSiやAlが価数の低い陽イオンと置換されているか）に依存する．

粘土鉱物粒子の周縁の部分では，Si四面体層やAl八面体層が破断された状態にある．ここの部分でむき出しになったSi-OHやAl-OHは，周囲の土壌溶液のpHが高い場合には，水素原子を奪われて負の電荷を生じる．また，pHが低い状態では，さらに水素原子が付加されて正の電荷を生じる．このような周囲の液体のpHに依存して変化する荷電を変異荷電（pH依存荷電）とよぶ．多くの2:1型粘土鉱物では，同形置換に由来する永久荷電が卓越するが，同形置換の少ない1:1型粘土鉱物や同形置換のない非晶質の粘土鉱物（たとえば，アロフェンやイモゴライト，ゲータイトなど）では，変異荷電が重要になる．さらに土壌中の有機物の官能基の一部も変異荷電量に寄与している．

図1.7に永久荷電，変異荷電の模式図を示した．pHが変化するにともなって変化する荷電と荷電に反応する陽イオン，陰イオンがある．図1.8は，関東ローム（X線回折で特徴的なピークがないため非晶質と考えられる）の荷電とpHの関係を示す．アロフェンやイモゴライト，有機物など変異荷電のソースを多く含む一方で層状ケイ酸塩鉱物はほとんど含まれない下層土（黒印）で●▼■が交差するpH 5.5付近が等電点（この場合，正確にはpoint of zero salt effect：PZSE）でpH

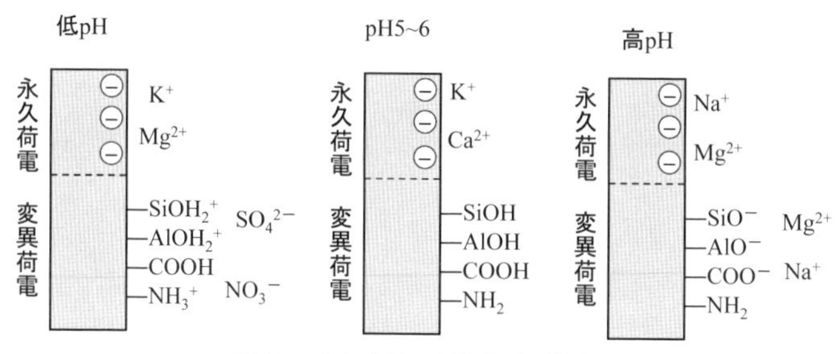

図 1.7　永久荷電，変異荷電の模式図

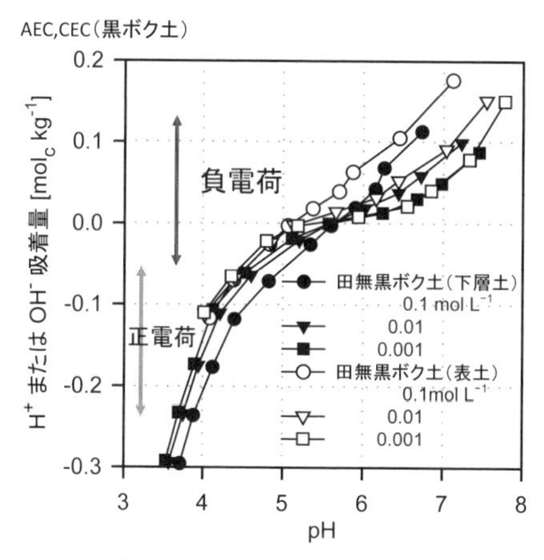

図 1.8　田無農場の関東ロームの変異荷電（pH 依存荷電）

がそれよりも低くなると正荷電が卓越する．このとき，通常の土壌ではあまり吸着しない陰イオン（硝酸イオンや硫酸イオン）の土壌への吸着も考慮する必要が生じる．pH が高い場合は，層状ケイ酸塩鉱物と同様に負の荷電が卓越する．大気中の二酸化炭素と平衡した水の pH が 5.8 程度であるので，この 5.5 という pH は特別に低い値ではない．

2：1 型粘土鉱物は，同形置換の位置や程度，同形置換によって生じた負の荷電を相殺する正荷電の由来などによって様々に分類される．図 1.9 は，その様子を簡単にまとめたものである．カオリナイト，ハロイサイトといった 1：1 型粘土鉱物では前述したように，ほとんど同形置換がない．バーミキュライトやイライトは，Si 四面体層に同形置換があり，バーミキュライトでは，それを層間の水和陽

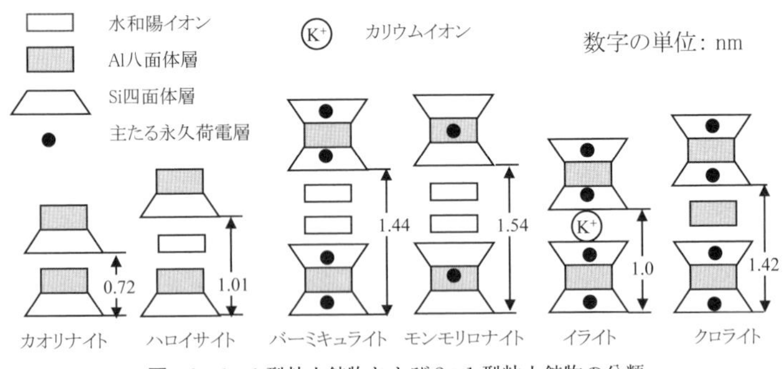

図 1.9　1：1 型粘土鉱物および 2：1 型粘土鉱物の分類

イオンが，イライトではカリウムイオンが中和する．クロライトも同様に Si 四面体層で同形置換が卓越するが，クロライトの場合は，2：1 型層の層間に Al 八面体層が入り込む形になっており，混層鉱物とよばれることもある．

スメクタイト，とくにその中でもモンモリロナイトやベントナイトといった鉱物は，上記の粘土鉱物とは異なり，Al 八面体層における同形置換が顕著になる．そして，2:1 型の単位層の層間にある水和した陽イオンが電荷を中和する．このとき，同形置換の位置が単位層の内部にあたる Al 八面体層にあるため，2：1 型単位層と隣接する 2:1 型単位層の間の電気的な相互作用（引力）が弱く，結果として，単位層の間に次々と水分子や水和陽イオンが入り込んで，層間の距離が大きくなることがある．この現象を膨潤とよぶ．膨潤した粘土は，蒸発などによって水分が減ると減っただけ層間距離が減って体積収縮する．図には示していないがスメクタイトの仲間でも，Si 四面体層に同形置換のあるバイデライトなどは，このような膨潤収縮を示しにくい．

図 1.10 に Si 四面体層，Al 八面体層の単位層を原子のサイズも考慮した図で示す．Al 八面体層がびっしり隙間なく Al と O 原子で埋められているのに対し，Si 四面体層では，規則正しく孔があることがわかる．この孔は六員環（siloxane ditrigonal cavity）とよばれるもので，0.26 nm 程度の大きさをもつ．六員環にちょうどはまるような大きさをもつ K^+（イオン半径：0.133 nm）や NH_4^+（同 0.143 nm），Cs^+（同 0.167 nm）などの一価の陽イオンは，六員環にはまることで粘土粒子への強い吸着を示す場合がある．

図 1.11 にアロフェン，イモゴライトの電子顕微鏡写真と構造について示す．ア

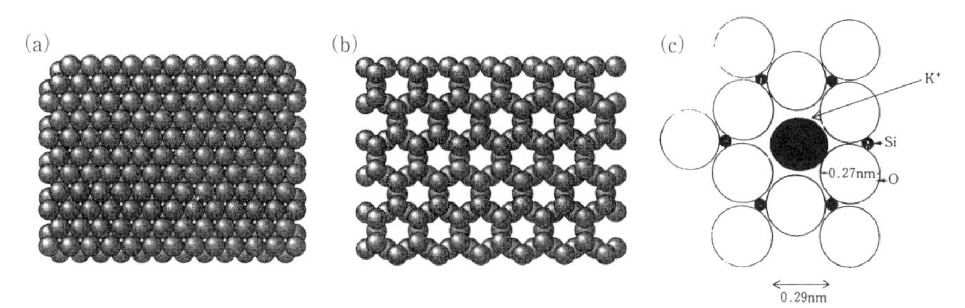

図 1.10　Al 八面体層（a）と Si 四面体層（b）の単位層（岩田・足立編，2004）と四面体層における K^+ の固定（c）（犬伏・安西編，2001）

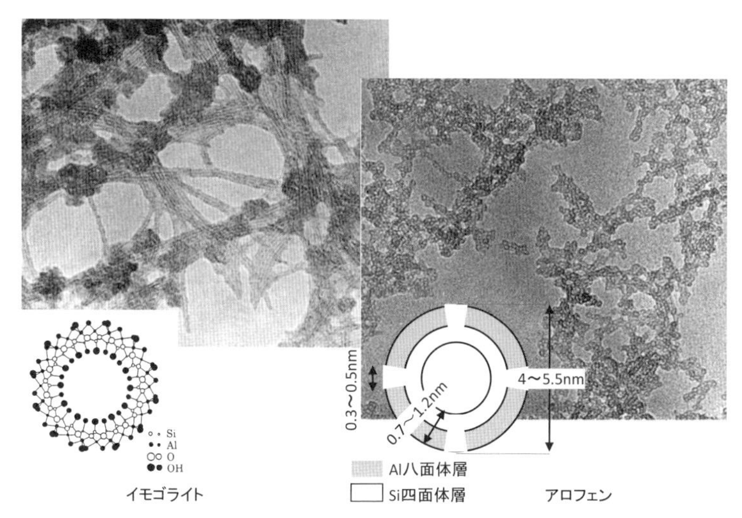

図 1.11　アロフェン，イモゴライトの電子顕微鏡写真と構造（イモゴライト模式図：和田，1986；写真：Parfitt, 2009 より）

ロフェンもイモゴライトもカオリナイトのように Al 八面体層が外側，Si 四面体層が内側に配置して 1：1 で貼り合わされたものが基本構造である．多くの場合，アロフェンは球状，イモゴライトは中空パイプ状の形状をしている．外側の Al 八面体層も内側の Si 四面体層も pH に応じて正もしくは負の電荷を発現する．また，層状ケイ酸塩鉱物のような規則的に繰り返される結晶構造をもたないため，X 線回折で分析した場合，アロフェンもイモゴライトも回折ピークを示さず，非晶質とよばれる．

1.3.2　拡散二重層イオンの吸着

先に述べたように，通常，粘土粒子や有機物には荷電があり，この荷電を中和するために異符号のイオンが随伴する必要がある．ここで話を簡単にするため，永久荷電のような負の荷電が卓越する場合を考える．土粒子の周囲に水がある場合，液相中の陽イオンは，粘土粒子の負荷電を中和するため，もしくは，粘土粒子の負荷電にクーロン（Coulomb）力で引っ張られるため粘土粒子周辺に集まる．一方，粘土粒子近傍と粒子表面から十分に離れた位置（バルクとよぶ）に陽イオンの濃度差があると濃度差に応じて分子拡散による移動が生じる．粘土粒子の負荷電に起因する粒子近傍への陽イオン集積作用と粒子近傍とバルクの陽イオン濃度差に起因する拡散現象がつり合うとき，粘土粒子近傍に特徴的なイオン濃度分布が形成される．この濃度分布を拡散二重層とよぶ．グイ（Guy）とチャップマン（Chapman）は，イオンを荷電をもった大きさのない粒子と仮定するなどいくつかの単純化を行い，拡散二重層内の電気的中性を満たすようにモデルを構築し，定量的に負荷電をもった粘土粒子周囲のイオン濃度分布を得た（岩田・足立編，2004）．その例を図1.12に示す．溶液中の陽イオンが負に帯電した粘土粒子近傍に集積し，逆に，陰イオンの濃度は粒子近傍では平均濃度よりも低くなる．後者を陰イオン排除とよぶ．

モンモリロナイトのような粘土鉱物を含み粘土画分が卓越するいわゆる膨潤性の粘土では，粒子間距離が短いため，複数の粒子間で拡散二重層が重なり合う場合がある．このとき，粘土粒子間の反発力によって粒子間距離（層間距離）が大

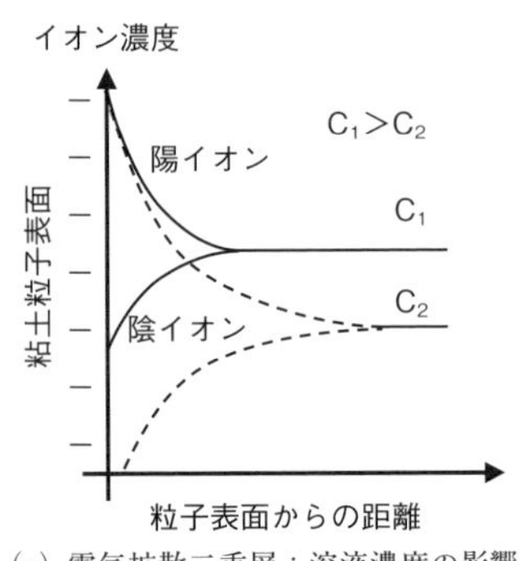

(a) 電気拡散二重層：溶液濃度の影響

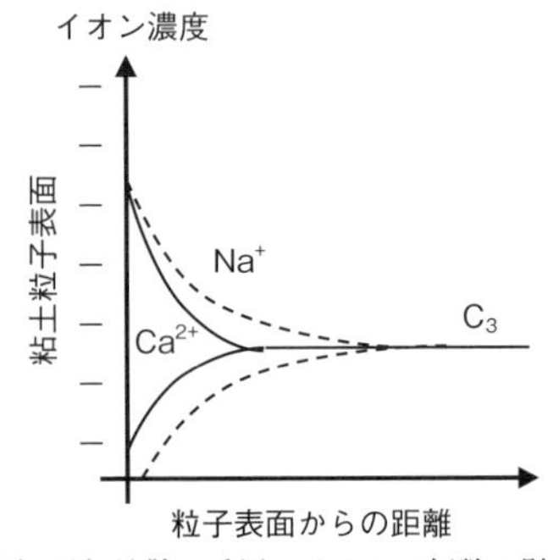

(b) 電気拡散二重層：イオンの価数の影響

図1.12　陽イオン種，濃度と拡散二重層

きくなるために，粒子間に水を吸い込もうとする作用が生じる．これが前述した膨潤現象である．現象を単純化したグイ・チャップマンのモデルでは，この膨潤現象を正確に説明できないが，イオンや水分子の大きさ，土壌水の化学ポテンシャルなどを考慮すると，膨潤や粘土粒子周囲のイオンの分布を理論的に説明することが可能になる（石黒・溝口，2009）

粘土粒子表面から陽イオン濃度が土壌溶液の平均イオン濃度と同程度になる位置までの距離は，土壌溶液の平均イオン濃度が低下すると長くなる．逆に，イオン濃度が増大すると，粒子表面近傍にイオンの分布が圧縮される．この拡散二重層の厚さの指標としてデバイ長がよく使われる（岩田・足立編，2004）．価数の高い陽イオン（たとえば，Ca や Al など）が溶液中に卓越すると，デバイ長は小さくなり，一価の陽イオン（Na や K など）が主の場合は，拡散二重層は，粒子表面から離れたところまで発達する．

拡散二重層の厚さは，粘土粒子間の相互作用に影響を与える．粘土粒子間には，おもに拡散二重層に由来する電気斥力と粒子近傍にはたらくファンデルワールス（van der Waals）引力がはたらく．ファンデルワールス引力が優勢になるような近距離に粘土粒子が近づくと，凝集が生じるが，拡散二重層が厚く発達すると，粘土粒子は，引力がはたらくほどには近接できない．

一価の陽イオンがおもに吸着している Na 土壌に降水や地下水などの電解質濃度の低い水を与えると，粘土粒子周囲の拡散二重層が拡張し，粘土粒子が分散する．その結果，土壌構造の変化や目詰まりによる透水性の低下といった現象が生じる．一方，河川を流下してきた濁水が河口から海水域に入るとすみやかに海底に沈降するが，これは，電解質濃度の上昇にともなって拡散二重層が圧縮され，結果として粒子間の引力が卓越するためである．また，浄水場では，懸濁物質を除去するためにポリ塩化アルミニウムやポリ硫酸アルミニウムといった Al^{3+} を含む化学物質が凝集剤として使われてきた．これは，イオンの価数によって拡散二重層の広がりが変わることに着目したものである．イオンの価数や濃度と土壌の物理的な性質の関連は乾燥地の塩類集積問題において重要な要因であり，第 5 章でさらに触れる．

1.3.3 イオン交換平衡とイオンの吸着

通常，粘土粒子は負の荷電をもつため，粒子周辺の拡散二重層内で陽イオンの濃度が土壌溶液の平均イオン濃度よりも高くなる．これは見方を変えると，陽イオンが粘土粒子に保持されているともいえる．粘土粒子の負荷電を中和していたAイオンに対して，土壌溶液中にBイオンを添加すると，Bイオンの一部はAイオンと交代して粘土粒子近傍に存在し，粘土粒子の荷電の中和に貢献するようになり，Aイオンは，液相に移行する．この現象をイオン交換とよぶ．このとき，Bイオンにのみ着目すると，添加したBイオンは，粘土粒子に保持されることであたかも溶液からBイオンが失われるように理解することもできる．Bイオンにのみ着目すると，イオン交換は新しく添加したBイオンの粘土粒子への吸着と考えることができる．吸着としての扱いは2.2.3項で触れる．

イオン交換平衡が成り立つとみなす場合，化学で扱う化学量論（質量作用の法則）が適用できる．土壌中の交換基におけるカリウム（K）とナトリウム（Na）のイオン交換平衡は，

$$\text{Soil-K}^{+} + \text{Na}^{+} \rightleftarrows \text{Soil-Na}^{+} + \text{K}^{+} \tag{1.5}$$

$$k_{\text{Na/k}} = \frac{[\text{Soil-Na}^{+}](\text{K}^{+})}{[\text{Soil-K}^{+}](\text{Na}^{+})} = \frac{\left\langle \dfrac{\text{Soil-Na}^{+}}{\text{CEC}} \right\rangle (\text{K}^{+})}{\left\langle \dfrac{\text{Soil-K}^{+}}{\text{CEC}} \right\rangle (\text{Na}^{+})} \tag{1.6}$$

ここで，[　]，(　) は，それぞれ粘土粒子のイオン交換基に保持されているイオンと溶液中のイオンの活量を意味する．活量の細かい定義は物理化学の教科書にゆだねるが，実効濃度のようなものと理解してほしい．$k_{\text{Na/K}}$ は，質量作用の法則では平衡定数であるが，後述するように，粘土粒子に保持されるイオンの量の扱いが化学量論とは異なるため，平衡定数の代わりに選択係数，分配係数もしくは交換定数とよんで区別する．

式(1.6)右辺第1項に「粘土粒子に保持されているイオン」の活量が出てくる．化学の講義では通常，液中の固相の活量を1と定義する．しかし，ここで，粘土粒子に保持されているイオンを固体として，式中に活量=1を与えると，[　] の項はすべて1となり，(　) で示した溶液中のイオンの活量の比で選択係数が決まるという，現実と乖離した結果になる．そこで，通常の化学量論とは異なる扱いが必要になる．吸着イオンの活量に代わるものについては，いくつもの研究があるが，吸着したイオンの活量の代わりに吸着イオンのCEC（cation exchange capacity，陽イオン交換容量）に対するイオン濃度（イオンのモル濃度×価数）分

率を与えるもの（ゲインズ・トーマス（Gaines-Thomas）式，式(1.6)右辺第2項）がよく用いられる（久馬，1997）．ガポン（Gapon, 1933）は，Na土壌の改良や土壌のNa化のリスク評価の実務に関連してNaとCaのイオン交換を表現する式を検討し，ゲインズ・トーマス型のCa-Naイオン交換式

$$\frac{1}{2}\,\text{Soil-Ca}^{2+} + \text{Na}^{+} \rightleftarrows \text{Soil-Na}^{+} + \frac{1}{2}\,\text{Ca}^{2+} \tag{1.7}$$

に代わって，イオンの活量ではなく，交換サイトに着目した次式を提案した．

$$\text{Soil-Ca}_{0.5}^{2+} + \text{Na}^{+} \rightleftarrows \text{Soil-Na}^{+} + \frac{1}{2}\,\text{Ca}^{2+} \tag{1.8}$$

$$k'_{\text{Na/Ca}} = \frac{[\text{Soil-Na}^{+}](\text{Ca}^{2+})^{0.5}}{[\text{Soil-Ca}_{0.5}^{2+}](\text{Na}^{+})} \tag{1.9}$$

溶液中のCa濃度($\text{mmol}_\text{c}\,\text{L}^{-1}$)の平方根とNa濃度($\text{mmol}_\text{c}\,\text{L}^{-1}$)の比に，土壌に吸着したNaとCaのイオン濃度($\text{mmol}_\text{c}\,\text{kg}^{-1}$)の比を乗じたものが一定($=k'_{\text{Na/Ca}}$)になる．この式は上述の質量作用の法則と似ているが，使用する単位が固定され，経験式に近い．しかし，ガポンの提案した式は米国農務省の塩類研究所の実験データ（United States Salinity Laboratory Staff, 1954）との比較から，多くの土壌に対して選択係数$k'_{\text{Na/Ca}}=0.5$で溶液中のイオン濃度と土壌に吸着したイオン濃度の関係がうまく説明できたため（第5章参照），$k'_{\text{Na/Ca}}=0.5$をガポン定数，この式をガポン式とよんで，土壌のNa化やNa化リスクの評価に広く使われている．ただし，実際に土壌のガポン定数（交換係数）を測定すると必ずしも0.5にはならない．

$$k'_{\text{Na/Ca}} = \frac{(\text{Na}^{+})}{(\text{Ca}^{2+})^{0.5}} = k'_{\text{Na/Ca}} \times \text{SAR} = \frac{[\text{Soil-Na}^{+}]}{[\text{Soil-Ca}_{0.5}^{2+}]} \tag{1.10}$$

左辺の溶液中のCaイオン濃度($\text{mmol}_\text{c}\,\text{L}^{-1}$)の平方根とNaイオン濃度($\text{mmol}_\text{c}\,\text{L}^{-1}$)の比は，ナトリウム吸着比（sodium adsorption ratio：SAR），右辺の土壌に吸着したNaとCaのイオン濃度($\text{mmol}_\text{c}\,\text{kg}^{-1}$)の比は交換性Na比（exchangeable sodium ratio：ESR）とよばれ，ESP（exchangeable sodium percentage，交換性Na率）とともにNa土壌の評価に用いられる．具体的な例は，第5章で紹介する．

イオン交換の中で液相から固相に移行するイオンに着目して，イオン吸着現象と考え，液相の濃度と吸着量の関係に吸着等温線を適用する単純化も行われる．

ただし，イオン交換が基本的なメカニズムである場合，吸着量に最大値が存在することに留意が必要である．吸着等温線については，2.2.3 項で紹介する．

1.4 土壌団粒

団粒は，シルトや細砂粒子など大よそ 20 μm 以下の粒子が有機物や鉄，マンガンの酸化物などを結合物質として塊になったものである．250 μm 以下の団粒をミクロ団粒，それ以上のものをマクロ団粒とよぶことがある（和穎他，2014）．また，団粒が集合してさらに大きな二次団粒を，二次団粒が集合してさらに高次で大きな団粒を形成すると考えられている．高次団粒に富む土壌では，1つ1つの団粒径が大きくなる．大きな団粒は動きにくく，地表面流出水や風による侵食に対する耐性が高い（第8章参照）．また，団粒を1つの粒子とみなし，団粒間の間隙を考えると，上述したように，粒径に対して 1/20 程度の間隙が想定されるため，大きな団粒は，大きな飽和透水係数につながり，高強度の降雨下など土壌が飽和になったときの排水性向上に寄与する．他方，団粒の内部では，小さな粒子によって形成される小さな間隙が卓越する．これら間隙は，土壌がかなり乾燥した状態でも水分を保持することができる．すなわち，団粒構造が発達すると団粒間と団粒内の階層的な間隙構造によって高い透水性と高い保水性という，単粒土では通常両立しない性質をともに備えることが可能になる．

階層的な間隙構造は，また，土壌中の化学反応や生物活動に影響する．団粒間間隙で排水が生じ酸化的な状態になっても，依然として団粒内は飽和で還元的な状態にあり，それが原因で団粒内において酸化状態では生じない生化学反応が起こることがある．これは，第4章で扱う温室効果ガスの発生にも影響する．さらに団粒は土壌における炭素蓄積過程において重要な役割を果たしており，団粒の減少と土壌有機物の減少の間に高い相関があることが報告されている（Six *et al.*, 2000）．さらに蓄積される炭素分が特定の粒径範囲の団粒において豊富であるという指摘がある（和穎他，2014）．他方，人為的に有機物を添加した際に土壌の団粒形成が促進されるかどうかも，初期状態の土壌の団粒構造や有機物含量によって結果が異なり，なかなかはっきりした傾向が現れない．団粒が土壌中の諸現象に与える影響が大きいことは数々の研究から示唆されているが，団粒そのものの研究はまだまだ途上にあると思われる．

西村　拓

2

土壌中の水および化学物質の移動

雨水などによって土壌に浸潤した水は土壌中を移動し，一部は土壌中に貯留される．水に溶存している溶質成分も同様である．土壌中の水・化学物質成分の貯留・移動メカニズムについては，膨大な研究が蓄積されている．本章では，2.1節でおもに土壌中における水の保水性と移動メカニズムについて説明し，2.2節でおもに溶質成分を対象として化学物質の移動メカニズムについて説明する．

2.1 間隙と水

土壌中の水は，土粒子間の間隙に存在し保持され，作物によって吸収される．一方で，土壌中の水は間隙内を移動し，地下水の涵養や，河川への流出といった水循環に大きな役割を果たす．間隙の大きさは，土壌を構成する土粒子の大きさによってnmスケールからmmスケールと様々であり，土壌によって保水性や水の移動性は大きく異なる．これら土壌の保水性や透水性は，土壌物理学で最も重要な研究トピックであり，早くから研究が進められてきた．本節では，土の保水性や透水・浸潤現象のメカニズム，土壌中の水にかかわる測定に関して紹介する．

2.1.1 土の保水性

毛細管を水面につけたとき，気液界面（図2.1の毛細管内満水部上端）のメニスカスで生じる水の表面張力のはたらきによって管内の水面が管外の水面より高くなる現象を毛管現象という（図2.1）．土壌が水を貯留するメカニズムのうち，最も重要なのは毛管現象による保水である．汚れのない毛細管の場合，毛管上昇高（h cm）と管径（d cm）の間にはおおよそ$h=0.3/d$の関係がある．内径1mmのガラス管内の水面は3cm上昇することになり，細い毛細管ほど水面は高い位置まで上昇する．砂や土の間隙を太さの異なる毛細管の集合体とみなすことで，毛

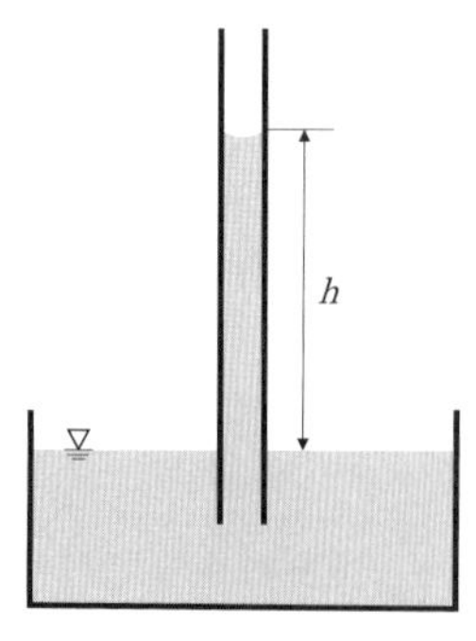

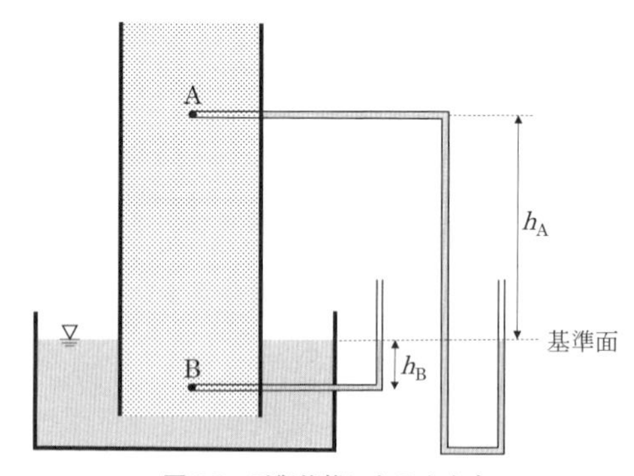

図 2.1　毛細管中の毛管現象

図 2.2　平衡状態にある土中水

管現象による土壌の保水メカニズムを理解することができる．粘土を含む土壌が砂に比べてより多く水を保持できるのは，間隙の径が小さくなり，その結果，水を保持できる力（毛管力）が大きくなるためである．

乾いた砂の入った円筒の下端を純水につけると，砂の吸水速度は，最初は大きく徐々に小さくなってやがて止まる（図 2.2）．このように水移動が停止した状態を平衡状態という．平衡状態にあるときの土壌水の状態を考える．土壌水の状態は，土壌水のポテンシャルエネルギー（以下ポテンシャル）によって定義することができる．ここで土壌水のポテンシャルは，「土壌中の無限少量の水を純水の形で基準位置に引き抜くのに必要な，水の単位量あたりエネルギー量」である．ポテンシャルの単位は，単位質量あたりの水のポテンシャル（$\mathrm{J\,kg^{-1}}$），単位体積あたりの水のポテンシャル（$\mathrm{J\,m^{-3}}$），単位重量あたりの水のポテンシャル（$\mathrm{mH_2O}$）で表される．単位重量あたりの水のポテンシャルは長さの次元になり，水頭もしくは圧力水頭とよばれ，水理学など関連分野でも使われる．平衡状態では水は静止しており，砂柱内の土壌水の全エネルギー状態，すなわち全ポテンシャルはすべての点で等しくなる．

円筒外の水面を基準とし，この基準面の位置にある土壌水のポテンシャルをゼロと定める．また，基準面との高さの差によるポテンシャルを位置（重力）ポテンシャルと定義する．

水面から上方へ h_A 離れた A 点のポテンシャルを考えた場合，A 点は基準面よりも位置が h_A だけ高いため，この点での位置ポテンシャルは h_A であり，全ポテンシャルがゼロであるためには $-h_A$ の負のポテンシャルで砂中の水は保持されていることとなる．この負のポテンシャルのことをマトリックポテンシャル（ϕ）という．マトリックポテンシャルは，毛管作用など土と水との相互作用のために，土壌の外に存在する土壌水と同じ組成の溶液よりも低下するポテンシャルエネルギーの低下分を指す．マトリックポテンシャルは自由水面でゼロとなり土壌中では一般に負値である．マトリックポテンシャルの絶対値をサクションとよぶ．また，水面から下方に h_B 離れたB点のポテンシャルを考えた場合，B点の位置ポテンシャルは $-h_B$ であり，全ポテンシャルがゼロになるためにB点の土壌水は h_B のポテンシャルをもつ．このポテンシャルは静水圧に等しく圧力ポテンシャルとよばれる．現場の土壌では，マトリックポテンシャル（負値），圧力ポテンシャル（正値）ともに土中水圧として測定される．

このようにA点とB点では，それぞれ位置ポテンシャルとマトリックポテンシャル，位置ポテンシャルと圧力ポテンシャルの和がゼロとなり，円筒内の土壌水は停止した状態にある．

これら位置ポテンシャル，マトリックポテンシャル，圧力ポテンシャルと，土壌水が溶質を含み半透膜を介して浸透圧が作用する場合には浸透ポテンシャルを，大気圧の増減を考慮するときはさらに空気圧ポテンシャルも加え総和したものを土壌水の全ポテンシャルという．浸透ポテンシャルは浸透圧にマイナスの符号をつけたものであり，土壌の外部に存在する土壌溶液の純水を基準とするポテンシャルである．半透膜機能を有する植物根の吸水を考える場合などに考慮すべきポテンシャルとなる．

土壌の保水特性を表すために，土壌のマトリックポテンシャルと水分量の関係を表したものを水分特性曲線という．慣用的にマトリックポテンシャルの代わりにマトリックポテンシャルの絶対値を水頭（cmH_2O）で表した値の常用対数（pF）を用いることがある．pF の定義では長さの単位が cm であることに留意願いたい．また，水分量には体積含水率（土壌体積あたりの含水量，$m^3\,m^{-3}$）や含水比（乾土あたりの含水量，$g\,g^{-1}$）が用いられる．水分特性曲線は，土の間隙構造の特徴を反映する重要な物性値である．

図 2.3 に砂，灰色低地土，火山灰土の水分特性曲線の測定例を示す．図 2.3 ではマトリックポテンシャルを水頭表記で示している．いずれの土壌においても，マトリックポテンシャルが低下するにつれて，体積含水率は低下する．

砂は，$-40\,cmH_2O$ 付近で急激に体積含水率が低下している．粒子径の大きい

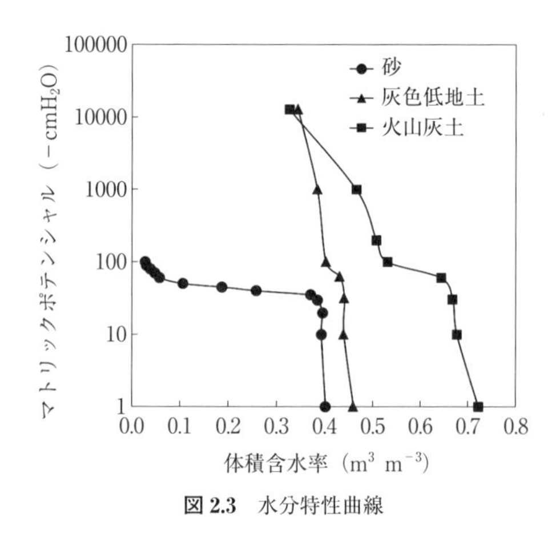

図 2.3　水分特性曲線

砂では，平均的な間隙径が大きく，また間隙径分布が狭いため，マトリックポテンシャルがある値を下回ると間隙に満たされていた土壌水が急激に排水され，飽和状態から不飽和状態へと移行することを示している．この水分量が急激に減少しはじめる部分，曲線の肩の位置におけるマトリックポテンシャル（サクション）を空気侵入値とよぶ．空気侵入値は，水分飽和土から排水する過程において，その土の最大間隙に空気が侵入しはじめるときのマトリックポテンシャル値である．

一方で，灰色低地土や火山灰土はマトリックポテンシャルの低下とともにゆるやかに体積含水率が低下している．粘土分が多く間隙率の大きい灰色低地土や火山灰土では，微細な間隙が多いと同時に間隙径分布が広く，低いマトリックポテンシャルでも間隙内に土壌水が保持される（保水性が高い）．

このように水分特性曲線から，あるマトリックポテンシャル，すなわち毛管径に対応した水分量がどの程度含まれるかを推定することができる．一般に，非常に低いマトリックポテンシャルでも土壌粒子表面に水分子が吸着されるなど，強い力で水が保持されているために含水量はゼロとならない．マトリックポテンシャル低下に対する水分量の変化が小さくなる水分量を残留含水量（率）とよぶ．

土壌の保水特性における重要な性質としてヒステリシス（履歴）現象が存在することがあげられる．完全に飽和した土壌からマトリックポテンシャルを低下させて得られる水分特性曲線と，乾いた土壌でマトリックポテンシャルを増加（すなわち吸水）させて得られる水分特性曲線は異なり，これをヒステリシス現象とよぶ．ヒステリシス現象の要因としては，土壌と水との接触角が脱水過程と吸水過程で異なることや，大きさの異なる間隙が連結することで生じるインクボトル効果などが指摘されている．

土壌水のマトリックポテンシャルは，植物の生育にも大きく関連している．これは，植物が土壌中の水を吸収するためには，土壌中の水とのポテンシャル差が必要となるためである．植物の生育と対応させたマトリックポテンシャルを水分恒数という．慣例的に−1.5 MPa（≒−1.5×10^4 cmH$_2$O, pF 4.2）のマトリックポテンシャルを永久しおれ点とよび，植物がしおれて水を与えても回復できない水分状態と考える．また，通常約−100 kPa（≒−1000 cmH$_2$O, pF 3.0）のマトリックポテンシャルを生長阻害水分点とよび，植物の蒸散や光合成が低下する水分状態とされている．十分な降雨や灌漑のあと，ほぼ24時間経過後に土壌が保持する水分を圃場容水量（24時間容水量）とよび，土壌によって異なるが，一般的に−10～−4 kPaのマトリックポテンシャルと対応している．日本では約−7 kPa（pF 1.8），海外ではpF 2～2.5とすることが多い．また，圃場容水量と生長阻害水分点までに対応する水分量を易有効水分，圃場容水量としおれ点までに対応する水分量を有効水分とよぶ．これら水分恒数は土壌水分を考慮した灌漑計画を立てる上で重要な指標となる．

2.1.2 土壌中の水移動

土壌中の水の流れは，水で満たされた間隙の中で生じ，土壌内の間隙がすべて水で満たされた飽和状態で生じる飽和流と，水と空気が混在する場合に生じる不飽和流に大別される．土壌中で水が移動するためには，対象とする2点間のポテンシャルが異なる必要がある．飽和状態の水移動に寄与するポテンシャルは位置ポテンシャルと圧力ポテンシャルである．図2.4に示すように水で飽和させた土のカラムの上端の水深を一定にし，下端を一定水位の水溜めにつける．試料の上端Aと下端Bの全ポテンシャル（位置ポテンシャルzと圧力ポテンシャルhの和）はそれぞれ$H_A = z_A + h_A$，$H_B = z_B + h_B$となる．H_AはH_Bよりもポテンシャルが大きいため，土中の水は下方へと流れる．ダルシー（Darcy）の法則に従うと，カラム断面積をS（m^2）としたとき，t（s）時間に流れる水量Q（m^3）とポテンシャル差には次の関係がある．

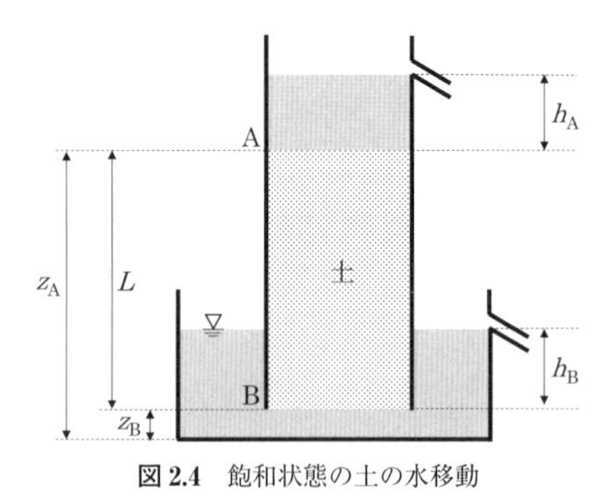

図 2.4　飽和状態の土の水移動

$$\frac{Q}{St} = q_w = k_s \frac{H_A - H_B}{L} \tag{2.1}$$

ここで，L は点 A と点 B の距離（試料長）であり，q_w は単位時間，単位断面積あたりの流量（$m\ s^{-1}$）で流束（水分フラックス，flux density）という．k_s は比例定数であり，飽和透水係数という．式(2.1)は水分フラックスが試料長あたりのポテンシャル差（動水勾配と呼ぶ）に比例することを表している．飽和透水係数は土中の水の流れやすさを示しており，ポテンシャルの単位に水頭を用いたとき，透水係数は，$m\ s^{-1}$ の単位をもつ．

図 2.4 に示すように一定水位を保って流量を測定することで飽和透水係数を求める方法を定水位透水試験という．そのほかには，変水位法や原位置測定のオーガーホール法や負圧浸入計法などがある．飽和透水係数の大小は，一般に土の間隙径とその連続性の影響を強く受ける．したがって，大きい間隙径を有する砂の飽和透水係数は 10^{-5}～$10^{-3}\ m\ s^{-1}$ のオーダーをとることが多い．一方で，粘土分を多く含むような水田作土の飽和透水係数は 10^{-9}～$10^{-7}\ m\ s^{-1}$ のオーダーをとることがある．土中に粗大間隙（マクロポア）が存在する場合，飽和透水係数が数オーダーも上昇することもあり，現場土壌からサンプリングした不攪乱土壌コアを用いて飽和透水係数を測定した場合，大きくばらつくことが多い．

不飽和状態の水の流れを表すためには，マトリックポテンシャルを用いる．土中の距離が L の A 点から B 点に向かって不飽和流が生じているとすると，A，B 点の全ポテンシャル（Ψ）はマトリックポテンシャル（ϕ）と位置ポテンシャル（z）の和として，それぞれ $\Psi_A = \phi_A + z_A$，$\Psi_B = \phi_B + z_B$ となる．不飽和流の水分フラ

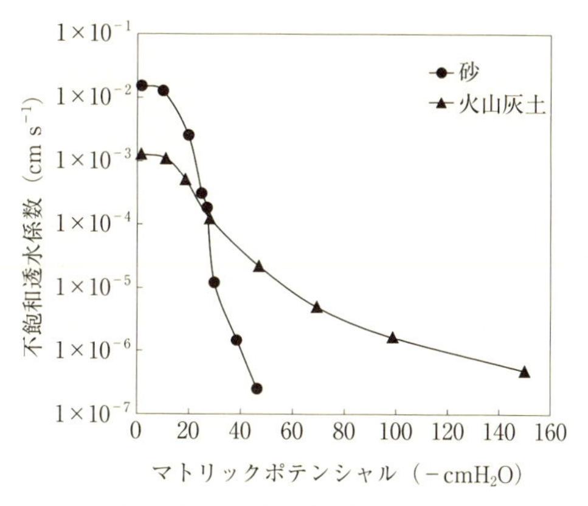

図 2.5 不飽和透水係数（長谷川, 2013）

ックスは次式で表される.

$$q_{\mathrm{w}}=k(\phi)\frac{\Psi_{\mathrm{A}}-\Psi_{\mathrm{B}}}{L} \tag{2.2}$$

ここで, $k(\phi)$ は不飽和透水係数であり, マトリックポテンシャルの関数である. 2.1.1 項で述べたように水分特性曲線でマトリックポテンシャルと水分量の関係が与えられるため, 水分量を使って $k(\theta)$ と定義することも可能である. 式(2.2)は, 不飽和ダルシー則またはバッキンガム・ダルシー（Buckingham-Darcy）則とよばれる. 図 2.5 に砂, 火山灰土の不飽和透水係数の測定例を示す. 水分特性曲線からわかるように, 砂はマトリックポテンシャルが低下するにつれて急激に間隙水中の水が排水される, これにともなって水みちの連続性は絶たれ, 不飽和透水係数が急減する. 一方, 火山灰土は, 飽和透水係数は砂に比べて小さいものの, マトリックポテンシャルが低下しても不飽和透水係数の減少幅は砂に比べて小さく, 低マトリックポテンシャル域では砂よりも不飽和透水係数が高い. これは火山灰土ではマトリックポテンシャルが低下しても微細な間隙に含まれる土壌水の連続性が保たれ, 水移動が生じているためである. 不飽和透水係数の測定法には定常法（圧力制御法, フラックス制御法など）と, 非定常法（排水法, 蒸発法など）がある.

2.1.3 浸潤現象

土壌に水が入っていく現象を浸潤現象または浸入現象という．雨が土壌に浸潤する場合，その速さ（浸潤速度）は時間とともに低下する．その理由の1つは，浸潤の駆動力の低下である．図2.6に示すように，水がしみ込んだ部分は飽和（θ_s）であり，その先は不飽和状態で初期水分（θ_i）とする．この乾湿の不連続面である浸潤前線にマトリックポテンシャル（$\phi = -h_c$）がはたらく．地表面と浸潤前線との間にダルシー式を適用して浸潤強度を考える．地表面の位置ポテンシャルをゼロとし，地表面には薄い湛水（すなわち圧力ポテンシャルはゼロ）が生じていると仮定する．この場合，地表面Aは位置・圧力ポテンシャルともにゼロであり，浸潤前線Bでは，地表面からの距離をLとすると，位置ポテンシャル（z）が$-L$，マトリックポテンシャル（ϕ）が$-h_c$となる．したがって，AB間で水移動にダルシー式を適用すると次式が得られる．

$$i = k_s \frac{H_A - H_B}{L} = k_s \frac{L + h_c}{L} = k_s \left(\frac{h_c}{L} + 1 \right) \tag{2.3}$$

ここで，iは浸潤速度（$m\ s^{-1}$）であり，k_sはこの土の飽和透水係数（$m\ s^{-1}$）である．ただし，H，h_cの単位は水頭（mH_2O）とする．この式が示すように，雨の降りはじめはマトリックポテンシャル勾配（h_c/L）が大きく，浸潤速度は大きいものの，時間がたつにつれてマトリックポテンシャル勾配は低下し（Lの増加），最終的に浸潤速度は飽和透水係数に等しくなる．地表面近くの土の透水性の低下によっても浸潤速度は低下する．雨滴が地表面を直接たたくことで地表面近くの土塊が崩壊し，細かくなった土塊が水の通り道である間隙を埋め，厚さ数mm程度の透水性の悪い薄い層であるクラストが形成される．そのため，クラストが浸潤

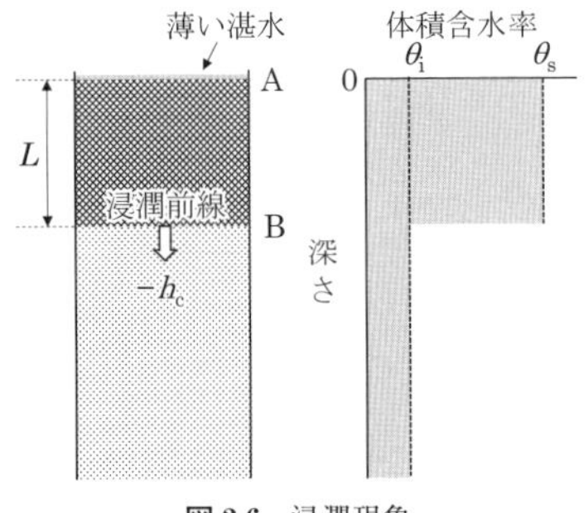

図2.6　浸潤現象

速度を制限することになる．

浸潤部の体積含水率は飽和であると仮定していることから，積算浸潤水量 I (m) は次式で表される．

$$I=(\theta_s-\theta_i)L=\Delta\theta L \tag{2.4}$$

上記の浸潤モデル（グリーン・アンプト (Green-Ampt) モデル）を水平浸潤に適用してみる．この場合，式(2.3)中の重力項（右辺括弧内の 1）は消去されるため，浸潤速度は $k_s(h_c/L)$ となる．積算浸潤水量 I は浸潤速度 i と $i=dI/dt$（ここで t は浸潤開始後の経過時間）の関係があるので，次式が得られる．

$$i=\frac{dI}{dt}=\Delta\theta\frac{dL}{dt}=k_s\frac{h_c}{L} \tag{2.5}$$

$t=0$ で $L=0$ という初期条件のもとで式(2.5)を積分すると，浸潤距離について次式が得られる．

$$L=\sqrt{\frac{2k_s}{\Delta\theta}h_c t} \tag{2.6}$$

式(2.6)を式(2.4)に代入すると，積算浸潤水量について次式が得られる．

$$I=\sqrt{2k_s h_c t\Delta\theta} \tag{2.7}$$

式(2.6)と式(2.7)は，水平浸潤の場合，浸潤距離と積算浸潤水量が $\sqrt{t}$ に比例することを示している．

土中に根穴や乾燥により生じた亀裂が存在する場合，これらマクロポアを通した選択的な水移動が生じる場合がある．マクロポア以外の均一な多孔質媒体（マトリックス）を迂回する流れであり，バイパス流ともいわれる．バイパス流が生じるのは，降雨強度がマトリックスの浸潤速度を上回り，飽和流が生じるときであり，豪雨や春先の融雪時にはバイパス流が起きることがある．

2.1.4 土壌水分量と土壌水圧の測定

土壌の水分量の測定法として，一般的な方法は炉乾燥法であり，これは土の試料を通常 105℃ で 24～48 時間炉乾燥して，乾燥前後の質量差から試料の含水比(乾土あたりの土壌水分量)を求める方法である．同じく試料を乾燥させて水分量を測定する手法としては，電子レンジ法や真空凍結乾燥法などがある．乾燥させることで直接水分量を測定する以外の方法としては，中性子法，電気抵抗法，静電容量法などもあるが，ここでは，土壌の誘電率に着目した時間領域反射率測定

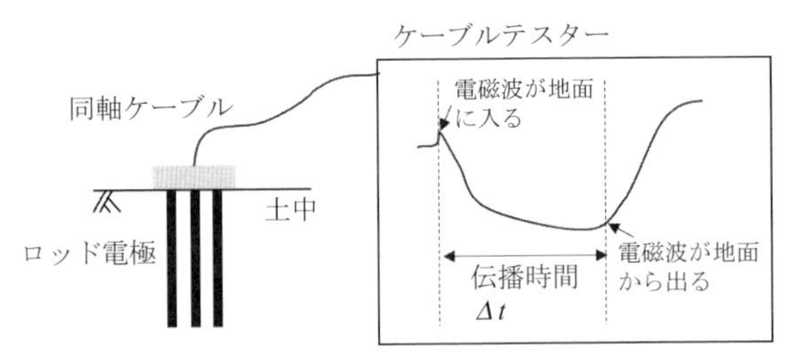

図 2.7　TDR 法による土壌水分測定

(time domain reflectometry：TDR) 法について紹介する．物質の比誘電率は，空気が 1，水が 80 (20℃)，玄武岩が 12，花崗岩が 8，砂岩が 10 といったように，物質によって固有の値がある．したがって，土壌中の含水量の増減にともなって土壌の誘電率が増減する．TDR 法は，一定周波数 (30 MHz～3 GHz の高周波) の電磁波が土中に埋設したロッド (金属製の電極棒) を伝播する速度を，ロッドを往復するのに要する時間で測定し，誘電率を求める方法である．計測システムは，高周波の電磁波パルスを発生させ反射をモニターするケーブルテスター，土中に挿入したロッド，ケーブルテスターとロッドを接続する同軸ケーブルから構成される (図 2.7)．電磁波の伝播速度は，ロッド周囲の場の誘電率によって決まり，真空中であれば光速と同じである．電磁波の伝播速度は周囲媒体の比誘電率に応じて光速よりも低下する．TDR 法によって求まる比誘電率 (ε_b) は次式で表される．

$$\varepsilon_b = \left(\frac{c_0}{v}\right)^2 = \left(\frac{c_0 \Delta t}{2L}\right)^2 \tag{2.8}$$

ここで，c_0 は真空中の電磁波速度 (3×10^8 m s^{-1})，v は伝播速度 (m s^{-1})，Δt はパルスの伝播に要する時間 (ns)，L はロッド長 (m) である．比誘電率と土の体積含水率との校正曲線に求めた比誘電率を代入することで水分量を推定することができる．代表的な校正式としては，トップ (Topp) の式 (Topp *et al.*, 1980) として次式が提案されている．

$$\theta = -5.3 \times 10^{-2} + 2.92 \times 10^{-2} \varepsilon_b - 5.5 \times 10^{-4} \varepsilon_b^2 + 4.3 \times 10^{-6} \varepsilon_b^3 \tag{2.9}$$

ただし，式(2.9)は有機物を多く含む土や乾燥密度の小さな土では成り立たないことが知られており，TDR 法を用いた水分測定を行う場合は，対象とする土ごとに校正曲線を得ることが望ましい．TDR 法は，室内試験，現場試験ともに測定の応用範囲が広く，降雨後の水分量を継続的に計測できる，ロッド長に沿った土壌の平均的含水量を計測できるという利点がある.

土壌水のポテンシャルを測定する方法としては，テンシオメータが広く用いられている.テンシオメータは一般にセラミックの多孔質カップと圧力計からなる.多孔質カップはチューブを通して圧力変換器や負圧計に連結し，内部には水が充填されている．土壌中にカップをセットすると，カップ内の水はセラミック壁の孔隙を通して土壌水と水理学的に連続し，平衡状態に至る．2.1.1 項で述べたように，水分不飽和な土壌水の圧力は大気圧より低いことから，テンシオメータ内の水圧は低下し，この負圧を計測機器で測定することで土壌のマトリックポテンシャルを測定することができる．多孔質カップは原理的に−1 気圧（−101.3 kPa＝−10.33 mH_2O）までしか測定できない．実際にはテンシオメータで測定できる範囲は−800〜0 kPa 程度であり，圃場でみられるポテンシャル変化の全範囲はカバーできないものの，土壌湿潤域の大部分のポテンシャル域はカバーしており，植物の生長を目的とした土壌管理上，テンシオメータは非常に有用である.

マトリックポテンシャルは土壌水の状態を反映するが，水の量についてはわからない．そこで，土壌水分量とマトリックポテンシャルの関係，すなわち水分特性曲線を知ると便利である．水分特性曲線を測定する方法としては，吸引法，加圧法などがある．高いマトリックポテンシャル域（＞−20 kPa）では吸引法，それよりも低いマトリックポテンシャル域では加圧法を用いる．吸引法は図 2.8 に示すように，素焼き（またはメンブレン）フィルターのついた吸引装置を用いて測定する．試料から排水地点（ドリップポイント）までの距離（排水距離）を h

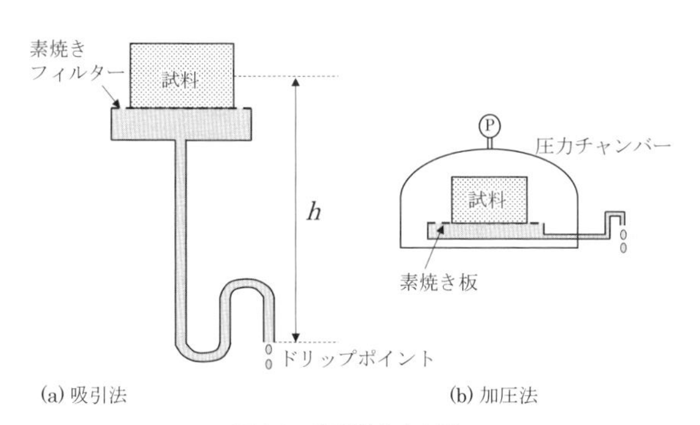

図 2.8　吸引法と加圧法

とした場合，$-h$よりも高いマトリックポテンシャルで保持されている試料中の土壌水は排水され，試料中の土壌水分はマトリックポテンシャル$-h$と平衡状態になる．加圧法は，素焼き（加圧）板に土壌試料を置き，圧力チャンバー内に所定の空気圧を加えることで，その空気圧と平衡するマトリックポテンシャルよりも大きいポテンシャルで保持されている土壌水は，装置外へと排水される．吸引法では排水距離，加圧法では空気圧を段階的に変えることで，設定した各マトリックポテンシャルに対して平衡に達したときの水分量を測定する．

2.2　化学物質の移動

土壌中の水には多くの化学物質成分が溶解している．間隙水中の溶質は，それ自身が分子拡散で移動するのに加えて，水移動にともなっても移動する．また溶質成分が，粘土鉱物などに吸着される場合もある．このように，土壌中の溶質移動は，いくつかのメカニズムが複合的に生じる現象である．土壌中の溶質移動特性を理解することは，適切な施肥管理や硝酸態窒素による地下水汚染などを考える上で非常に重要である．同様に，土壌中の空気は，植物の根や土壌動物の呼吸，微生物による土壌有機物の分解などによって，一般に大気と比較して酸素濃度が低く，二酸化炭素濃度が高い．土壌空気が大気と異なる大気成分をもつため，常に大気との間にガス交換が生じている．土壌中の溶質移動とガス移動は，その移動メカニズムで共通している点も多い．本節では，おもに土壌中の溶質を中心に化学物質の移動メカニズムを説明する．

2.2.1　拡　散

土壌中の化学物質（溶質）の移動メカニズムの1つとして拡散がある．拡散は溶質分子の熱運動に起因する移動であり，その移動量は物質の濃度勾配に比例する（フィック（Fick）の法則）．拡散による移動量（単位時間に単位断面積を通過する物質量）は拡散フラックスとよばれる．一次元の拡散移動を考えた場合，土壌中の拡散フラックスは次式で表される．

$$q_{\mathrm{s,diff}} = -\theta D_{\mathrm{s,diff}} \frac{dc_{\mathrm{l}}}{dx} \tag{2.10}$$

ここで，$D_{\mathrm{s,diff}}$は液相中の溶質拡散係数（$\mathrm{m^2\,s^{-1}}$），c_{l}は液相中の溶質濃度，xは距

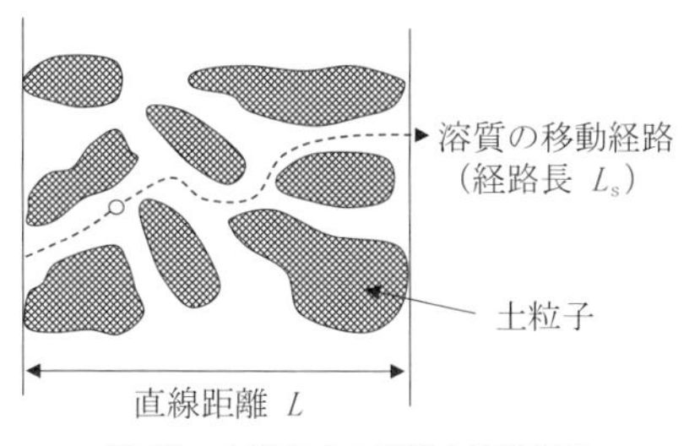

図 2.9 土壌内での溶質の移動経路

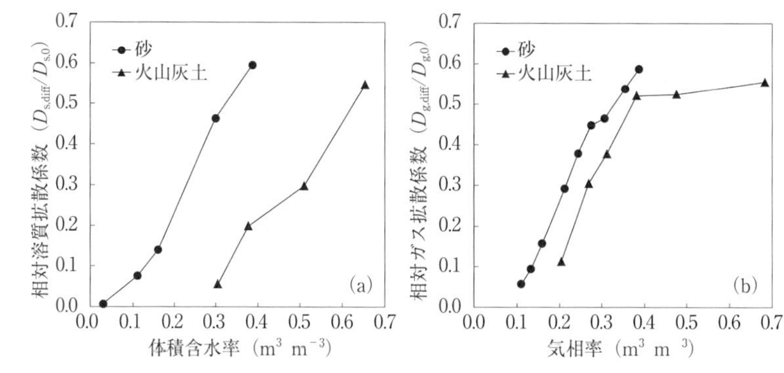

図 2.10 土壌の溶質・ガス拡散係数（Hamamoto *et al*., 2012 を一部改変）

離（m）である．c_l の単位を（kg m^{-3}）とすると，土壌中の溶質拡散フラックス $q_{s,diff}$ の単位は（kg m^{-2} s^{-1}）となる．溶質拡散係数は土壌中の拡散移動のしやすさを表す輸送係数である．水中の溶質拡散係数と比較した場合，土壌液相中の溶質拡散係数は小さくなる．理由の1つに，土壌中では溶質の移動経路が土粒子の存在によって屈曲し，経路長が大きくなることがある（図 2.9）．図 2.9 に示すように，経路長 L_s に対する直線距離 L の比を屈曲度（$\tau = L_s/L$）という．異なる土壌で得られた溶質拡散係数について図 2.10a に示す．ここで y 軸は，水中の溶質拡散係数を $D_{s,0}$ としたときの，液相中の溶質拡散係数 $D_{s,diff}$ との比，すなわち相対溶質拡散係数である．溶質拡散係数は土性に強く影響を受け，同じ体積含水率（同じ溶質移動空間割合）でも粘土分が多く間隙の屈曲性が高い火山灰土は粗粒の砂に比べて溶質拡散性が低下する．

拡散現象は，土壌中の溶質移動だけでなくガス移動においても重要である．ガス拡散の場合，ガスは土壌中のガス濃度勾配を駆動力とする．土壌中のガス拡散フラックスは，式(2.10)と同様に気相中のガス拡散係数（$D_{g,diff}$）とガス濃度勾配の積で表される．図2.10aで示した砂と火山土と同一の試料で得られたガス拡散係数の測定結果を図2.10bに示す．ここで，$D_{g,0}$は空気中のガス拡散係数である．ガス拡散は，土壌中の気相を通して生じるため，気相率（土壌体積あたりの空気量）が増加するにつれてガス拡散係数は増加する．溶質拡散と同様に，間隙の屈曲性はガス拡散に影響を与え，同一気相率条件で火山灰土は砂よりもガス拡散係数は低い．また，水蒸気の拡散には一般のガスの拡散とはまた異なる特徴がある．これの詳細については，7.5節，9.3.2項c，9.5.1項bを参照願いたい．

相対溶質拡散係数と体積含水率，または相対ガス拡散係数と気相率の関係については，様々なモデルが提案されている．たとえば，最も広く利用されているモデルの1つであるミリントン・クォーク（Millington–Quirk）モデル（Millington and Quirk, 1961）を相対溶質拡散係数についてあてはめた場合，次式で表される．

$$\frac{D_{s,diff}}{D_{s,0}} = \frac{\theta^{7/3}}{\Phi^2} \tag{2.11}$$

ここで，θは体積含水率，Φは土壌の全間隙率である．また，式(2.11)中の$D_{s,diff}$を土壌中の溶質拡散係数（$\theta D_{s,diff}$）に置き換えて，式右辺のθの指数を10/3とすることもある．ミリントン・クォークモデルは球状の間隙がランダムに分布する間隙モデルに基づき導出されたモデルであり，比較的均一な間隙径分布で間隙間の連結性が高く，粗大な間隙を有する砂質土の溶質拡散係数を精度よく予測できる．一方で，微細な間隙構造を有し，間隙の連結性が低いシルト質や粘土質の土壌では予測精度が低い．相対ガス拡散係数についてミリントン・クォークモデルを適用した場合，式(2.11)中の$D_{s,0}$およびθは，それぞれ空気中のガス拡散係数（$D_{g,0}$）と気相率（土壌体積あたりの空気量）に置き換えられる．空気の粘性係数は水に比べ非常に小さいため，一般にガス拡散係数は溶質拡散係数に比べ10^4倍程度大きい．

2.2.2　移流と水力学的分散

土壌中を水が移動する場合，水移動にともない，溶解した溶質成分も輸送される．このような溶質移動を移流という．溶質を輸送する水の移動速度を平均間隙流速で表すとき，移流による溶質フラックスは次式で表される．

$$q_{s,conv} = \theta c_1 \bar{u} \tag{2.12}$$

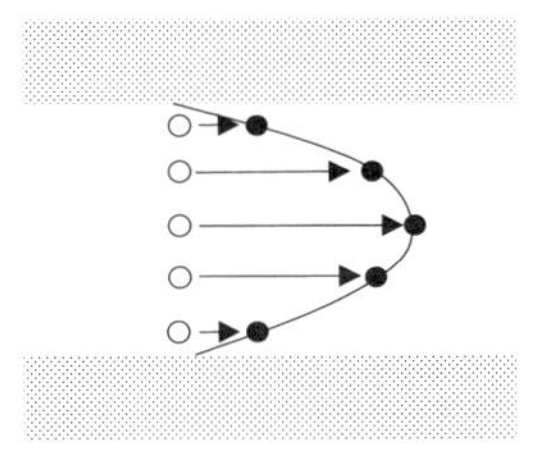

(a) 単間隙中の速度分布

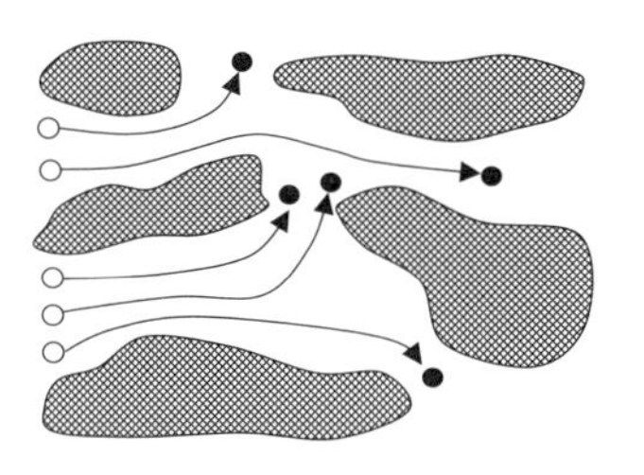

(b) 間隙網中の溶質移動

図 2.11　水力学的分散現象

ここで，$\bar{u}$ は平均間隙流速（$\mathrm{m\,s^{-1}}$）であり，水分フラックス q_{w}（$\mathrm{m\,s^{-1}}$）を体積含水率 θ で除した値で定義される．

大気圧変動や地上付近で強風が発生する場合，ガスの移流現象が生じる．これは，土壌内に気圧勾配が発生することにより空気移動にともなうガス分子の輸送が生じるためである．人為的なガスの移流現象が生じるケースとしては，揮発性有機化合物によって汚染された土壌を浄化するために，強制的に空気を送り込み土壌微生物を活性化させ汚染物質の分解を促すバイオベンティングや，揮発化した汚染ガスを吸引する浄化工法がある．

水移動にともなう移流現象による溶質移動が生じる場合，水力学的分散による溶質移動も同時に生じる．実際の土壌間隙内では，水は異なる流速で流れる．たとえば，粒子壁面近傍と間隙中心部では流速が異なり，粒子壁面近傍では平均間隙流速に比べ遅い流速で水が流れる(図 2.11a)．また，土壌中の間隙径は大小様々であり，結果として水が流れる間隙の径によって平均間隙流速が異なる．巨視的にみれば，異なる間隙経路上にある溶質は，経路の合流と分岐を繰り返しながら混合していく（図 2.11b)．このように，土の間隙中では微視的にも巨視的にも平均流速場（すなわち平均間隙流速）に対して前後に広がりをもちながら移動することになる．この現象のことを水力学的分散現象とよぶ．水力学的分散現象は，水が静止した状態では起こらず，移流にともなって生じる現象である．水力学的分散現象による溶質フラックスは，拡散フラックスと同様に溶質濃度勾配に比例する形で表現できる（Taylor, 1953)．したがって，土壌中の水力学的分散による溶質フラックスは次式で表される．

$$q_{\mathrm{s,disp}} = -\theta D_{\mathrm{s,disp}} \frac{dc_{\mathrm{l}}}{dx} \tag{2.13}$$

ここで，$q_{\mathrm{s,disp}}$ は水力学的分散による溶質フラックス（$\mathrm{kg\,m^{-2}\,s^{-1}}$），$D_{\mathrm{s,disp}}$ は液相中の水力学的分散係数（$\mathrm{m^2\,s^{-1}}$）である．間隙流速が速くなると，水力学的分散による溶質移動のばらつきはより顕著になる．つまり，水力学的分散係数は間隙流速 $\bar{u}$（$\mathrm{m\,s^{-1}}$）に依存する係数であり，一般的に分散長 λ（m）と平均間隙流速 $\bar{u}$（$\mathrm{m\,s^{-1}}$）を用いて次式が成り立つことが知られている．

$$D_{\mathrm{s,disp}} = \lambda \bar{u} \tag{2.14}$$

分散長の大きさは，溶質の移流を平均化するスケールに依存し，移動が生じる場（たとえば室内カラム実験や野外実験）によって，mm スケールから m スケールまで幅広い値を示すスケール依存性のパラメータである．

これまでの拡散，移流，水力学的分散による溶質フラックスを加算すると，溶質フラックス q_{s} は次式で表される．

$$\begin{aligned} q_{\mathrm{s}} &= q_{\mathrm{s,diff}} + q_{\mathrm{s,conv}} + q_{\mathrm{s,disp}} \\ &= -\theta D_{\mathrm{s,diff}} \frac{dc_{\mathrm{l}}}{dx} + q_{\mathrm{w}} c_{\mathrm{l}} - \theta D_{\mathrm{s,disp}} \frac{dc_{\mathrm{l}}}{dx} \end{aligned} \tag{2.15}$$

拡散と水力学的分散による駆動力はともに溶質濃度勾配であるため，さらに上式を整理すると，

$$\begin{aligned} q_{\mathrm{s}} &= -\theta (D_{\mathrm{s,diff}} + D_{\mathrm{s,disp}}) \frac{dc_{\mathrm{l}}}{dx} + q_{\mathrm{w}} c_{\mathrm{l}} \\ &= -\theta D_{\mathrm{s}} \frac{dc_{\mathrm{l}}}{dx} + q_{\mathrm{w}} c_{\mathrm{l}} \end{aligned} \tag{2.16}$$

が得られる．ここで，D_{s} は溶質拡散係数と水力学的分散係数の和で定義され，分散係数とよばれることがある．土壌中を非常にゆっくり水が流れる場合を除き，通常，水力学的分散係数が溶質拡散係数を卓越する．

2.2.3 吸脱着

土壌中の溶質は，土粒子や土壌有機物などの物質表面に吸着されたり，逆に吸着されていた物質が土壌水中に脱離する．これら吸脱着現象は，溶質成分の土壌内移動に大きく影響を与える．永久荷電を有する粘土鉱物は負に帯電しているため，陽イオンを引きつける．したがって，粘土鉱物表面近くの陽イオン濃度は高

く，逆に陰イオン濃度は低い．粘土表面から離れると，陽イオンと陰イオン濃度は等しくなり，電気的に中性な溶液（外液）となる．このように，帯電している粘土表面近くでは拡散二重層が形成される．拡散二重層の厚さは外液に存在するイオンの濃度やイオン種の価数によって影響を受ける．

カリウムイオンを吸着している粘土に，アンモニウムイオンが添加されたとき，カリウムイオンの一部はアンモニウムイオンと交換され粘土表面から脱離（脱着）する．この現象をイオン交換という．たとえば，硫酸アンモニウムを窒素肥料として施用したとき，土壌内のカリウムイオンはアンモニウムとイオン交換し，粘土表面に吸着されたアンモニウムは土にとどまり，浸透水の移動に比べて移動が遅れる（遅延）．

土壌中のあるイオンを対象とし，そのイオンの土壌への吸着量（吸着濃度）c_s（mol kg^{-1}）と溶液中に存在するイオンの濃度（平衡濃度）c_l（mol m^{-3}）の関係を吸着等温線という．図 2.12 に示すように吸着等温線には複数のタイプがある．図中のタイプⅠは，粘土表面とイオンとの吸着が強く，外液濃度の上昇で吸着量が急増する場合である．タイプⅡはごく希薄な溶液からの吸着や，吸着量が少ないような場合にみられる．タイプⅢは粘土表面とイオンとの吸着が弱い場合にみられる．これら吸着等温線を表す式（吸着等温式）として複数のモデルが提案されている．たとえば，気体に関するヘンリーの法則を参考にしたヘンリー（Henry）の吸着等温式は次式で表される．

$$c_s = K_d c_l \tag{2.17}$$

ここで，K_d を分配係数（m^3 kg^{-1}）とよぶ．ヘンリー式は外液濃度と土壌への吸着量が線形であることを仮定しており，図 2.12 のタイプⅡを表す．土壌への最大吸

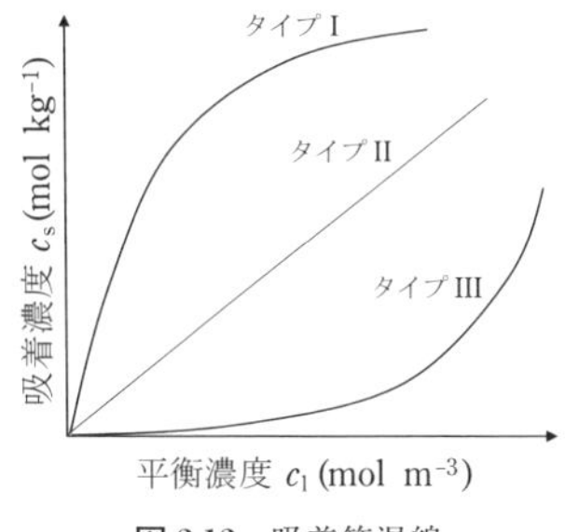

図 2.12　吸着等温線

着量を仮定したラングミュア（Langmuir）式では，吸着等温線は次式で表される．

$$c_s = \frac{\alpha c_{s,\max} c_l}{1 + \alpha c_l} \tag{2.18}$$

ここで，α は吸着平衡定数，$c_{s,\max}$ は最大吸着量である．ラングミュア式は均一な表面で一定数の吸着サイトがあり，単分子層吸着を仮定した理論式である．フロイントリッヒ（Freundlich）型吸着等温式は次式で表される．

$$c_s = K_F c_l^{1/n} \tag{2.19}$$

ここで，K_F，n は実験的に決まる吸着定数である．溶液濃度と吸着量の関係を表す吸着等温式は，土中の溶質移動モデル（移流分散方程式）に組み込まれ，溶質移動の遅れを表現する重要な式である．　　**濱本昌一郎**

3

土壌の変形と構造変化

土壌中の水や物質移動を扱う場合，土壌の間隙構造が時間とともに変化しないと仮定することが多い．この仮定は多くの場合，妥当で現実的である．しかし，土壌という物質移動の場の構造は常に変化しており，目的によってはその変化に関心を向ける必要もある．本章では，土壌にはたらく外力や水分の増減による土壌の間隙構造の変化とその影響について説明する．

3.1　土の変形の理論

3.1.1　応　力

物体や構造物に対して外部から与えられる力を外力という．外力が加わった物体は変形を起こすが，より大きな変形を起こすためには，さらに外力を大きくする必要があることから，物体の内部では，外力による変形に抵抗する内力がはたらいていると考えることができる．図 3.1 のように物体に外力がはたらき，変形

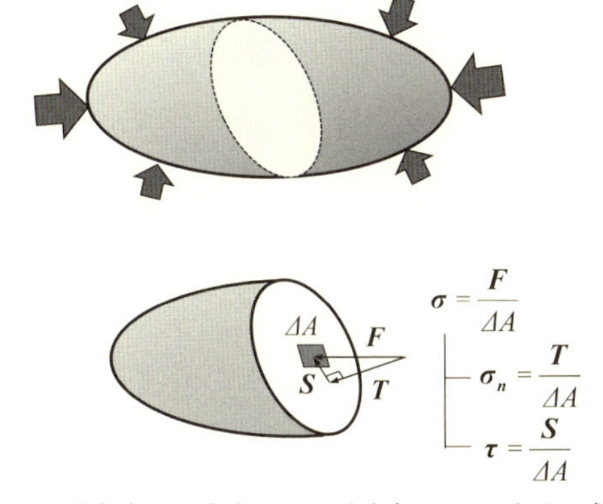

図 3.1　物体内の切断面にはたらく応力ベクトルとその成分

した状態でつり合っているとする．この物体をある面で仮想的に切断することを考える．両側から押しつぶすような力がはたらいている物体を中央で切断すると，その切断面上の微小部分（面積$=\Delta A$）には，外側から面を押す力（ベクトル）$\boldsymbol{F}$がはたらいているはずである．逆に両側が引っ張られている物体を切断した場合には，切断面に外側から引っ張る力がはたらいているはずである．微小面にはたらく力$\boldsymbol{F}$を面積ΔAで割った，

$$\boldsymbol{\sigma}=\frac{\boldsymbol{F}}{\Delta A} \tag{3.1}$$

をこの微小面にはたらく応力ベクトルと定義する．$\boldsymbol{F}$を面と垂直な成分$\boldsymbol{T}$と平行な成分$\boldsymbol{S}$に分けたとき，これらを面積で割った$\boldsymbol{T}/\Delta A=\boldsymbol{\sigma_n}$，$\boldsymbol{S}/\Delta A=\boldsymbol{\tau}$をそれぞれ垂直応力，せん断応力とよぶ．垂直応力は，前述のとおり物体の外側の面を押す向きにはたらく場合と，引っ張る向きにはたらく場合があり，それぞれ圧縮応力，引張応力とよばれる．圧縮を正の垂直応力，引張を負の垂直応力と定義して正負の符号をつけて表せば，圧縮・引張を区別することができる．

図3.1では，微小面の向きを座標系と無関係に定義したが，図3.2のように，xyz直交座標系に垂直な3つの面を考えると，各面にはたらく応力ベクトルの垂直応力成分3つとせん断応力成分6つが存在する．2つの添え字の文字が同一な成分（σ_{xx}など）は垂直応力で，残りの2つの成分（σ_{xy}など）はせん断応力である．力

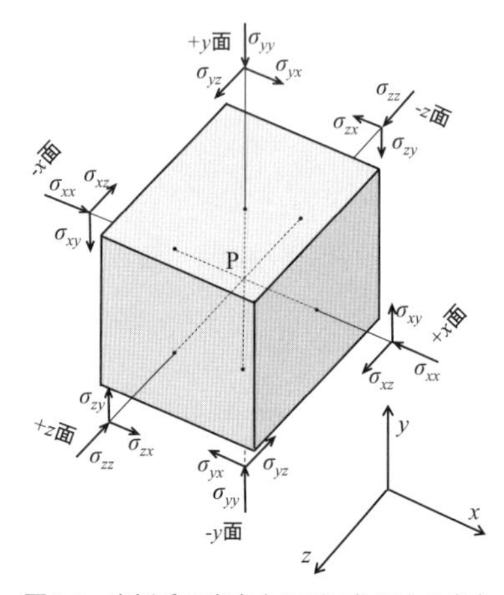

図3.2　座標系に直交する面に作用する応力

のつり合いから，表裏面（図3.2の＋面・－面）では，各成分の大きさは等しく向きが反対となる．ある点の応力の状態は，これらの9つの成分（ただし，モーメントのつり合いにより $\sigma_{ij}=\sigma_{ji}$ であるため，独立な成分は6つ）で表される．

3.1.2　変位とひずみ

次に，変形の表し方についてみていこう．図3.3のようにある細長い棒が伸ばされる状況を考える．それぞれ $x=a$, $x=b$ にあった棒の2点A, Bが，$x=a'$, $x=b'$ に移動したとする．このとき，A, Bの移動量である $u(a)=a'-a$, $u(b)=b'-b$ を，それぞれ点A, Bの変位という．また，

$$\frac{(b'-a')-(b-a)}{b-a}=\frac{u(b)-u(a)}{b-a} \tag{3.2}$$

は，AB間の距離が，もとの長さに比べどれだけ伸びたかを表す量である．$b=a+\Delta x$ として $\Delta x\rightarrow 0$ のときの式(3.2)の値の極限を考えると，

$$\varepsilon=\lim_{\Delta x\rightarrow 0}\frac{u(a+\Delta x)-u(a)}{\Delta x}=\frac{du}{dx}_{x=a} \tag{3.3}$$

ε を $x=a$ におけるひずみという．式(3.2)，(3.3)では，棒を伸ばすことを考えたので，引張ひずみが正となるように定式化したが，ひずみの正負は垂直応力の正負と対応させる（圧縮応力が正ならば,圧縮ひずみを正とする）ことが望ましい．

二次元，三次元の変形では，x, y, z座標軸方向への伸び・縮みに加え，せん断力による形の歪みが生じる．座標軸方向の変位を（u, v, w）で表したとき，その変形が微小であれば，ひずみの成分は，

$$\varepsilon_x=\frac{\partial u}{\partial x},\quad \varepsilon_y=\frac{\partial v}{\partial y},\quad \varepsilon_z=\frac{\partial w}{\partial z} \tag{3.4}$$

$$\gamma_{xy}=\gamma_{yx}=\frac{\partial u}{\partial y}+\frac{\partial v}{\partial x},\quad \gamma_{yz}=\gamma_{zy}=\frac{\partial v}{\partial z}+\frac{\partial w}{\partial y},\quad \gamma_{zx}=\gamma_{xz}=\frac{\partial u}{\partial z}+\frac{\partial w}{\partial x} \tag{3.5}$$

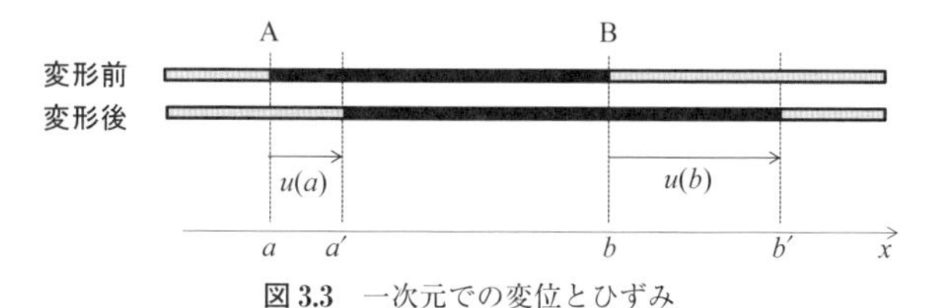

図3.3　一次元での変位とひずみ

と表される．ここで，式(3.4)の ε を鉛直ひずみ，式(3.5)の γ を（工学的）せん断ひずみと呼ぶ．ここで下付き文字は x, y, z 方向を意味する．せん断ひずみは，形状の歪みの程度を表す．

また，三辺の長さが dx, dy, dz の微小な直方体の体積の変化は，

$$\begin{aligned}\Delta V &= (dx+\varepsilon_x dx)(dy+\varepsilon_y dy)(dz+\varepsilon_z dz)-dxdydz \\ &= dxdydz(\varepsilon_x+\varepsilon_y+\varepsilon_z+\varepsilon_x\varepsilon_y+\varepsilon_y\varepsilon_z+\varepsilon_z\varepsilon_x+\varepsilon_x\varepsilon_y\varepsilon_z)\end{aligned} \tag{3.6}$$

であるが，ひずみに関する高次の項は微小であるため無視すると，

$$\Delta V = dxdydz(\varepsilon_x+\varepsilon_y+\varepsilon_z) \tag{3.7}$$

すなわち，垂直ひずみの総和により体積の伸縮率（体積ひずみ）が表される．

3.1.3　有効応力

a．有効応力とは

土は，固相と水や空気などの流体部分から構成されており，土の中の水や空気は，間隙内を移動して，固体部分の変形挙動に影響を及ぼす．そのため，土の力学的な挙動の解析では，変形や破壊を起こす骨組み部分と間隙内の流体を区別して解析するために，有効応力という概念が導入されている．

有効応力を理解するために，バネと間隙水からなるシリンダのモデルを紹介しよう．図3.4のように水で満たされたシリンダ内にバネが入っており，この内部をなめらかに動くピストンで気密が保たれている．ただし，ピストンには排水口が上部についている．まずピストンを押してみる（①）．すると，排水口から排水が起こり，バネは徐々に圧縮されていく（②）．ピストンを押す力とバネの弾性反発力がつり合うとピストンは停止し，排水も止まる（③）．①～③の過程では，排水が進むにつれてバネが担う応力が高まり，最終的に上昇した水の圧力は散逸して，完全にバネの弾性反発力がピストンを押す力とつり合う．シリンダ内の水が土の間隙水，バネが土粒子のつながりであるとみなすと，このモデルは水で飽和した土に圧縮力を加えたときの挙動（圧密）をうまく表現している．土質力学では，前者の間隙水の圧力を間隙水圧（p_{w}），後者の土粒子が担う応力を有効応力（σ'）とよぶ．また，ピストンを押す力とつり合うためにシリンダ内全体にはたらく応力を全応力（σ）とよぶ．これらは常に次の関係を満たす．

$$\sigma = \sigma' + p_{\mathrm{w}} \tag{3.8}$$

式(3.8)を有効応力の原理とよぶ．有効応力は，直接計測することができないため，

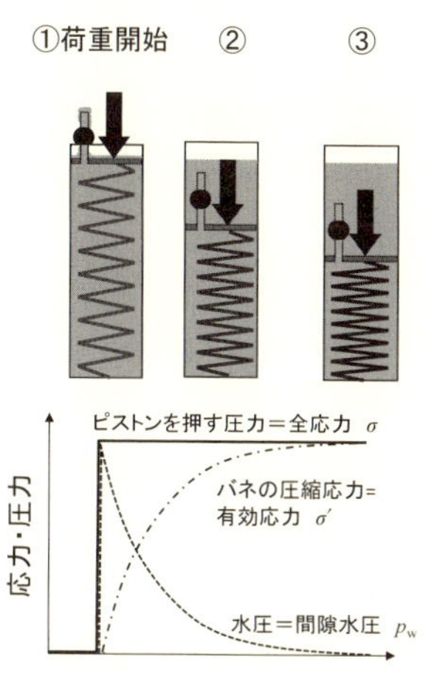

図 3.4　バネの入ったシリンダモデルによる有効応力の理解

全応力と間隙水圧の測定結果から式(3.8)を用いて求める．直接計測することができない有効応力が，土の応力解析において必要とされるのは，有効応力が，変形や破壊に関連する土壌骨格の応力状態を表すためである．間隙水はせん断抵抗を発揮しないため，せん断応力はすべて土粒子間にはたらく力が担う．すなわち，垂直応力は，間隙水圧と有効応力が分担するが，せん断応力については，全応力と有効応力を区別しない．

b. 不飽和土の有効応力

間隙内の空気圧を p_a とし，飽和度（間隙に占める水の割合）を χ とすると，不飽和土において，全垂直応力 σ は，土の骨格と水と空気に伝達されるので，

$$\sigma = \sigma' + \chi p_w + (1 - \chi) p_a \tag{3.9}$$

が成り立つと考えられる．この式を次のようなかたちに整理したものがビショップ（Bishop）の有効応力式として広く知られている．

$$\sigma - p_a = \sigma' + \chi (p_w - p_a) \tag{3.10}$$

間隙内の空気が大気と連絡しており，その出入りがすみやかに起こると考えられるとき（$p_a = 0$）には，

$$\sigma = \sigma' + \chi p_w \tag{3.11}$$

を不飽和土の有効応力式として利用できる．

この式は，全応力 σ が一定のとき，間隙水圧 p_w が負になると，有効応力 σ' が

増加する（圧縮力が高まる）ことを示している．砂場の砂は，水が多すぎても（$p_w>0$）乾燥しすぎても（$\chi=0$）整形できないが，適度な水分に調整すると砂山を作ったりトンネルを掘ったりできるのは，このように間隙水が土粒子同士を押しつけるはたらきをするためである．

3.1.4　応力・ひずみ関係とコンシステンシー

応力とひずみの関係の代表例は，弾性バネの伸びと張力（引張応力）の関係である．図3.5に示すように，伸びと張力の関係は，張力が小さい範囲では比例関係で（線形的に）推移し，荷重を除けばもとの長さに戻る（①，②線形弾性）．このような可逆的な変形を弾性変形という．しかし，バネに作用する応力が限界値を超えると，比例関係からずれが生じるようになる（③）．そして，荷重を除いてももとの長さに戻らず，一定の伸び（ε_{reg}）が残ってしまう（④）．このような不可逆的な変形を塑性変形という．塑性変形が起こりはじめるときの応力（図3.5ではσ_{Y1}）は降伏応力とよばれる．一度降伏した材料に再び荷重を加える（⑤）と，前回の荷重点（図3.5でσ_2）が新たな降伏点（$=\sigma_{Y2}$）になり，この荷重までは弾性的な変形を示し，それを超えたときに新たな塑性変形を起こす（⑥）．つま

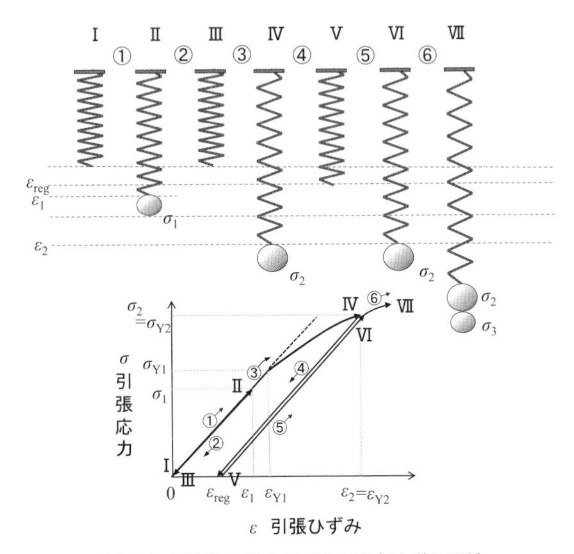

図3.5　弾塑性変形するバネの応力ひずみ関係

り，より大きな応力による降伏を経験することで，弾性域は順次拡大する．過去に経験した最大の応力が，降伏応力として記憶されていることになる．同様の関係は，圧縮の場合にも認められる．

土は水分量に応じて力学的な特性を著しく変化させる．含水比によって外力に対する土の変形特性が変化することをコンシステンシーという．乾燥してカチカチの丸い土球を硬い床に軽く投げつけると跳ね返るが，これは衝突により生じたひずみがすぐに解放され，もとの状態に戻ったことを意味しており，弾性的な挙動である．これより少し湿った土球を床に投げつけると，衝突の際に凹みができ，あまり跳ね返らない．この凹みが塑性変形であり，外力が開放されてもこの凹みはもとに戻らない．土がこのような塑性変形を示す水分の下限値を塑性限界（ω_p）とよぶ．

弾性・塑性変形は，応力の変化に対応して，即座に変形することを特徴とするが，高水分の土は，時間に依存したゆっくりとした動き，すなわち流動を示す．土が流動性を帯びる水分の下限値を液性限界（ω_L）とよぶ．塑性限界および液性限界の測定法については，JIS A 1205 で定義されている．

以上のように，土は水分に応じて力学的特性が大きく変化し，厳密に弾性体として扱うことができる水分範囲は限られているが，弾性体とみなした解析が有効な場合も多い．一般に，応力とひずみの関係を定式化したものを構成式（構成則）とよぶ．等方線形弾性体の構成式は，フック（Hooke）の法則とよばれ，ヤング率（縦弾性係数）E，せん断弾性係数（横弾性係数）G，ポアソン（Poisson）比 ν の 3 つの物性を用いて，次式のように表される．

$$
\left.
\begin{aligned}
\varepsilon_x &= \frac{1}{E}\{\sigma_{xx} - \nu(\sigma_{zz} + \sigma_{yy})\}, \quad \gamma_{xy} = \frac{\sigma_{xy}}{G} \\
\varepsilon_y &= \frac{1}{E}\{\sigma_{yy} - \nu(\sigma_{xx} + \sigma_{zz})\}, \quad \gamma_{yz} = \frac{\sigma_{yz}}{G} \\
\varepsilon_z &= \frac{1}{E}\{\sigma_{zz} - \nu(\sigma_{yy} + \sigma_{xx})\}, \quad \gamma_{zx} = \frac{\sigma_{zx}}{G}
\end{aligned}
\right\} \tag{3.12}
$$

なお，ヤング率とせん断弾性係数は，次の関係がある．

$$
G = \frac{E}{2(1+\nu)} \tag{3.13}
$$

消しゴムのような弾性体を縦方向に圧縮すれば，横方向に膨らむが，ポアソン比はその比率を表す量である．ポアソン比が0.5のとき，式(3.12)と式(3.7)より体積ひずみはゼロとなるので，体積変化を起こさない．このような物性は，飽和粘土やゴムの変形でみられる．逆にポアソン比がゼロのときには，垂直ひずみはその方向の垂直応力のみにより決まる．つまり，上から圧縮しても横方向には膨らまない．コルクはこのような物性をもつことが知られている．

飽和粘土の変形解析で，間隙水の移動が無視できるような短期間の現象を扱う場合には，式(3.12)の構成式を用いた全応力解析が行われるが，間隙水の移動（排水）が現象を大きく支配する場合には，ひずみと有効応力の関係を表す構成式を用いた解析が行われる．この場合のヤング率やポアソン比は，全応力を用いるときとは違った値となる．たとえば，飽和粘土でも排水が進めば体積変化を生じるので，ポアソン比は，0.5より小さい値となる．

3.1.5 土の降伏と破壊

a. 降伏と破壊の違い

弾性体は，応力が増加したときの変形が，応力を解放するともとに戻る性質をもつことをすでに述べた．変形がもとに戻らず，残留変形が生じるようになることを降伏といい，その境目の応力を降伏応力という．塑性変形では，土粒子配列の大きな組み替えやずれが起こり，大きなひずみを生じて，内部には空洞やひびなどが発生することもある．この状態がさらに進むと外力に対する反発がはたらかなくなって破壊に至る．

土の破砕を目的とした機械作業において，土に及ぼす仕事は，塑性変形のための仕事＋破壊のための仕事（破断面の表面エネルギーの増加）に転化する．水田土壌や降雨直後の畑の土のように多くの水分を保持している土壌では，外力を加えるとすぐに降伏し，著しい塑性変形を起こす．エネルギーの多くは，塑性変形に費やされ，破壊につながりにくい．このような性質を強く示す水分範囲は，液性限界と塑性限界の間である．一方，水分が低く，固結した土塊は，大きな力を加えなければ弾性変形の範囲にとどまり変形しない．これらを破砕するためには，破壊強度以上の衝撃や引張もしくはせん断応力を加える必要がある．

b. せん断破壊

せん断とは，ある面で土を反対方向に引き裂くことである（図3.6）．破壊に必要なせん断応力（破断面に平行な逆向きの応力）は，破断面を垂直に拘束する垂

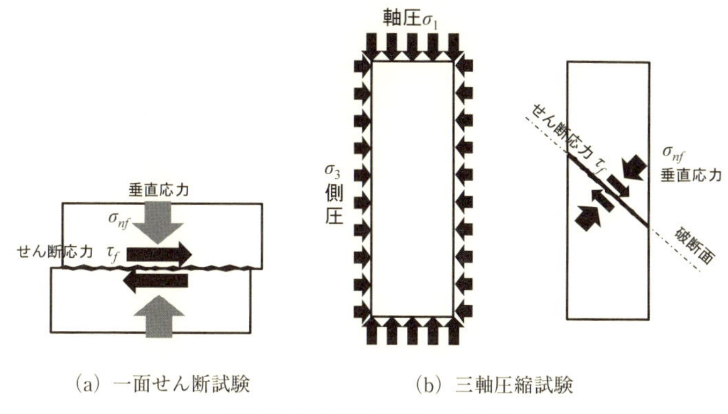

（a）一面せん断試験　　（b）三軸圧縮試験

図 3.6　せん断破壊時の応力状態

直応力が大きいほど大きくなる．この関係を線形とみなして定式化したものがクーロン（Coulomb）の破壊基準

$$\tau_f = c + \sigma_{nf} \tan\phi \tag{3.14}$$

である．τ_f は破断面に平行にはたらくせん断応力，σ_{nf} は破断面に垂直にはたらく垂直応力であり，ともにせん断破壊を起こしたときの値とする．c と ϕ は土の力学性を表す重要なパラメータで，それぞれ粘着力，内部摩擦角（せん断抵抗角）という．これらの値は，垂直方向に一定の荷重を与えつつ，試料の上下半分を逆方向にずらす一面せん断試験（図 3.6a）や，円柱状の試料に側方と軸方向の組み合わせ応力（側圧と軸圧）を与える三軸圧縮試験（図 3.6b），などにより求めることができる．

c.　引張破壊

土粒子間の結合力は，橋や梁の材料となる鋼材などとは異なり引張状態にはほとんど耐えられない．そのため，曲げ（圧縮部と引張部が発生）や引張を受けるような部材として土が使われることはなく，土木工学的には土の引張破壊は一般的なテーマではない．しかし，農業では，耕耘や土壌構造の形成が，引張破壊に強くかかわるため，土の力学性の中の重要なテーマである．引張といっても，土がバネのように一次元的に引っ張られることは稀であり，多次元的な応力場で発生する引張応力をここでは問題にする．図 3.7 のような円筒状の試料や球状の試料の上下面に圧縮力を加えると，中央部分に引張応力が発生する．土が破壊したときの圧縮力を Y(N) としたとき，引張強度 S(Pa) は，円筒状の試料を用いた

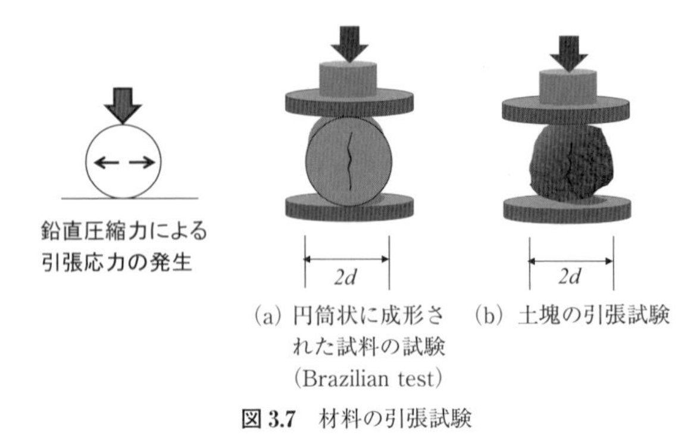

図 3.7　材料の引張試験

ブラジリアン試験（Brazilian test）では，

$$S = \frac{Y}{\pi d l} \qquad (d：半径（m），l：長さ（m）) \tag{3.15}$$

球状の試料を用いた試験では，

$$S = 0.576\frac{Y}{d^2} \qquad (d：半径（m）) \tag{3.16}$$

により求められる（Dexter, 1975）．どちらの試験においても荷重点近傍は応力が集中し，塑性変形を起こす場合があるが，この範囲が限定的であれば，引張強度に大きな影響を与えない．しかし，高水分の軟弱な土の場合，全面的に降伏するため，この試験には適さない．土塊の引張強度は，後述する土の砕けやすさ（friability）の定量化に応用される．

3.2　土壌の圧縮と圧密

地盤上に構造物を建設したり，農業機械が走行したりするためには，地盤に追加的に加わる荷重に対して地盤が安定していることが必要である．一方で，大型の農業機械が繰り返し走行する畑地では，耕作の継続により下層土が緻密になり，排水不良や根の伸張不良を起こすことがある．これらの特性を左右する土の圧縮変形には，短期間で起こるもの，長期間をかけて起こるもの，あるいは短期間の荷重を繰り返し与えることで起こるものなどがあり，この違いは土の中の水の移動や土粒子の配列に関係している．

3.2.1　土壌の圧縮

土壌の圧縮とは，土壌の間隙が縮小して間隙率が減少し，緻密化する現象の総称である．畑地のように水分不飽和な状態の土壌に対する農業機械の走行や耕耘作業により作土直下に形成される硬盤が堅密になると，排水不良や根の伸張抑制などの悪影響を及ぼす．一方，水田の造成では，機械の安定した走行を可能とし，過剰な漏水を抑えるために，地盤を圧縮して作土下に耕盤を造成したり，直播栽培などでは浸透抑制のための鎮圧が営農的に行われたりする．Soil compaction の訳語としての「土壌圧縮」は，畑地における物理性劣化の意味合いが強いため，本書では「土壌圧縮」をこのような現象に用い，単に物理現象としての圧縮については，「土壌の圧縮」と表現することにする．

a．静的な部分載荷による応力

地盤上の十分に広い範囲に均一な荷重が加えられたときには，直下の土層の鉛直方向の応力は，いずれの深さにおいても加えられた荷重分だけ増加する（一次元的な圧縮）．一方，大型の農業機械や工作機械が地盤上をゆっくりと走行するとき，その周囲の地盤の応力分布は，機械からの距離と地表からの深さに応じて不均一な分布となる．地盤を等方線形弾性体と仮定すると，図 3.8 のように地表面の 1 点に荷重が作用したときの地盤内の鉛直応力は，

$$\sigma_z = \frac{3P}{2\pi}\frac{z^3}{r^5} \qquad (r^2 = x^2 + y^2 + z^2) \tag{3.17}$$

となることをブジネスク（Boussinesq）が導いた（足立，2002；他の応力成分に

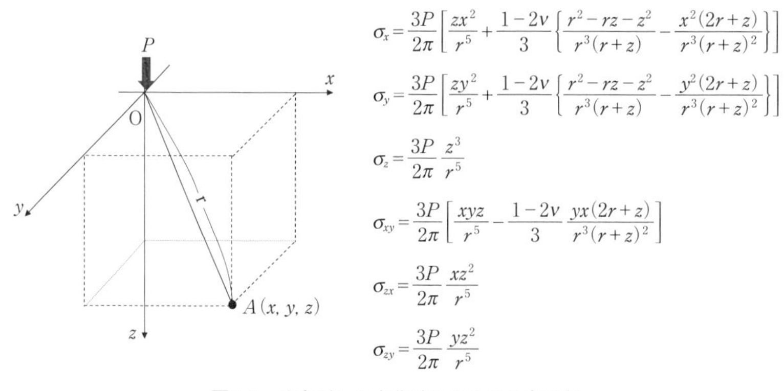

図 3.8　地表面への点荷重による地盤内応力

ついては，図3.8を参照）．この式で特徴的なのは，地盤内の応力が，ヤング率Eやポアソン比vといった土壌固有の特性によらない点である．等方線形弾性体では，2つの荷重P, Qを単独で作用させたときの地盤内の応力がそれぞれσ_P, σ_Qであったとき，荷重P, Qを同時に作用させたときの応力は$\sigma_P+\sigma_Q$となり，応力解の重ね合わせが可能である．この特徴を利用すれば，線状あるいは面状で荷重したときの応力は，点で与えた荷重による応力を足し合わせて（積分して）求めることができる．たとえば，図3.9のように単位幅に一定の荷重が幅$2b$にわたって帯状に無限の長さで分布しているとき，荷重中央直下の鉛直応力は，

$$\sigma_z=\frac{p}{\pi}(2\phi+\sin 2\phi) \tag{3.18}$$

で表される．ここで，ϕは図3.9のように定義され，深さとともに小さくなるため，鉛直応力は深さにともなって減少する．単位面積あたりの荷重P（車両の場合には接地圧）が変わらず，荷重幅$2b$が倍になったときには，同じ鉛直応力となる深さは2倍となる．車両の重量が地盤に及ぼす影響は，接地圧（重量÷接地面積）で決まると想像しがちであるが，接地圧が同じでも，接地面積が大きければ，応力は深くまで伝播し，圧縮される土層の厚みが増す．

b. 土壌圧縮と根の伸張

土の圧縮状態の指標として，コーンペネトロメータ（cone penetrometer）（図3.10a）を用いた貫入抵抗の測定が広く行われている．貫入抵抗は，貫入に必要な力を先端のコーンの断面積で割った値として求められ，コーン指数とよばれる．

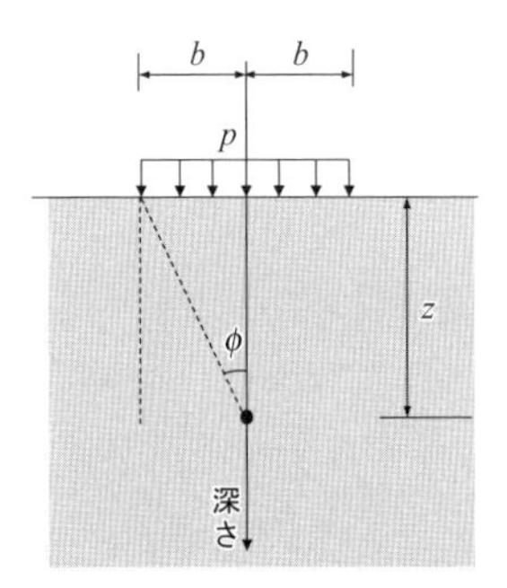

図3.9 地表面への等分布帯状荷重による地盤内応力
幅$2b$の均等な荷重（単位面積あたりp）が，紙面の手前と奥行方向に無限に続いている状況を考える．

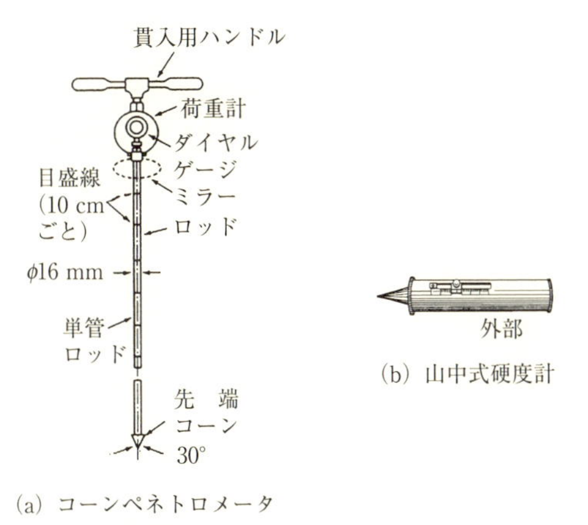

(a) コーンペネトロメータ

(b) 山中式硬度計

図 3.10　土壌の硬さを計測する機器

貫入抵抗は，断面積で割った貫入応力として表されているものの，測定結果は，ロッドやコーンの太さや大きさの影響を受ける．そのため，測定値には，これらの情報をあわせて記載することが望ましい．

根の貫入抵抗の研究においては，先端の太さを mm オーダーの太さとしたピンペネトロメータ（pin penetrometer）が使われる．たとえば，ダイズの主根について，直径 0.8 mm のピンペネトロメータの貫入抵抗が 1.6 MPa までは根の伸長に問題がないが，2.8 MPa では根がまったく貫入できなくなったという報告がある（佐藤，1998）．先端直径 11 mm，断面積 1 cm^2 のピンペネトロメータでも貫入抵抗が 3.6〜5.1 MPa になると根が伸長できないという報告がある（Ehlers *et al.*, 1983）．また，根の伸張が半分に低下するピンペネトロメータ（直径 2 mm もしくは 3.2 mm）の貫入抵抗値は，0.8〜2.0 MPa の間という報告がある（Bengough *et al.*, 2011）．

貫入抵抗は，土の堅さが悪影響を及ぼす場合だけではなく，逆に農業機械の作業性を評価するためにも計測される．耕耘や収穫を行うためには，作土層（0〜15 cm）の平均の貫入抵抗（コーン指数）が 0.2 MPa 以上必要とされ，代かきを行うためには，耕盤層（15〜30 cm）の貫入抵抗（コーン指数）が 0.2 MPa 以上であることが必要とされる．

土壌硬度計（図 3.10b）を用いた土壌各層の硬度の計測も，土壌診断などで広く行われる．土壌硬度計による測定には，土層にピット（試坑）を掘って鉛直断面を作る必要がある．土壌硬度計をその断面に水平方向に押し込み，先端が何 mm まで土に貫入したかを記録する．畑において望ましい主要根群域の土壌硬度は 22 mm 以下，水田では 24 mm 以下とされている（農林水産省，2008）．

c. 土壌圧縮と排水不良

土壌圧縮による排水不良は，国内外で広く問題になっている．作土直下の土層の緻密度の上昇（硬盤形成）による浸透能の低下が，畑地で広く認められる．このような畑地では，降雨後長期間にわたり地表面に溜まり水がみられる．この対策としては，緻密になった下層土に切り込みを入れる心土破砕や，プラウにより深くまで耕耘する深耕が行われる．

水田や水田転換畑のように水分の高い条件下で機械が走行したり耕耘したりする場合には，圧縮応力による緻密化よりも，土の練り返し（せん断による塑性変形）による間隙構造の破壊が，透水性の低下をもたらし，結果として排水不良につながる．とくに農業機械の旋回位置で，このような傾向が強い．

d. 土壌圧縮の総合的な診断

土壌が圧縮されると，乾燥密度の増大，貫入抵抗の増大，間隙率の低下，透水性の低下などが起こり，排水不良，通気不良，物理的な根の伸長抑制が作物の生育に悪い影響を与えることが定性的には明らかである．しかし，どのような変化が顕著に起こり，作物の栽培環境が悪化しているのかは，状況に応じた見きわめが必要である．

トウモロコシの畑に圧縮区と非圧縮区を設けて，土壌の物理性とトウモロコシの根密度や収量を比較したところ，収量は圧縮区 5277 kg ha^{-1} に対し非圧縮区は 7187 kg ha^{-1} となり，明らかな違いがみられた（図 3.11）．乾燥密度や貫入抵抗は，圧縮区の方が高くなっている．これにより根の伸長が抑制されて収量に差が生じたのであろうか？　実際に根密度を測定していなければ，このような考察を行いがちである．しかし，貫入抵抗の値をよく見ると，根の伸長に影響を及ぼすレベルには達しておらず，根密度の測定結果に違いはみられない．そのため，筆者らは，圧縮区で収量が不良であることの主因を，大きな間隙の量の減少によるものと考察している．大きな間隙の減少は，通常の水分条件では問題とならないが，水分の高い状態がいったん発生すると，その間に酸素不足となり，その後の作物の生育に影響をもたらすためである．このように土壌圧縮の影響は，土壌の種類

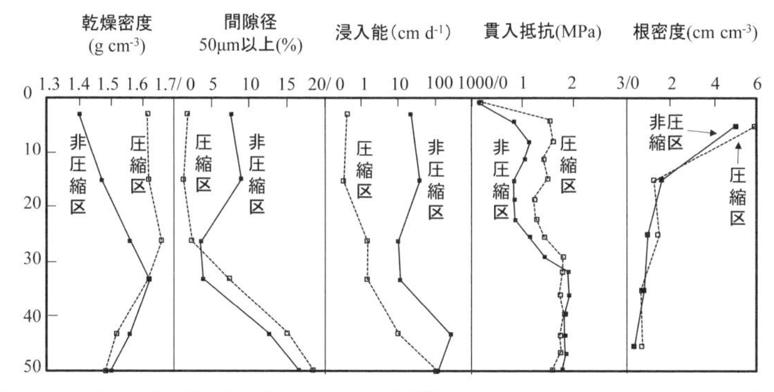

図 3.11　圧縮が土壌の物理性や根密度に及ぼす影響（Stenitzer and Murer, 2003 より作成）

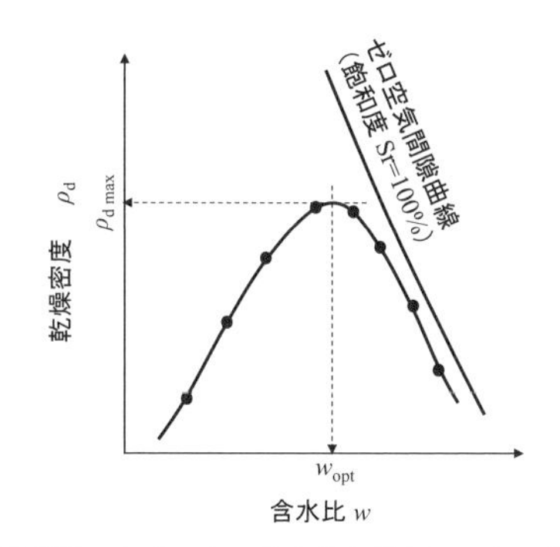

図 3.12　締固め試験における土の含水比と得られる土の乾燥密度の関係

はもとより，栽培期間中の水分条件や作物により多様である．

e.　意図的な土壌の圧縮

土壌を圧縮し安定化させることは，土木工事においては最も基本的な技術である．不飽和土に荷重を加えて地盤を圧縮する処理は締め固めと呼ばれる．締め固めにより土の密度は高まるが，その効果は土の含水比に大きく依存する．図 3.12 は，締め固め用の容器に土を充填し，所定のエネルギーで突き固めたときの試料の含水比と乾燥密度の関係である．湿りすぎていても乾きすぎていても十分に締め固めることができず，乾燥密度が最大となる含水比が存在する．この含水比を，最適含水比（w_{opt}）という．この理由は次のように説明できる．土壌の水分が少ないときには，式(3.11)で説明したように，土壌水のサクション（負の間隙水圧；3.1.3 参照）により，粒子間には強い圧縮応力がはたらき，これが粒子の横移動を妨げるために圧縮されにくくなる．逆に水分が多く，間隙の飽和度が高いと，排水しない限り密度を高めることはできないので，やはり圧縮されにくい．土にはこのような性質があるため，路床などの造成には土壌の水分管理が重要である．

土壌の意図的な圧縮は，土木工事だけではなく営農でも広く行われている．鎮圧は，耕耘により形成された粗大な間隙の一部をローラーや鎮圧輪などで圧縮してつぶす作業である．整地のための軽い鎮圧や，浸透能の抑制を狙った鎮圧，出芽の促進を狙った播種後の鎮圧など目的は様々である．鎮圧により，大きな間隙が減少するため，下方への水の浸透が抑制されたり，土塊間の密着が良くなり，下方からの水分供給が促進されたりする．

3.2.2 土の圧密

土の圧密（soil consolidation）とは，間隙内の土壌水の排水にともない，間隙が縮小して体積が減少（沈下や収縮）する現象である．具体的には，粘土層への盛土や構造物の設置，地下水の井戸によるくみ上げに起因する地盤沈下の原因となる現象である．排水をともなわない圧縮では，変形は即時に起こるが，排水をともなう場合には，変形に時間を要する．そのため，排水をともなわない圧縮とは区別して，圧密という用語を用いる．

a. 圧縮曲線と先行圧縮荷重

図3.13のような装置で，水で飽和した粘土に荷重を加えると，時間の経過とともに排水が起こり，徐々に試料が圧縮される．これは，有効応力の説明に用いた図3.7のようなモデルで理解できる．このプロセスの進行速度は，試料の透水性と圧縮特性（図3.4ではそれぞれ排水口の開度とバネの弾性係数に対応）によって支配されており，透水係数が小さく，圧縮性が高いほどゆっくりと進行する．荷重直後に，急激に増加した間隙水圧は，排水が進行するにつれて徐々に低下し，最終的に荷重前の値に戻って，排水も停止する．この間，有効応力は徐々に増加し，排水が停止したときには，全応力のすべてを担うようになる．荷重を段階的に増加させながら，各段階で排水が完了したときの間隙比を測定すれば，図3.14のような圧縮特性が得られる．

横軸を圧密応力の対数値，縦軸に間隙比（もしくは体積比）をとると，低応力域では，間隙比はゆるやかに低下するが，ある応力を境に急激に低下する．この境目が弾性的な圧縮から塑性的な圧縮に移行する降伏点であり，先行圧縮荷重

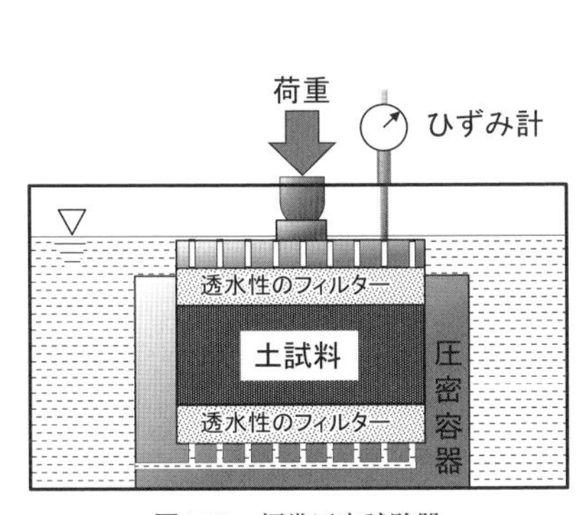

図 3.13　標準圧密試験器
荷重は，おもりの重量をてこにより伝達したり，空気圧を用いたピストンにより伝達したりすることで与える．

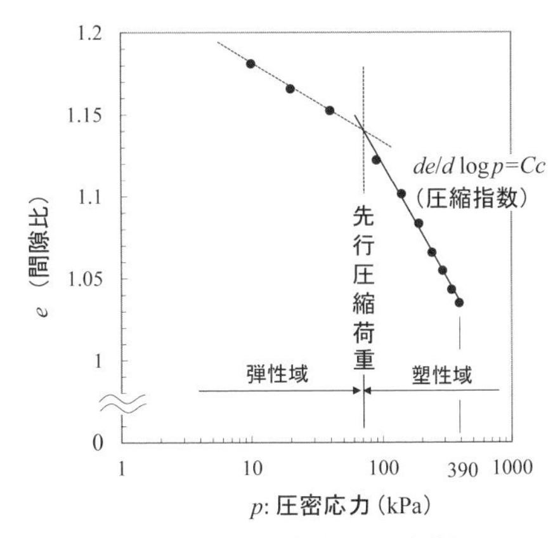

図 3.14　圧縮曲線（e-log$p$ 曲線）
水田転換畑の耕盤の例

（precompression stress）とよばれる．降伏応力は，過去に経験した最大の応力とみなすことができるので，先行圧縮荷重を求めることで，その土壌の過去の圧縮履歴を推定することができる．作土では耕耘により土壌構造が攪乱されるため，短期間の履歴しか残らないが，下層土では，過去の機械による圧縮や乾燥による収縮（サクション圧密）の履歴が先行圧縮荷重として現れる．

b.　除荷と繰り返し載荷

土壌の変形（ひずみ）は，載荷と除荷が繰り返されることで増大することが知られている．図 3.15 は，図 3.14 で示した試験で 390 kPa まで圧密した後に，いったん 10 kPa まで荷重を減じ（除荷・吸水膨潤），再び 390 kPa を載荷したときの間隙比の変化を示している．図 3.14 の圧密過程に入る前には，試料の先行圧縮荷重は，70 kPa であったが，図 3.15 の除荷と再載荷を行う前の先行圧縮荷重は，390 kPa まで圧縮された後なので，390 kPa である．この除荷と再載荷は，先行圧縮荷重（＝390 kPa）より小さな荷重範囲内，つまり可逆的な変形となる弾性域内で行われたことになる．図 3.5 のバネのモデルで示したような理想的な弾塑性変形であれば，除荷前と再載荷後の間隙比（ひずみ）は，図 3.5 のⅣとⅥのように同じ値となることが期待される．しかし，土の場合には，この除荷・載荷プロセスにより，構造の変化（低位化）が起こり，図 3.15 に示すように，圧縮応力 390 kPa に対応する間隙比は，除荷・再載荷を行うことで低下する．そのため，先行圧縮

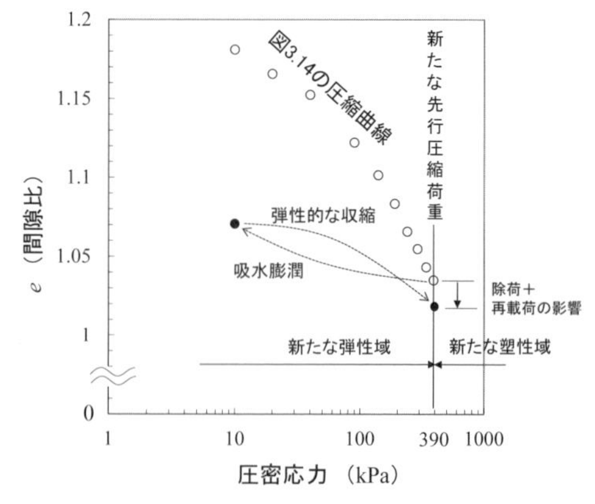

図 3.15 除荷と再載荷を行ったときの圧縮曲線
水田転換畑の耕盤の例

荷重より小さな荷重であっても，それを繰り返し作用させると塑性的な圧縮が徐々に進む．この現象は，農業機械が繰り返し通過することによる農地の土壌圧縮の進行との関連が指摘されている（Peth and Horn, 2006）．

3.3 耕耘と土壌構造

土壌に対する強い力学的なはたらきかけが行われる作業には耕耘と整地作業がある．とくに作土の土壌構造は，作物の根系発達に加え，耕耘・整地作業の影響を強く受けており，その物理性の解析には，作業の種類やその影響を考慮する必要がある．

3.3.1 耕耘・整地作業による構造形成

耕耘には，プラウのように土を切りながら反転する反転耕と，ロータリー耕耘機のように，土を削り上げながら同時に細かくする撹拌耕がある．プラウで反転耕を行った後は，ハローなどにより土を細かく砕く作業（砕土）が行われる．また，田畑の凹凸が多いときには，地表面を平らにする均平作業や，鎮圧が行われる．水稲作では，粗く耕耘した後に用水を入れて，作土を撹拌，砕土，均平化する代かきが広く行われている．農地土壌の構造は，これらの作業の実施によって大きく変化する.

3.3.2 易耕性と土壌の物理性

耕耘では，土のせん断，圧縮，引張強度が，作業に必要な力や仕上がりに影響する．これらの強度は，土性や有機物含量などの基本的な特性に加え，過去の耕耘や作付けによる構造発達の程度や作業時の土壌水分の影響も受ける．図 3.16 は土壌の水分と砕土の良否の関係の一例である．土壌の水分が高いと，土壌に加えられるエネルギーの多くが塑性変形により吸収され，破壊（小粒子化）に至りにくくなる．また，逆に水分が低いと土塊の強度が高まり，やはり破壊は困難になる．このように，耕耘には最適な水分範囲がある．

耕耘に最適な水分として，古くから提案されているのが塑性限界である．塑性限界は塑性変形が卓越する水分の下限値であり，湿った土が乾燥してこの水分に近づくと，加えたエネルギーが効率よく破壊につながるようになると考えられるためである．しかし，多くの報告は，最適な水分は，塑性限界よりさらに乾燥側にあると指摘している．これは，土の砕けやすさが弾塑性的な特性のみならず，空洞やひびといった土塊の中の不均一な構造にも支配されているためと考えられる．

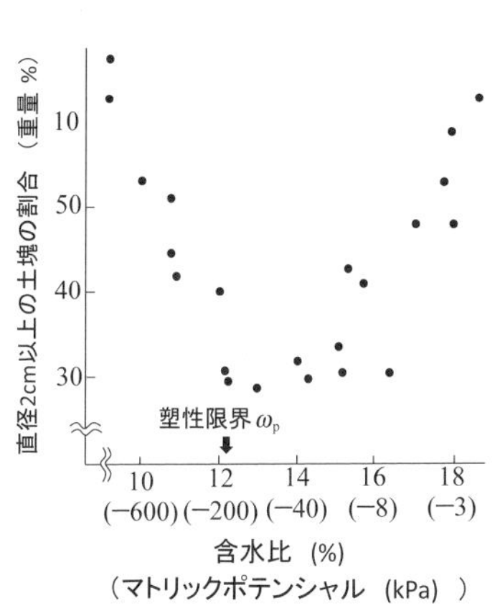

図 3.16 土壌水分と砕土の良否（佐藤・湯村，1970 を一部改変）

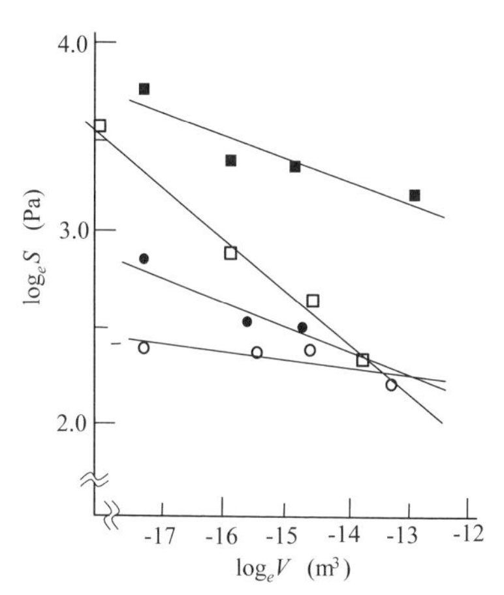

図 3.17 フライアビリティー（砕けやすさ）のサイズ依存性（Utomo and Dexter, 1981）
V：土塊の体積，S：引張強度.

このような土の力学特性と砕土性を関連づける方法として，砕けやすさの定量化があげられる．図3.17は，土塊の体積（V）とその引張強度（S）の関係を両軸を自然対数にして表したものである(Utomo and Dexter, 1981)．土塊が大きくなるほど，引張強度が低下する．ここで，強度は単位面積あたりの力である応力で表現されるものであるから，試料の大きさには依存しないものと考えがちであるが，試料内に亀裂や切り欠きといった内部欠陥がある場合には，試料が大きいほど小さな応力で破壊が起こる．そのため，個々の土塊の砕けやすさは，引張強度の直接計測で判別できるが，この場所の土が砕けやすいのか砕けにくいのかを判別するためには，土塊の大きさによらない指標が必要である．具体的には，図3.17で，両者の関係を直線：

$$\log_e S = k_f \log_e V + s_0 \tag{3.19}$$

で近似し，その傾き k_f を砕けやすさの指標として用いることが提案されている．

3.4　水分変化による土の変形や破壊

土の変形は，荷重によるものだけではなく，水分の変化によってももたらされる．それは，土の応力が，間隙水（間隙水圧）と土粒子骨格（有効応力）で分担されており，これらが相互に関係しているからである．本節では，水分変化による土の変形の中で代表的な土の収縮について取り上げる．

3.4.1　土壌の収縮

土の収縮とは，土の水分減少が原因となって体積が縮小する現象を指す．間隙が水で満たされた（飽和した）土の塊を考えよう．この間隙水の初期圧力は，大気圧に等しいとする．この試料を加圧板法により段階的な圧力を加えて排水すると，水分特性曲線が得られる．砂や構造が安定した土壌を対象とした水分特性曲線の測定では，排水にともなう間隙の変化は無視しうる．すなわち排水された間隙は，空気に置換されるので，その体積や形状は変化しない．ところが，現実の多くの土壌では，間隙水の減少が間隙の骨格を支える力のバランスに影響を及ぼすため，間隙の変形や体積変化につながる．とくに間隙骨格が変形しやすい粘質土や耕耘直後の土では，著しい体積減少を起こす．

3.4.2　収縮曲線と収縮のステージ

図3.18のように土壌水分と土壌の間隙量の関係をプロットしたものを収縮曲線とよぶ．横軸は水分量の尺度として体積含水比を，縦軸は土の体積の尺度として体積比（f）もしくは間隙比（e）（$e=f-1$）を用いる．

収縮のステージは，構造収縮，正規収縮，残留収縮，無収縮の4つのステージに分けられる．構造収縮とは，安定した間隙に保水されていた水が，間隙構造の大きな変形をともなわずに排水され，空気と置換されるステージである．さらに排水を進めると，水分減少と体積の減少がほぼ一致する正規収縮が起こる．この間，飽和度は，構造収縮により空気が侵入した一部の間隙を除き，100％に近い値で推移するが，土壌水の水圧は大きく低下し，負圧となる．正規収縮は，土壌水の水圧がおおむね−100 kPaを超えるまで続く．乾燥がさらに進むと，間隙に空気が侵入するようになり，体積減少量は水分減少量より小さくなる．このステージを残留収縮という．残留収縮よりさらに乾燥が進み，収縮を起こさなくなったときの含水比を収縮限界とよぶ．収縮特性は土壌の構造に依存し，自然構造の土と，その土に水を加えて練り返したものとでは，とくに構造収縮の有無に違いが現れる．

収縮特性を広く水移動や変形の解析に応用するために，収縮曲線は様々な数式で近似的に表されてきた．代表的なものとして，収縮の各ステージを傾きの異なる直線で結んだモデル（McGarry and Malafant, 1987）やバン・ゲヌフテン（van Genuchten）式と同じ連続した1つの関数を用いたモデル（Peng and Horn, 2005）

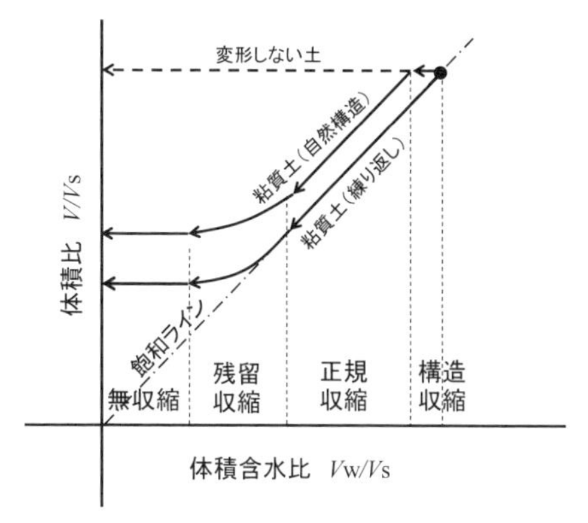

図3.18　収縮曲線

などがある．

3.4.3 収縮のメカニズム

土を乾燥条件下に置いたとき，変形を無視しうる土（粗粒土）の場合には，水は大きな間隙から順次排水され，排水された間隙には空気が侵入する．その結果，飽和度が低下する．まだ排水されていない間隙にはメニスカス（2.1.1 項参照）が形成されており，間隙水の圧力は大気圧より低下している．間隙水が負圧になると，土粒子同士を押し付ける力が強まるが，その骨格は非常に硬いので，微小な圧縮ひずみが発生するだけで，変形は無視できる．

一方，変形を無視できない土の代表である細粒土（粘質土）は，水と結合した粘土粒子の集合体が複雑に折り重なった構造となっており，骨格が変形しやすく，またその間隙は非常に小さい．このような土では，間隙の大きさとは無関係に，骨格のひずみにより増加する有効応力が，間隙水の負圧とバランスをとる（式(3.8)）ように収縮することで排水が進む．排水が進むと間隙の水圧はさらに低下するが，間隙水と大気が接する部分の間隙は，間隙水の負圧と大気圧がつり合うような曲面（メニスカス）を形成して，空気の侵入を許さないため，大半の間隙で飽和が維持される．

自然構造の土を採取し，水につけて十分に飽和してから排水すると，間隙水の負圧がある値になるまでは排水量は少なく，収縮もほとんど起こらない．しかし，その後は著しい収縮を起こす．圧縮では，このある値が先行圧縮荷重に相当するが，収縮では，過去の最大の乾燥履歴（負圧による圧縮有効応力の最大値）に対応する．この乾燥履歴より湿潤側では，弾性変形となり，乾燥側では塑性変形を起こす．不飽和域（$\chi<1$）では，土壌水の圧力の低下の一部しか有効応力の増加につながらないため，収縮は遅滞する．

3.4.4 収縮と乾燥亀裂

耕耘により比較的高い透水性を人為的に確保できる作土とは異なり，下層土の透水性は，固有の土性に大きく左右される．とくに透水性の低い粘土質の土壌では，水の移動速度がきわめて遅く，おおむね不透水層とみなすことが可能である．しかし，粘質土は水分の変化にともない著しい体積変化を起こすことから，乾燥すれば大きな亀裂が生じ，降雨時にはそれらが水みちとして機能する．

間隙水が蒸発散により失われ，土壌水の負圧が高まると，土粒子間には圧縮力がはたらき水平方向の収縮が始まる．ところが，地表面は連続しており，どこかが破断しなければ土壌が水平方向に収縮することはできない．そのため，複数箇所で小規模に破断が起こる．その破断部が徐々につながり，最終的には口絵1のような多様な形状の亀裂となる．このパターン形成過程には，土の収縮特性や透水性に加え，乾燥速度，乾燥する土層の厚さ，土壌の均質性，作物の根による土壌の拘束や水分吸収などが影響することが知られている．

土壌の乾燥が深部に及ぶと亀裂は下方へ進展するが，その深さと土壌水の圧力分布の関係については次のような考察が可能である．

式(3.12)の応力を有効応力とし，z 軸を鉛直下方にとって添え字 v で表し，x，y 軸を水平方向にとって下付き文字 h（両者は区別しない）で表すと，水平方向のひずみ ε_h は，

$$\varepsilon_h = \frac{1}{E'}\{\sigma'_h - \nu(\sigma'_v + \sigma'_h)\} \tag{3.20}$$

と表される．亀裂がある深さまで存在しているとすると，それより浅い層では，圧縮ひずみが発生しているので，$\varepsilon_h > 0$ となり，式(3.20)から，

$$\sigma'_h > \frac{\nu'}{1-\nu'}\sigma'_v \tag{3.21}$$

が成り立っているはずである．不飽和土の有効応力式(3.11)を用いて，式(3.21)を全応力と間隙水圧で表すと，

$$\sigma_h - \chi p_{\mathrm{w}} > \frac{\nu'}{1-\nu'}(\sigma_v - \chi p_{\mathrm{w}}) \tag{3.22}$$

亀裂が発生している部分では，水平方向の全応力 σ_h は，ゼロとみなせるので，式(3.22)は

$$\sigma_v < \frac{2\nu'-1}{\nu'}\chi p_{\mathrm{w}} \tag{3.23}$$

と整理できる．この土の湿潤密度を γ_t とすると，深さ z における鉛直全応力は

$$\sigma_v = \gamma_t g z \tag{3.24}$$

となるので，これを式(3.23)に代入すると，

$$\gamma_t g z < \frac{2\nu'-1}{\nu'}\chi p_{\mathrm{w}} \tag{3.25}$$

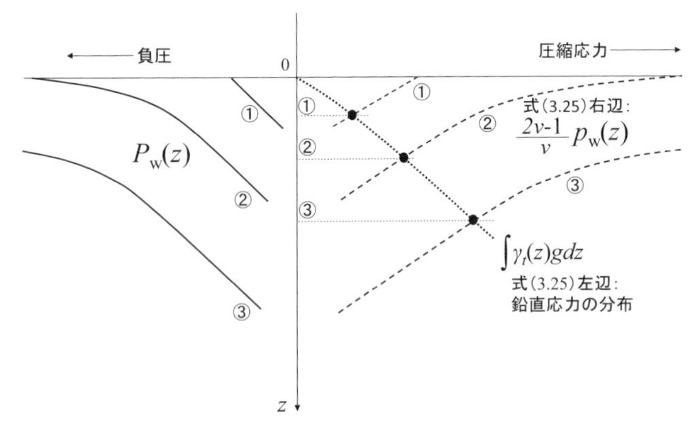

図 3.19　土壌水の水圧分布と亀裂深さの関係
水圧分布①②③に対応した亀裂の深さが，z 軸上の①②③となる（鉛直応力分布の水分による変化は無視している）.

が得られる．たとえば，ポアソン比 ν' を 0.25 として，χ を 1.0（亀裂先端付近ではほぼ飽和していると考える）とすると，水圧の鉛直分布 $P_w(z)$ を図 3.19 の左半分の①②③のように仮定すれば，式(3.25)の両辺の値は，図 3.19 の右半分のように模式的に表される．各曲線の交点の z 座標が，①②③の水圧分布に対応する亀裂の先端の深さとなり，それより上部では式(3.25)が成立して亀裂が開口している．土壌の水分が地表から失われていく（p_w が低下していく）と，交点の位置は下方に進展していく．このように式(3.25)から土層が乾燥する過程の p_w の鉛直分布とそのときの亀裂のおおよその深さの関係を知ることができる．

吉田修一郎

4 温室効果ガス

温室効果ガスの土壌と大気の間における交換は物理現象であるが，その土壌中における生成と消費はおもに微生物の活動によって生じている．そこで本章では，微生物によるメタン（CH_4）と一酸化二窒素（N_2O）の生成および消費プロセスを理解するため，熱力学的な側面をまず解説する．次に，本書が対象とする土壌の物理的性質が土壌中における CH_4 や N_2O の生成・消費と大気への排出にどのように影響するかを解説する．なお CH_4 については基本的に水田で生じる現象を，N_2O については畑地で生じる現象を想定した．最後に今後，土壌物理学および関連する学問分野に何が必要とされているかを述べる．

4.1 社会的背景

CH_4 と N_2O は大気中に微量に存在する温室効果ガスである．これらガスの濃度は人間活動の影響を受けて増加し，CH_4 は 1750 年（産業革命の時代）に 0.72 ppm であったのが 2016 年時点で 1.85 ppm に，N_2O は同期間に 270 ppb から 328 ppb に増加した．CH_4 と N_2O の濃度上昇による放射強制力（1750 年基準で 2011 年時点）は，それぞれ 0.48 W m^{-2} と 0.17 W m^{-2} と見積もられ，最大の温室効果ガスである二酸化炭素（CO_2）の放射強制力（1.82 W m^{-2}）のそれぞれ 26％と 9％に相当する．ただし CH_4 は対流圏オゾンの生成や成層圏水蒸気の増加を通した間接的な温室効果も大きいため，排出量ベースでみた放射強制力は CO_2 の約 58％にも及ぶ（CO_2：1.68 W m^{-2} に対し CH_4：0.97 W m^{-2}；IPCC, 2013）．

CO_2 の排出は鉱工業分野由来が多いのに対し，CH_4 や N_2O は農業分野の寄与が大きい．人為起源の排出のうち，CH_4 は 38％が（2000～2009 年），N_2O は 59％が農業分野由来と見積もられ（2006 年），中でも水田は CH_4 の 11％，畑地は N_2O の 26％を占める．これらの数字には大きな推定誤差がともなっているが，農耕地か

ら排出される CH_4 や N_2O の削減が地球温暖化を緩和する上で重要なターゲットであることは疑いようがない．1994年に発行した気候変動に関する国際連合枠組条約では，締約国に対し温室効果ガスの排出および吸収に関して，農耕地を含む目録作成と定期的更新を義務として課している．

温室効果ガス排出量の把握と削減を求める社会的要請を背景に，農耕地からの CH_4 や N_2O 排出を対象とした研究が数多く行われてきた．とくにフィールドにおける観測とそのデータから帰納的・統計的に変動要因を抽出し定量化するアプローチがこの分野の研究の主流であり，地形･気候といったマクロな自然要因から，作目・品種や施肥・耕起などの栽培管理要因まで，きわめて多くの変動要因が抽出されてきた．その一方で，農耕地における CH_4 や N_2O の生成・消費は土壌微生物の代謝活動によって生じているため，微生物学分野でも活発に研究が行われてきた．圃場レベルで観測されるマクロな現象と微生物レベルのミクロな現象は独立に生じるわけではなく，概念的には微生物による代謝活動の経路や速度は，マクロな要因によって変化する微生物周囲の物理的・化学的環境によって規定される．この両者をつなぐようなモデルも考案されつつあるが，現状では個々の観測値の再現や観測値のスケールアップの両面でまだ多くの課題を抱えており，さらなる研究が必要とされている．

4.2　温室効果ガスの生成・消費メカニズム

4.2.1　土壌中で生じる異化反応の熱力学的背景

土壌中における CH_4 や N_2O の生成・消費は微生物によるエネルギー獲得のための代謝，すなわち異化（dissimilation）の場で生じる．生物が行う代謝活動の種類や速度は，反応が生じる環境の物理的・化学的状態に制約される．したがって，微生物が行う代謝活動の背後にある熱力学的メカニズムを知ることで CH_4 や N_2O の生成・消費をよりよく理解することができる．

われわれヒトを含めすべての生物は，光エネルギーを利用するもの以外は化学物質の酸化還元反応からエネルギーを得て生きている．ヒトなど高等動物では，食事を通して取り込んだ有機物を電子供与体（electron donor）とし，大気から取り込んだ分子状酸素（O_2）を電子受容体（electron acceptor）とした酸化還元反応を行う．一般に酸化還元反応では，電子供与体が電子を失うことを酸化とよび，電子受容体が電子を受け取ることを還元という．この例では，有機物は酸化され,酸素は還元されると表現する．また電子供与体のもつ電子の失いやすさ(あるいは電子受容体への与えやすさ）を還元力とよび，電子受容体が電子を受け取る（あるいは電子供与体から奪う）力の大きさを酸化力という．

ヒトの例をもう少し詳しくみると，有機物の中に水素の形で取り込まれている電子を呼吸鎖とよばれる多段階の酸化還元反応（電子伝達過程）を介して最終的に O_2 に渡している．このように電子伝達過程を含むエネルギー獲得様式のことを呼吸とよぶ．さらに用いる電子受容体の名前を付記して呼吸の種類を示すことがあり，この例では O_2 を用いるため酸素呼吸とよぶ．土壌中の微生物にも同じように酸素呼吸を行うものが多く存在するが，降雨や灌漑などによって大気からの O_2 供給が制限されると，O_2 を用いることなく有機物を分解する必要に迫られる．すなわち，土壌中では電子受容体の可給性に応じておもに生じる代謝経路が変化し，それを司る微生物の種類も変わる．ここで問題にする CH_4 や N_2O はいずれも酸素呼吸とは異なる代謝経路で生じるガスである．

土壌中で行われる異化反応によって得られるエネルギーの大小は，標準反応ギブズ（Gibbs）エネルギー（$\Delta_r G°$）によって大まかに見積ることができる．$\Delta_r G°$ は化学反応式の両辺の物質がすべて標準状態（1 bar＝100 kPa, 25℃）かつ活量が1であるときの系全体の反応推進力の大きさを表す示強性変数であり，値が小さいほど反応が進みやすいことを表す．$\Delta_r G°$ の値は始原系と生成系の標準化学ポテンシャル（標準モルギブズエネルギー）の差として簡単に計算できる．ただし $\Delta_r G°$ の条件のうち，すべての活量を1とする仮定は，多くの場合，非現実的である．実際の環境に生じる反応と対応させるためには反応ギブズエネルギー（$\Delta_r G$）を見積もる必要がある．たとえば

$$\nu_A A + \nu_B B \longleftrightarrow \nu_C C + \nu_D D \tag{4.1}$$

という反応を考えたとき，$\Delta_r G$ は以下のように書ける．

$$\Delta_r G = \Delta_r G° + RT \ln \frac{[a_C]^{\nu_C}[a_D]^{\nu_D}}{[a_A]^{\nu_A}[a_B]^{\nu_B}} \tag{4.2}$$

ここで R は気体定数 8.314（J mol^{-1} K^{-1}），T は絶対温度（K），a_A, a_B および a_C, a_D はそれぞれ始原系，生成系の活量，ν_A, ν_B, ν_C, ν_D は化学量論係数である．生化学的にとくに問題になるのは，pH すなわち水素イオン活量（$[H^+]$）の仮定である．H^+ が反応式に含まれる場合，$\Delta_r G°$ は活量が1，すなわち pH＝0 条件での値であ

るが，実際には反応の多くは中性付近で生じる．そこで pH＝7 の条件に換算した値（$\Delta_r G^{\circ\prime}$）もよく計算される．この条件を生化学的標準状態とよぶ．たとえば式(4.1)の A が H^+だとすると，25℃すなわち $T=298.15\,K$ のとき，

$$\begin{aligned}\Delta_r G^{\circ\prime} &= \Delta_r G^{\circ} + RT\ln\frac{[1]^{\nu_C}[1]^{\nu_D}}{[H^+]^{\nu_A}[1]^{\nu_B}} \\ &= \Delta_r G^{\circ} - \nu_A RT\ln[H^+] = \Delta_r G^{\circ} + 5.71\nu_A\,pH \\ &= \Delta_r G^{\circ} + 39.95\nu_A\,(kJ)\end{aligned} \tag{4.3}$$

となる．ここでは $[H^+]$ を例にしたが，他の物質でも活量が 1 オーダー変わるごとに $\Delta_r G$ は約 5.71 νkJ mol^{-1} ずつ変化する．

表 4.1 に土壌中で生じる主要な電子供与反応と電子受容反応の半反応式，およびそれらの反応にともなう $\Delta_r G^{\circ}$ および $\Delta_r G^{\circ\prime}$ とそれに対応する平衡電極電位（後述）を示す．この表では，相互比較が可能なように単位電子（e^-）あたりの値を示している．実際の反応は電子供与反応と受容反応が組み合わさった形で生じるが（表 4.2），後述するように電子供与体側と受容体側で考えるべきポイントが異なってくるため，半反応式として表した方が便利である．なお土壌中には多種多様な有機物が存在するが，異化反応のエネルギーを考える上ではグルコースをモデル物質として差し支えない．

電子受容反応の側では，電子を受け取りやすいもの，すなわち $\Delta_r G^{\circ}$ がより小さいものから順に並べてある（表 4.1）．この表で最も電子を受け取りやすい物質は温室効果ガスでもある N_2O であり，その酸化力は O_2 よりも大きい．N_2O の次に大きな酸化力をもつのは O_2 である．また，硝酸イオン（NO^{3-}）も O_2 に匹敵するほどの酸化力をもつ．NO_3^- が還元されることを脱窒といい，後述するように N_2O が生成される主要な異化反応である．通常の鉱質土壌にはマンガン酸化物や鉄酸化物（オキシ水酸化鉄および酸化鉄）が多量に含まれているが，とくに鉄は量的に大きいため，土壌中で分子状 O_2 の供給が制限されたときに最も多量に存在する電子受容体である．鉄酸化物の還元によって得られるエネルギーは，その形態によって大きく変わる．非晶質のフェリハイドライトは結晶性の鉄酸化物と比べて得られるエネルギーが大きい．ここで，これら鉄酸化物の還元では，$\Delta_r G^{\circ}$ と比べ $\Delta_r G^{\circ\prime}$ の値が大幅に大きくなっていることに注意を要する．なぜなら，鉄酸化物の還元は H^+消費反応であり，アルカリ側では急激に生じにくくなるためである．硫酸イオン（SO_4^{2-}）や CO_2 の還元，すなわちメタン生成の $\Delta_r G^{\circ}$ はさら

表 4.1　土壌中で生じる代表的な酸化還元反応（半反応）の標準反応ギブズエネルギー変化（$\Delta_r G^\circ$）とその pH＝7 における値（$\Delta_r G^{\circ\prime}$），および対応する平衡電極電位（E_r° および $E_r^{\circ\prime}$）

電子供与反応

電子供与体	半反応式	$\Delta_r G^\circ$ (kJ mol^{-1} e$^-$)	$\Delta_r G^{\circ\prime}$ (kJ mol^{-1} e$^-$)	E_r° (mV)	$E_r^{\circ\prime}$ (mV)
グルコース：完全酸化	α-D-Glucose ($C_6H_{12}O_6$) (aq) + $12H_2O \longrightarrow 6HCO_3^-$ $30H^+ + 24e^-$	10.1	−39.8	−105	413
水素	$H_2(aq) \longrightarrow 2H^+ + 2e^-$	0	−40.0	0	414
酢酸	$CH_3COO^- + 4H_2O \longrightarrow 2HCO_3^- + 9H^+ + 8e^-$	18.1	−26.9	−187	279
アンモニア（硝化）	$NH_3 + 3H_2O \longrightarrow NO_3^- + 9H^+ + 8e^-$	78.4	33.4	−812	−346

電子受容反応

電子受容体	半反応式	$\Delta_r G^\circ$ (kJ mol^{-1} e$^-$)	$\Delta_r G^{\circ\prime}$ (kJ mol^{-1} e$^-$)	E_r° (mV)	$E_r^{\circ\prime}$ (mV)
一酸化二窒素（脱窒）	$N_2O(g) + 2H^+ + 2e^- \longrightarrow N_2 + H_2O$	−170.7	−130.7	1769	1355
酸素	$O_2(g) + 4H^+ + 4e^- \longrightarrow 2H_2O$	−118.6	−78.6	1229	815
硝酸イオン：N_2 まで還元（脱窒）	$NO_3^- + 6H^+ + 5e^- \longrightarrow 1/2N_2 + 3H_2O$	−120.0	−72.1	1244	747
硝酸イオン：N_2O まで還元（脱窒）	$2NO_3^- + 10H^+ + 8e^- \longrightarrow N_2O + 5H_2O$	−107.4	−57.4	1113	595
マンガン(IV)（バーネサイト）	δ-$MnO_2 + 4H^+ + 2e^- \longrightarrow Mn^{2+} + 2H_2O$	−124.6	−44.7	1292	464
フェリハイドライト	$Fe(OH)_3 + 3H^+ + e^- \longrightarrow Fe^{2+} + 3H_2O$	−82.4	37.4	854	−388
マグネタイト	$Fe_3O_4 + 8H^+ + 2e^- \longrightarrow 3Fe^{2+} + 4H_2O$	−63.7	56.2	660	−582
ゲータイト	α-$FeOOH + 3H^+ + e^- \longrightarrow Fe^{2+} + 2H_2O$	−62.7	57.3	649	−593
ヘマタイト	α-$Fe_2O_3 + 6H^+ + 2e^- \longrightarrow 2Fe^{2+} + 3H_2O$	−62.5	57.4	647	−595
硫酸イオン	$SO_4^{2-} + 9H^+ + 8e^- \longrightarrow HS^-(aq) + 4H_2O$	−24.0	20.9	249	−217
二酸化炭素（メタン生成）	$CO_2(g) + 8H^+ + 8e^- \longrightarrow CH_4(g) + 2H_2O$	−16.3	23.6	169	−245

反応物および生成物の標準モルギブズエネルギーは Thauer *et al.*（1977）の値を使用．ただしマンガン(IV)（バーネサイトを想定）は Bricker（1965），ゲータイトおよびヘマタイトは Hiemstra（2015），フェリハイドライトは Majzlan *et al.*（2004）を使用．

表4.2　水素もしくは酢酸が電子供与体の場合の酸化還元反応（全反応）のギブズエネルギー変化（$\Delta_r G$）

電子受容体	水素（H_2） $\Delta_r G$（$kJ\ mol^{-1}\ H_2$）		酢酸（CH_3COOH） $\Delta_r G$（$kJ\ mol^{-1}\ CH_3COOH$）	
	1 M	100 nM	1 M	100 μM
酸素	−237	−197	−844	−821
硝酸イオン	−224	−184	−792	−769
マンガン（IV）（バーネサイト）	−169	−129	−573	−550
フェリハイドライト[a]	−5	+35（−29）	+84	+107（−149）
硫酸イオン	−38	+2	−48	−25
二酸化炭素（HCO_3^-）	−33	+7	−	−
ゲータイト[a]	+35	+74（+10）	+243	+265（+9）

a：（　）内は Fe^{2+} 濃度を 100 ppm とした場合.
25℃, 1 bar, pH＝7 における値. 表4.1 の組み合わせから計算. ただし実際に生じうる条件の例として, 水素の活量を 100 nM, 酢酸の活量を 100 μM とした場合も表示.

に大きく, 得られるエネルギーは比較的小さい.

なお, 進化の過程で O_2 の酸化力に抵抗することができず O_2 が出現する以前のような環境でのみ生存が可能な微生物が行う呼吸を一般に嫌気呼吸とよび, 酸素呼吸が可能であるものの O_2 が不足する状況では嫌気呼吸を行うこともできる呼吸形態を通性嫌気性とよぶ. 好気・嫌気は生物が生育可能な環境の O_2 濃度を表す言葉ではなく, 電子受容体として O_2 を利用可能かどうかという生物の能力を表す言葉である.

4.2.2　メタン生成の捉え方—逐次還元説と共生的異化反応—

表4.2 に表4.1 に示した電子供与反応と受容反応を組み合わせた酸化還元反応の $\Delta_r G$ を示す. ここではとくに土壌中の異化反応で重要な分子状水素（H_2）と酢酸を電子供与体とした. 電子受容体は, 土壌中で生じうる活量を想定した例で得られるエネルギーの順に並べた. このように熱力学的に予想される順序にしたがって電子受容体が順次還元されていく場合, その過程を逐次還元とよぶ. 実際, 水田に水を張って大気からの O_2 供給が制限されると, 残った分子状 O_2 や NO_3^-, マンガン酸化物はすみやかに還元される. そして SO_4^{2-} 還元やメタン生成が盛んに

生じる前に，非晶質の鉄酸化物（フェリハイドライト）の還元反応が主体となることが知られている．またゲータイトなどの結晶性の鉄酸化物は還元されにくいことが知られるが，これも熱力学的予想とよく一致する．このように逐次還元は土壌の還元過程とメタン生成を理解する上で非常に役に立つ概念である．

ただし実際の水田ではメタン生成は鉄酸化物の還元がすべて終わったあとにはじまるわけではなく，鉄還元とメタン生成にはオーバーラップがみられる．このほかにも厳密には逐次還元に従わない事象は土壌や堆積物中でよく観測される．これはどのようなメカニズムで生じるのだろうか．

最も重要な要因とされているのが，微生物同士の共生的異化反応（syntrophy）である．ヒトなどの高等動物や酸素呼吸を行う微生物は，加水分解から最終的な電子伝達反応までを1種・1個体で行うことができるものが多い．しかし嫌気性微生物の活動が優占する状況では，微生物は多種多様な役割分担のもとで共生的に有機物を分解する．これは発酵（fermentation）とよばれる異化形式で，有機物が電子供与体だけでなく電子受容体としても利用されるため，外から電子受容体の提供がなくても生じる．たとえば，グルコースからエタノールへとアルコール発酵が行われ，さらに水素発生型酢酸生成菌によってエタノールは H_2 と酢酸に分解される（表4.3）．共生的異化反応を理解する上で最も重要な点は，発酵，とくにアルコールを有機酸と H_2 に還元する反応では $\Delta_r G^\circ$ が正となること，つまり自発的には生じない点にある．一般に水素発生型の酢酸生成反応は $\Delta_r G^\circ$ が正であり，この反応を司る微生物は発生した水素を除去し，水素濃度を低く保たなければ反応が進まず生きていけない．つまり，メタン生成反応によって H_2 濃度を下げない限り有機物の分解全体が滞ってしまうことになる．そこで水素生成型酢酸菌は水素を資化するメタン生成菌と直接水素を伝達する仕組みを作り共生関係を築いている．この仕組みを種間水素伝達（inter-species hydrogen transfer）

表4.3 嫌気条件下の土壌中で生じる発酵反応の例

電子供与体	反応式	$\Delta_r G^\circ$ (kJ mol^{-1} e$^-$)	$\Delta_r G^{\circ\prime}$ (kJ mol^{-1} e$^-$)
エタノール発酵	α-D-Glucose ($C_6H_{12}O_6$) (aq) $\longrightarrow$ $2C_2H_5OH + 2CO_2$(g)	−235.0	−235.0
水素発生型酢酸生成（エタノール）	$C_2H_5OH + H_2O \longrightarrow CH_3COO^- + 2H_2 + H^+$	49.5	9.8
メタン生成：酢酸由来	$CH_3COO^- + H_2O \longrightarrow CH_4(g) + HCO_3^-$	−31	−31

とよぶ．そのため，電子受容反応だけからみると最も不利なメタン生成は，他の電子受容体の還元が完全に終わる前から生じることになる．

また最近では，微生物同士が電子供与体ではなく電子自体を直接やりとりするDIET（direct inter-species electron transfer）とよばれる仕組みが自然界で広く存在することがわかってきた（Lovely, 2017）．CH_4 生成菌の中には，発酵微生物からの種間水素伝達だけでなく，鉄還元菌から直接電子を受け取って CH_4 を生成することが可能な種が存在する．鉄還元菌は通常固体として存在する鉄酸化物を還元するために，菌体外に電子を放出する仕組みを発達させている．このとき，電子が電導性の鉄化合物（マグネタイトなど）に渡った場合，その鉄化合物はいわゆる電線として機能する．実際，その電線に接した別の場所にいる CH_4 生成菌が電子を受け取って CO_2 還元による CH_4 生成に用いる仕組みが発見されている．

これまでの鉄還元菌と CH_4 生成菌の捉え方は，逐次還元をベースとし，共通の基質である H_2 や酢酸をめぐって競争的な関係にあると考えられてきた．しかし，上記のDIETでは，鉄還元菌が鉄ではなく CO_2 を間接的に還元しており，鉄還元菌と CH_4 生成菌は共生関係にあると捉えることができる．実はこれまでにも鉄化合物を加えても必ずしも CH_4 生成は抑制されず，逆に増えてしまうという例も少なからず報告されてきた．DIETは逐次還元的な見方とは相反していたこのような事例を説明できる可能性がある．今後は逐次還元だけではく，ここで述べたような微生物の共生的代謝も考慮して CH_4 生成を捉え直す必要があろう．

4.2.3 CH_4 の消費過程

CH_4 の消費は，CH_4 を電子供与体，O_2 を電子受容体とした反応である．水田では土壌表面やイネ根からの O_2 供給が及ぶ根圏土壌など，CH_4 と O_2 が同時に存在する場所で生じている．生成された CH_4 のうち，大気へ放出される前に酸化分解される割合は，50％以上になる場合もあるとされてきた．しかしこれは O_2 を除去した系で測定したメタン生成量と対照区との差分をメタン酸化量として推定した数字で，実際には O_2 を除いた影響でメタン生成が増加し，メタン酸化率を過大評価したと考えられている．メタン生成への影響を排除するためにメタン酸化の特異的阻害剤（CH_2F_2）を用いて推定した研究では，メタン酸化率は0～20％の間に収まることが多く，既往研究のメタ解析によれば中央値と平均値はそれぞれ8.3％および13.5％であった（Hayashi *et al.*, 2015）．なお海洋などでは分子状 O_2

ではなく，SO_4^{2-} や NO_3^- を電子受容体とした嫌気的メタン酸化が生じることが知られている．土壌中での嫌気的メタン酸化の量的規模はまだ明らかになっていない．

4.2.4 N_2O の生成・消費過程

N_2O の生成経路の 1 つに硝酸化成（硝化）がある（表 4.1）．これは電子供与体としてアンモニア（NH_3）が，電子受容体として O_2 が利用される異化反応である．NH_3 が酸化されてヒドロキシルアミン（NH_2OH）が生じ，NH_2OH が加水分解されて亜硝酸イオン（NO_2^-）を生じる際に副生成物として一酸化窒素（NO）とともに N_2O が生じる（図 4.1）．硝化としては NO_2^- がさらに酸化（加水分解）されて最終産物として NO_3^- を生成する．一般に，硝化で生成される N_2O は硝化の基質である NH_3 の 1% 未満である．

これに対し，電子供与体として有機物を，電子受容体として NO_3^- を出発点として用いる一連の還元過程を脱窒という（表 4.1，図 4.1）．脱窒を行う微生物は O_2 が十分に存在する場合には O_2 を電子受容体とする好気呼吸を行うため，NO_3^- をはじめとした窒素酸化物を用いた異化反応は生じず，N_2O は生成されない．NO_3^- の還元で生じる NO_2^- やその次の段階で生じる NO はほとんど系外に漏れ出さないため，ひとたび脱窒がはじまれば基質である NO_3^- のほぼ全量が N_2O に還元される（図 4.1）．N_2O は速度論的には安定なガスであるが，熱力学的には O_2 より大きい酸化力をもっており，微生物によって分子状窒素（N_2）にまで還元されうる（表 4.1）．それにもかかわらず脱窒によって生成された N_2O の排出がみられるのは，N_2O の還元反応に関与する酵素が常時発現しているわけではない誘導酵素であることや，O_2 によって失活することが関係している．また脱窒菌には多種多

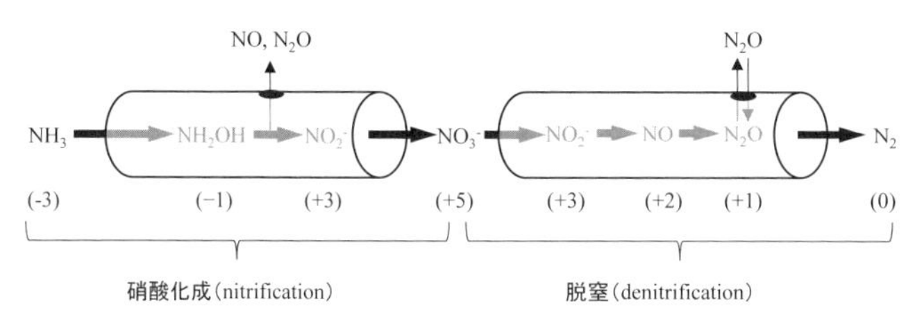

図 4.1 N_2O の生成・消費動態の概要（hole-in-the pipe モデル（Davidson and Verchot, 2000）を改変）
（ ）中の数値は窒素の荷電数を表す．

様な微生物が含まれ，その中にはN_2O還元能をもたないものも多い．その場合，生成されたN_2Oは必ず細胞外へ排出されるため，別の微生物によってN_2に還元されない限り，大気へ排出される．またNO_3^-が多く存在する場合や有機物が不足した条件でもN_2Oの消費が停滞することが知られている．なお，脱窒はメタン生成と異なり，電子供与体として酢酸やH_2だけでなく糖のような分子量の大きな有機物も利用できるため，発酵過程に律速されずにすみやかに反応が生じる．

このようなN_2Oの生成・消費動態はhole-in-the pipe（HIP）モデルによって表される（Davidson and Verchot, 2000；図4.1）．温度，土壌水分量，O_2や基質の利用可能性やpH，電気伝導率およびイオン組成などにより矢印の太さやパイプの側面に開いた孔の大きさが変化し，N_2Oが反応途中から漏れ出たり取り込まれたりすることを表している．なおここにあげた以外のN_2O生成をともなう微生物反応が新たに発見されることもあり，また，生化学反応によらない脱窒（化学脱窒，chemodenitrification）の存在も古くから知られている（Butterbach-Bahl *et al.*, 2013；Kuypers *et al.*, 2018）．

4.2.5 酸化還元電位の理論と実際

表4.1には$\Delta_r G^\circ$および$\Delta_r G^{\circ\prime}$に対応する平衡電極電位（E°および$E^{\circ\prime}$）も示している．これらは以下に示す関係にある．

$$\Delta_r G^\circ = -nFE^\circ \tag{4.4}$$

ここでnは移動する電子の量（mol），Fはファラデー（Faraday）定数で96.48（C mol^{-1}あるいはJ V^{-1}），E°は比較電極として標準水素電極電位をゼロと定めたときの値（V）である．このため水素のHをとったEhとして表すことが多い．

土壌中の酸化還元状態の指標として，土壌中に白金電極を挿入し，比較電極との電位差を測定した酸化還元電位（oxidation-reduction potential：ORP）がよく使われる．たとえば表4.1に示す$E_r^{\circ\prime}$から，pH＝7の条件ではメタン生成はEh＝－240 mVで生じると予想される．しかし観測事実として，メタン生成が活発に生じていても，白金電極で測定するEhはプラスの値を示すこともある（Gao *et al.*, 2002）．白金電極の測定結果と表4.1の電子受容反応の$E_r^{\circ\prime}$が必ずしも対応しない理由の1つは，白金電極は特定の酸化還元対の平衡電位ではなく，土壌中に存在する複数の酸化還元対の混成電位を測定しているためである．また白金電極で電位差が測定できるのは，電極の表面で起こるすみやかでかつ可逆的な反応である．しかし温室効果ガスの生成・消費反応を含め，表4.1に示す土壌中の酸化還元反応は，微生物が細胞内で酵素を利用して活性化エネルギーを下げることではじめて進行する．つまり，速度論的障壁が高く（活性化エネルギーが大きい）白金電極表面ではほとんど反応しない．

それでは土壌で測定されるEhは何を反映し，どのように解釈できるのだろうか．過去の測定事例から，水田のEh測定値は白金電極表面のO_2被膜の還元過程と，土壌溶液中のFe^{2+}/Fe^{3+}の酸化還元対とおおむね対応すると考えられている．したがって，Ehは湛水開始から数日～数週程度，電極自身のO_2が消失し，Ehを決定づける酸化還元対が鉄系（Fe^{2+}/Fe^{3+}）へと遷移する過程では急激に変化する．しかしEhは活量の対数に比例するため，鉄酸化物の還元段階になるとEhの変化はきわめて緩慢になる．また上述したように，白金電極は鉄以外の酸化還元対に関してはほとんど不活性であるため，メタン生成などに関して直接的な情報を得ることはできない．なお，Ehの計測は電極間が水でつながっていることが前提となるため，畑土壌のEhを計測することは難しい．

4.3　土壌の物理性と温室効果ガス排出との関係

上でみたように，CH_4, N_2Oの生成・消費は生物学的なプロセスであり，酸化還元状態と基質可給性がその重要な決定因子である．したがって，土壌の様々な性質・状態は，最終的にはその2つの決定因子に影響を与えることで，温室効果ガスの消長を左右していると捉えることができる．このとき単純な物性値としての土壌の物理性は，土壌タイプが異なる場所・圃場間の違いを説明する要因，つまり空間的な変動要因として重要である．一方，水・溶質・熱などの輸送プロセスも酸化還元状態と基質可給性に大きな影響を与える．さらに，いったん生成されたCH_4やN_2Oは土壌中に滞留する間に大気へ排出される前に消費されることもある．したがって物理的な輸送過程が最終的な排出量に影響を与えるケースもある．ここではとくに畑条件で排出されるN_2Oに関して，その生成と消費に影響を与える土壌の物性値について述べる．次に，水田からのCH_4と畑地からのN_2O排出過程について，実際のフラックス観測例とともに説明する．

4.3.1　N_2O の生成・消費に影響する土壌の物性値

畑条件での生成と消費が問題となる N_2O では，土壌ガス中の O_2 濃度に影響を及ぼし，微生物の代謝を変化させる土壌水分量の変動がとくに重要である．N_2O の生成は土壌の酸化還元状態の短期的な変動の結果を反映している．しかし，土壌ガス中の O_2 濃度はほとんど実測されることがなく，その代替指標として水分飽和度（体積含水率／間隙率）が用いられることが多い．この研究分野ではとくに WFPS（water-filled pore space）とよばれている．WFPS の 60％が圃場容水量（降雨後 2〜3 日経過して自由排水が終了した作土の水分状態）相当とされ，それを境に乾燥・過湿が論じられ，土壌の通気性・拡散性の高低，ひいては主要な N_2O の生成過程が推定されることがある．WFPS が 60％を超えると，微小嫌気部位が増え脱窒による N_2O 生成速度が急激に高まることがある．

一般に，細粒土や団粒構造の発達が乏しい土壌では粗粒土や団粒構造がよく発達した土壌より N_2O 排出量が大きい．これは，細粒土では粗大間隙が少なく，微生物や植物根の呼吸による O_2 消費速度が大きい割に大気から土壌への O_2 侵入速度が小さく，O_2 濃度が低い領域が発生しやすいためと考えられる．また，泥炭土のようなもともと地下水位が高い土壌では，土地改良によって地下水位が低下すると N_2O 排出量が大きくなる．これは，地下水位が高いままであれば，土壌中は O_2 濃度が低いため脱窒が生じても N_2O 還元が妨げられることなく N_2 生成に至るが，地下水位が下がり O_2 が土壌中に届く状況になると，脱窒が生じても N_2O 還元が妨げられ，N_2 まで還元される割合が小さくなるためである．

温度（地温）は，土壌中の微生物反応に影響を与えるが，地表面 N_2O 排出速度の温度依存性として評価されることが一般的である．温度依存性の指標には温度係数 Q_{10} がよく用いられる．Q_{10} は温度が 10℃上がると反応速度が何倍増えるかを表し，温度の影響を受けない場合は 1 前後を，純粋な化学反応では 2〜4 の値をとる．一般に生化学反応には至適温度が存在し温度に対して反応速度をプロットするとベル型のカーブを描くことから，Q_{10} を示すときは温度範囲も重要な情報となる．通常 Q_{10} は，観測された N_2O フラックスとそれと対応する地温をプロットし，指数関数で近似した結果が報告されている．このような Q_{10} 値は，培養実験と野外観測を問わず 2〜4 よりも大きな値が記録されることが多い．これは，N_2O 生成反応の純粋な温度依存性に加え，温度が高いほど微生物による呼吸速度が大きくなることで団粒内部に O_2 濃度の低い空間が発生し，脱窒による N_2O 生

1巻　土壌微生物学　豊田剛己（東京農工大学）［編］　【8月刊行】

208頁　定価（本体3,600円＋税）（43571-9）

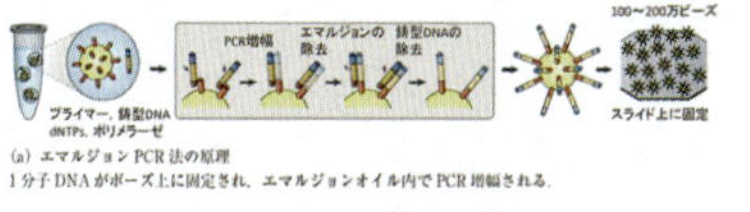

(a) エマルジョンPCR法の原理
1分子DNAがビーズ上に固定され，エマルジョンオイル内でPCR増幅される．

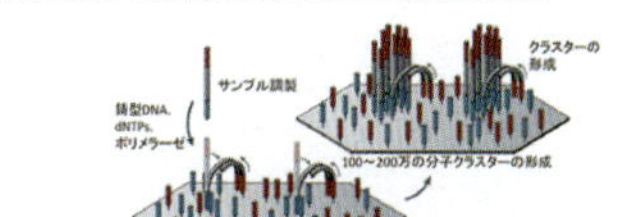

(b) ブリッジPCR法の原理
1分子DNAがアダプターを介してチップ上に固定され，固定さ

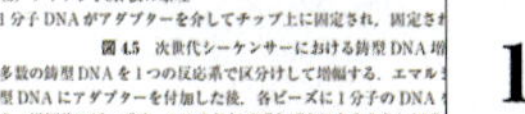

図4.5　次世代シーケンサーにおける鋳型DNA増
多数の鋳型DNAを1つの反応系で区分けして増幅する．エマル
型DNAにアダプターを付加した後，各ビーズに1分子のDNA
る．増幅後のビーズは，スライド上でばらばらになるように固定
時に解読する．ブリッジPCR法(b)では，鋳型DNAにアダプ
識部位をもつブリッジ上に1分子の鋳型DNAをランダムに固定
された分子クラスターの塩基配列を解読する．

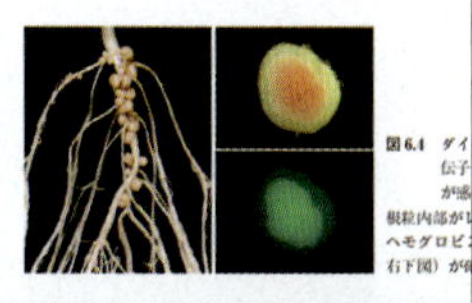

図6.4　ダイ
伝子
が感
根粒内部が
ヘモグロビ
右下図）が

図7.1　ダイズ根に感染したアーバスキュラー菌根菌の樹枝状体（矢印）
トリパンブルー染色，縮尺は70 μm.

図7.2　ダイズ畑より分離されたアーバスキュラー菌根菌の胞子
夾雑物を含む，縮尺は1.5 mm.

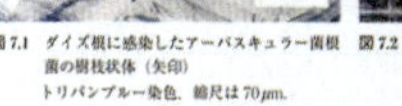

10

水田微生物の特徴と生産性とのかかわり

世界の水田面積は1億6300万haで，コムギ，トウモロコシに次いで3番目の耕地面積を占めている．アジア地域は水田面積が最も広く，世界の水田の約90%が集中している（FAOSTAT, 2014）．平成28年の農業白書によれば，我が国の水田面積は245万haであり，耕地面積の54%を占めている．

アフリカやラテンアメリカの一部では陸稲がイネのおもな栽培形態であるが，世界的にみれば，イネの90%近くは灌漑水田あるいは栽培に必要な水を雨水に頼る天水田で栽培されている．我が国ではほぼ100%が灌漑水田である．すなわち，イネの栽培期間中のかなりの間，水田は湛水状態となっている．低地面積が大きく雨季に降雨が集中するモンスーンアジアで，湛水状態で栽培する水稲作は非常に理にかなった農業形態といえる．

水田で土壌を湛水することのメリットとして，①養水分の供給，②土壌肥沃度

10.1　水田土壌の構造

図10.1　水田土壌の構造と種々の物質の動態（

1つのシステムと捉えることができる．

2巻　土壌生態学　金子信博（福島大学）［編］

8月末刊行

224頁　定価（本体3,600円＋税）(43572-6)

1. 土壌生物の多様性，機能群（金子信博）
2. 原生生物（島野智之）
3. 線虫（岡田浩明）
4. 土壌節足動物（唐沢重考）
5. ミミズ（南谷幸雄）
6. 土壌微生物と土壌動物の相互作用（中森泰三）
7. 有機物分解，物質循環における機能（長谷川元洋）
8. 植物の根系と土壌動物の関係（角田智詞）
9. 土壌生態系と地上生態系のリンク（兵藤不二夫）
10. 森林管理と土壌生態系（菱　拓雄）
11. 保全型農業と土壌動物（金子信博）
12. 地球環境問題と土壌生態系（金子信博）

【続刊】

3巻　土壌生化学　犬伏和之（千葉大学）［編］(43573-3)

1. 物質循環の場としての土壌の特徴（八島未和・犬伏和之）
2. 土壌の微生物と生化学反応（坂本一憲）
3. 微生物バイオマスと群集構造（沢田こずえ）
4. 炭素の循環
　―土壌有機物の分解と炭素化合物の代謝―
　（谷　昌幸・小川直人・井藤和人）
5. 窒素循環（西澤智康・境　雅夫）
6. 土壌におけるリン・イオウ・鉄の形態変化（遠藤銀朗）
7. 共生の生化学（齋藤勝晴）
8. 土壌酵素と土壌の質（國頭　恭・唐澤敏彦）
9. 分子生物学と土壌生化学（妹尾啓史）
10. 地球環境問題と土壌生化学（程　為国・犬伏和之）

4巻　土壌物理学　西村　拓（東京大学）［編］

1. 土の固相（西村　拓）
2. 土壌中の水および化学物質の移動（濱本昌一郎）
3. 土壌の変形と構造変化（吉田修一郎）
4. 土壌からの温室効果ガス排出（常田岳志・柳井洋介）
5. 土壌の塩類化とアルカリ化（遠藤常嘉）
6. 土壌の肥培管理と水質汚濁（前田守弘）
7. 土壌と気象障害（登尾浩助）
8. 土壌侵食（大澤和敏）
9. 数値解析（中村公人）

5巻　土壌環境学　岡崎正規（東京農工大学）［編］

1. 土壌環境学（岡崎正規）
2. 土壌の機能（岡崎正規・百瀬年彦）
3. 人の営みと土壌（岡崎正規・百瀬年彦）
4. 資源としての土壌（岡崎正規・百瀬年彦）
5. 低地と都市の土壌（馬場光久）
6. 里山の土壌（馬場光久）
7. 山地と急傾斜地の土壌（馬場光久）
8. 無機化合物による土壌汚染と修復（山口紀子）
9. 放射性物質による土壌汚染と修復（山口紀子）
10. 有機化合物による土壌汚染と修復（岡崎正規）
11. 地球温暖化と土壌（勝見尚也）
12. 沙漠化と土壌（勝見尚也）
13. 森林破壊と土壌（勝見尚也）
14. 土壌のモニタリングとアセスメント（川東正幸）
15. 環境計画に基づく土壌質の改善と管理（川東正幸）

朝倉書店
〒162-8707 東京都新宿区新小川町 6-29
（営業部）電話 03-3260-7631 ／ FAX 03-3260-0180
http://www.asakura.co.jp　eigyo@asakura.co.jp
ISBN は 978-4-254 を省略／価格表示は 2018 年 7 月現在

新シリーズ刊行開始

実践土壌学シリーズ（全5巻）

農業から環境まで，“土”にかかわる多様な分野での活用に向けて

○各巻一覧　各A5判　200～230頁程度

1巻　土壌微生物学　豊田剛己［編］ 新刊
208頁　定価（本体3,600円＋税）(43571-9)

2巻　土壌生態学　金子信博［編］ 新刊
224頁　定価（本体3,600円＋税）(43572-6)

3巻　土壌生化学　犬伏和之［編］

4巻　土壌物理学　西村　拓［編］

5巻　土壌環境学　岡崎正規［編］

●シリーズ趣旨

近年，地球温暖化や気候変動は，食料生産や日々の暮らしにも影響を及ぼし始めている。食料生産や生態系サービスの基盤であり，環境の重要な構成要素である「土壌」への科学的理解が重要である。2013年12月に国連総会で12月5日を世界土壌デーと定め，2015年を国際土壌年とする決議文が採択され，さらに国際土壌科学連合IUSSは2015-2024年を「国際土壌の10年」と位置づけ，全世界で土壌資源と機能の認識を高める運動が続いている。本「実践土壌学シリーズ」では，土壌学，土木工学を専攻する研究者・大学院生・学部生あるいは民間研究者を想定し，基礎的な「土壌学」の次のステップとして諸分野，あるいは複合的な領域でさらに実践的な「土壌」の学習を深められるような企画を立案した。実践的な内容を目指し最新の事例も紹介するが，土壌学を専門に学ばなかった読者でもそれぞれの分野を理解するのに最低限必要な基礎知識については丁寧に解説した。土壌に関心のある幅広い読者に活用されることを期待する。

成が生じる空間が拡大するため，と説明されている（Smith *et al.*, 2003）.

4.3.2　温室効果ガスの移動・排出プロセス

土壌と大気の境界におけるガス交換現象には，移流（convection）と拡散（diffusion）という駆動力の異なる物理プロセスがおもにかかわる．駆動力はそれぞれ全圧差と濃度（ガスの場合，正確には分圧）差である．全圧差は大気圧の変動や土壌への水の流入による土壌気相の圧縮など数秒～数時間といった短い時間スケールで形成されることが多いのに比べ，濃度差は数時間～数週間といった長い時間スケールで形成される．大気から土壌へのガスの移動は吸収（uptake），土壌から大気へのガスの移動は放出（release），またとくに温室効果ガスの場合は排出（emission）とよばれることもある．微生物の培養実験では代謝物の生成（production）速度や消費（consumption）速度の表現に「単位質量あたりの物質輸送量」が用いられるのに対し，ガス交換現象を物理量として記述する際にはフラックス（flux，単位面積あたりの物質輸送量）が用いられる．

CH_4 が湛水条件下の水田土壌から大気へ排出される経路には，イネ内部の通気組織を通る輸送，土壌間隙に存在する気相（気泡）が浮力で上昇する泡の放出（ebullition），土壌溶液に溶存する CH_4 の拡散輸送の 3 つが知られている．ただし溶存 CH_4 の拡散は，CH_4 は溶解度が低く土壌中ではおもに気相（気泡）中に存在すること，溶存ガスの拡散係数が気相中と比べて約 5 オーダーも小さいこと，水田土壌の表層は酸化的で CH_4 の消費反応が生じていること，などの理由から通常は無視できるほど小さい．イネを通る経路は，土壌中で生成された CH_4 が根や茎の基部からイネの通気組織に入り，上方へ拡散輸送される経路である．この経路は，通常最も寄与が大きい．ただしイネが土壌全体に根を張る前の生育初期にメタン生成が盛んに生じる条件では，泡による放出が卓越する．また出穂以降に根が枯死するとイネの通気能力が落ちるため，やはり泡による放出の寄与が高まる場合がある．

N_2O は溶解度が高いため，土壌団粒内部や土壌粒子表面に棲息している微生物によって生成された N_2O は土壌溶液中をまず拡散する．その過程で微生物に取り込まれ N_2 へ還元されることもあるが，気液平衡で土壌気相に達した N_2O は土壌気相と大気間の濃度差と土壌のガス拡散係数にしたがって移動し地表面から排出される．2.2.1 項で述べたように，土壌の拡散係数は土壌構造（団粒径分布・間隙

径分布・間隙の連続性・亀裂の有無）と水分量の影響を強く受ける．表層土壌のガス拡散係数が低くなると大気から土壌中への O_2 の侵入が妨げられ N_2O 生成が促進されやすくなるが，土壌気相の N_2O 濃度が高くても土壌ガス拡散係数が低いと地表面 N_2O 排出速度は小さくなる．単位面積あたりの任意の深度範囲の土壌ガス N_2O の賦存量（$\mu gN\,m^{-2}$）と地表面 N_2O フラックス（$\mu gN\,m^{-2}\,h^{-1}$）の比は，土壌気相と大気の N_2O が交換するのに要する時間（滞留時間；h）を表すことから，土壌中の N_2O 生成と大気への N_2O 排出が玉突き的に生じているか時間遅れをもって生じているかを知る目安となる．

なお N_2O の排出経路には，土壌溶液が流下したのちに溶存 N_2O が気液平衡し大気へ排出されるルートや，窒素化合物が浸透したり大気へ揮散したりした後，別の場所で N_2O に変換され大気へ排出されるルートもあり，これを N_2O の間接排出（indirect emission）とよぶ．これに対し，肥料や有機物が施用された圃場の土壌面で見られる排出を N_2O の直接排出（direct emission）とよび区別する（de Klein *et al.*, 2006）．

4.3.3　時間変動の観測例

水田からの CH_4 排出は，生育期間全体を通した季節変動と日変動を示すことが多い．図 4.2 には茨城県つくばみらい市の農家圃場で観測した生育期間を通した CH_4 排出量の推移を示した．温帯の水田ではこの例のように，CH_4 排出量ははじ

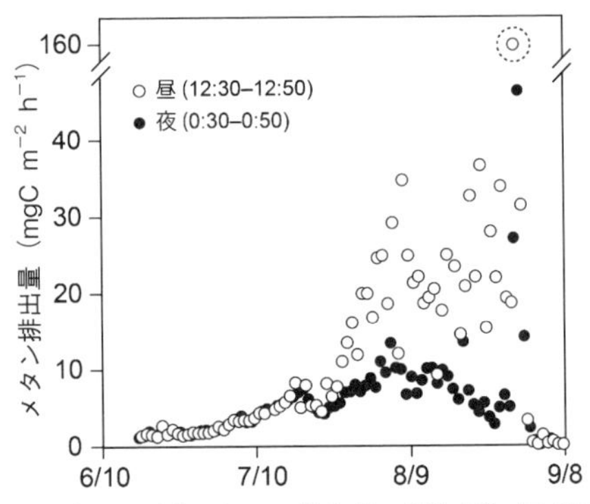

図 4.2　つくばみらい市の水田で測定した CH_4 排出量の経時変化（Tokida *et al.*, 2014 を改変）
自動開閉チャンバを用いて１日２回昼と夜に測定．水管理は８月下旬の落水までは常時湛水．

め小さく，土壌還元の進行，とくに被還元性鉄の還元が進むにつれて増加することが多い．これは前作のワラや刈り株が非耕作期間中にかなり分解され，また土壌もいったん酸化されるため，残った残渣や土壌有機物による鉄酸化物の還元が徐々に進むためである．一方で前作との間隔が短くなる二期作・三期作の水田では，土壌が還元されたまま次の作付けに移行し，作物残渣の分解に由来する大きな CH_4 排出が生育初期にみられることも多い．いずれにせよ，CH_4 の季節変動は CH_4 の炭素源となる有機物の動態と，土壌の酸化還元状態を強く反映する．一方，図 4.2 から CH_4 排出量は生育途中から明瞭な日変化を示すことがわかる．日変化の要因としては，CH_4 の生成・消費反応の日変化による可能性と，土壌中に溜まった CH_4 が大気へ排出される輸送過程に日変化がある可能性とが考えられている．どちらも地温の日変化との関連が疑われているが，なぜ CH_4 排出量だけ栽培期間の途中から日変化が生じるのかは未解明の課題である．

畑からの N_2O 排出は短期集中的に高いフラックス値が観測されることが特徴である．N_2O 排出は硝酸化成と脱窒のそれぞれの反応の基質の可給性と関係する施肥や降雨に強く影響を受ける．畑条件にある土壌の表層数 cm の反応が非常に大事といわれているが，地下水位が高い圃場では水面付近の反応も重要である．季節間差や地点間差になると，一般的には作目・管理要因・気象などの影響が強調されるが，土壌水分の動態を規定する物理性の影響も非常に大きい．

図 4.3 に農研機構北海道農業研究センター（北海道河西郡芽室町）で観測された積雪–融雪期の N_2O 排出量と深さ 10 cm の土壌ガス濃度（N_2O と O_2）ならびに深さ 10 cm の WFPS と深さ 5 cm の地温の時間変化を示す．本試験区では，1 年の中で降雨以上に融雪と凍った表層土の融解が土壌水分動態を大きく変化させることが特徴的である．この場所では 1 月中に深さ 40 cm まで土壌が凍結したが，その後，地温が氷点下からプラスに転じる融雪・融凍の時期に，大きな N_2O 排出速度のピークが観測されている．深さ 10 cm の土壌ガス N_2O 濃度は，N_2O 排出量が最大になる 4 日前にピークを迎え，土壌ガス N_2O 濃度は 46 ppm と大気レベルの約 150 倍もの値であった．また，その際の O_2 濃度は観測期間での最低値（12 %）であった．ただし，このときの WFPS（体積含水率／間隙率×100%）は N_2O 生成が最も活発に生じていたと考えられるにもかかわらず 40% 程度と低かった．その後，土壌ガス N_2O 濃度が低下しつつあり N_2O 排出量の最大値が観測された日が WFPS の最大値であり，約 70% であった．O_2 濃度が WFPS の値と連動して

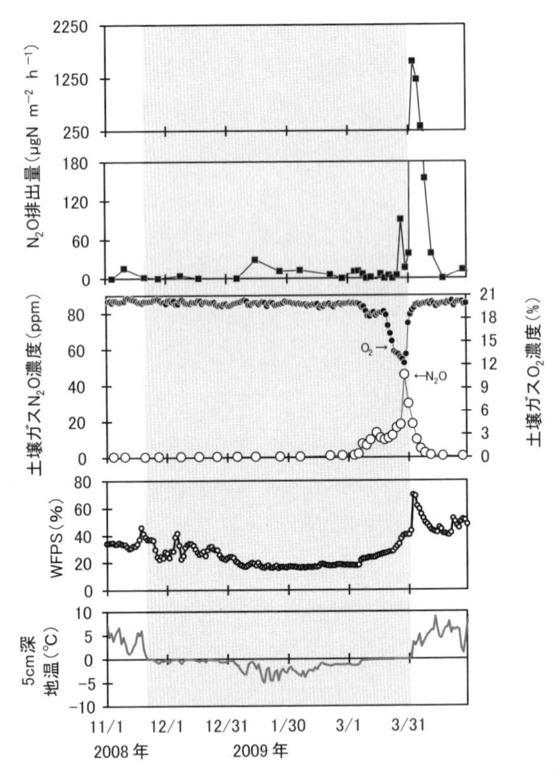

図 4.3　11月から4月の半年間における N_2O の地表面フラックスと深さ 10 cm の土壌ガス濃度，深さ 10 cm の飽和度（WPFS，%），5 cm 地温の時間変化（Yanai *et al*., 2011；2014 を改変）
影は深さ 5 cm が氷点下の期間を表す．

いなかったこと，また無酸素状態というには高かったのは，観測された O_2 濃度はガスが移動しやすい大きな間隙の状態をより強く反映しているためであると考えられる．すなわち，N_2O 生成が生じている団粒内部など微生物が棲息する領域では O_2 消費にともない O_2 濃度の低下が起こり，その影響を受けて大きな間隙の O_2 濃度が変化した，と解釈される．

4.4 残された課題

4.4.1 微生物のスケールの取り扱い

土壌の物性値は，一粒ずつの土壌ではなく，ある程度の体積をもったバルク土壌の値として表されることが多い．このときのスケールは通常 cm のオーダーである．一方で温室効果ガスの消長は微生物の活動によっており，そのスケールは μm である（図 4.4）．したがって通常の土壌物理学では均一として扱う物理量も微生物スケールで捉えるときわめて不均一であることが往々にしてある．図 4.3 の観測結果はその典型であり，土壌気相の O_2 濃度は大気と大差がなくほぼ 20% であるが，たとえ巨視的にはわずかな変化（20.9% から 19.9% に 1% だけ低下）であったとしても，土壌中で微生物の棲息する微少な間隙ではより大きな O_2 濃度の低下が生じている可能性があることを意識しなければならない．

この点は，N_2O の消長を考える上できわめて重要な意味をもつ．O_2 の利用が前提である硝化と O_2 が阻害要因となる脱窒が土壌中の同一深度で同時に生じうることが知られる．このような代謝活動をモデル上で記述するためには，微視的なスケールの現象をモデル化し，マクロなパラメータを使って表現することが一つの方法である．たとえば N_2O 排出予測モデルとして有名な DNDC（DeNitrification-DeComposition）モデルでは Anaerobic balloon という概念を導入して土壌を酸化的部位と嫌気的部位とに分け，同一土層内で硝化と脱窒が同時に生じる現象の再現を可能にしている．Anaerobic balloon は物理的な実態（土壌の構造や孔隙分布など）と対応したものではないが，実測可能なマクロなパラメータで表現されているため，そのコンセプトの有効性を検証することは可能である．

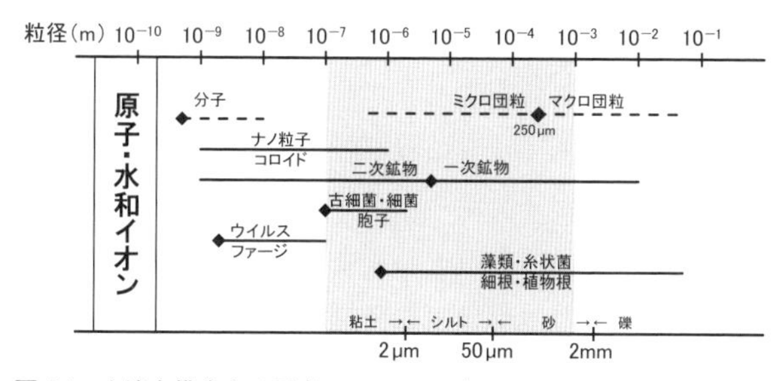

図 4.4 土壌を構成する要素のスケール（Totsche *et al.*, 2018 を改変）
温室効果ガスの生成・消費に重要なサイズ範囲を影で表す．

一方，これまでの土壌の捉え方にこだわらず，ミクロなスケールを直接観測したりモデル化したりする試みも，土壌化学分野を中心にはじまりつつある．ただしミクロスケールで詳細に温室効果ガスの生成・消費を記述するためには，土壌の無機的環境をミクロスケールで把握するだけでは不十分かもしれない．なぜなら微生物は，棲息環境を選ぶだけでなく，代謝物を使って自らに適した環境を作り上げたり，4.2.2 項で述べたように微生物同士の共生環境を形作ったりするからである．微生物が形作る周囲と半分隔離された空間の実体をどのように把握しモデル化するかは今後の大きな課題である．

4.4.2 作物の影響

土壌微生物の代謝活動は作物の根圏で活発であるため，作物根圏は温室効果ガスの消長を考える上で最も重要なホットスポットである（Hayashi *et al.*, 2015）．古くから窒素肥料が根圏の微生物による脱窒によって大気へ揮散し，窒素利用効率が下がることが知られていた．これは，根圏では脱窒に必要な有機物が根から供給されるとともに，多くの微生物と根の呼吸によって O_2 濃度が低下し脱窒が生じやすいためである．近年，N_2O 生成制御の観点から根圏の脱窒が再注目されている．また水田土壌における CH_4 の生成では，栽培期間中のイネの光合成産物（根からの滲出物や枯死根）が主要な炭素源であることが確かめられ, 排出される CH_4 の 50% 以上に上ることもある．一方，作物はガスの輸送経路としても重要な役割を果たす．4.3.2 項で述べたように水田ではイネの通気組織を通る CH_4 の移動が生じ, 排出される CH_4 の 90% 以上がイネを通って放出される場合もある．また畑条件でも土壌が過湿な条件では作物を通る N_2O 放出の寄与は無視できないほど大きい．このような作物が温室効果ガスの生成や移動に及ぼす影響の現れ方や程度は生育段階によって大きく異なる．また，作物の枯死は多量の有機物が土壌中あるいは土壌表層に供給されることを意味し，温室効果ガスの消長にも大きな影響を与える．ダイズの枯死にともなう根粒の崩壊は，N_2O の大量放出を引き起こしうることが知られている．農耕地における温室効果ガス排出の変動要因として，作物の影響は最も重要な項目の１つであるが定量的な理解はまだ乏しく，とくに作物根圏における微生物活動の実態把握とモデル化が強く求められている．

4.4.3 今後の展望—プロセス指向 vs 機械学習—

多くの学問分野は，比較的単純な実験系で得られた結果をもとに理論を導き出すことを主眼として発展してきた．このような理論科学は，普遍的な法則を発見しそれをもとに個別ケースの再現を目指す演繹的な思考である．土壌に関連する学問分野や，微生物の代謝活動に深くかかわる熱力学や酵素反応論なども，演繹的な思考をベースにしている（図 4.5）．一方，温室効果ガス排出を対象とした研究は，様々な要因が絡み合う野外での観測をベースにする．このいわばフィールド科学的なアプローチは複雑な条件下で得られた具体的事例の集合から一般的法則を導こうとする帰納的な思考をもとにしている．

前者の理論科学は，比較的単純な系で得られた事実を説明することは得意であるが，圃場で生じる現象を少数の理論式で再現することはほとんどの場合困難で

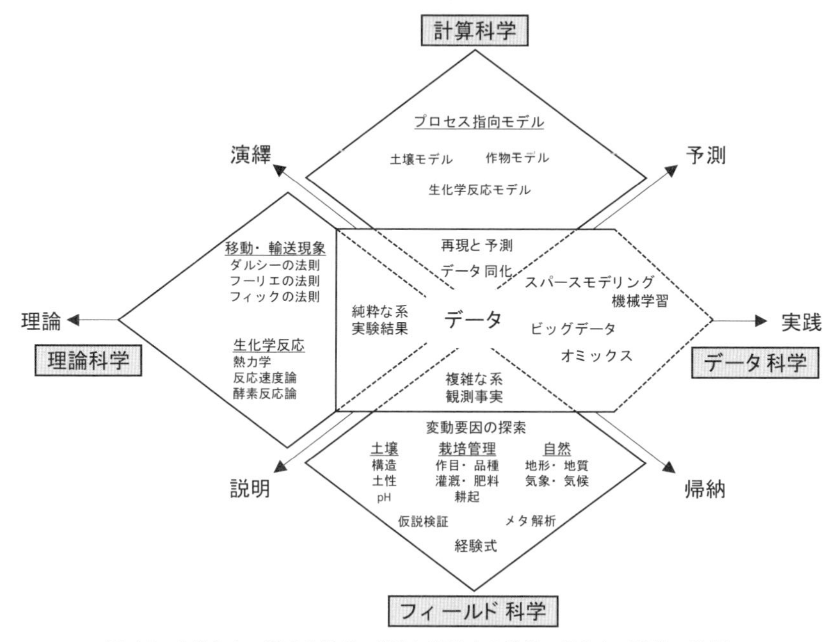

図 4.5 土壌からの温室効果ガス排出に関連する科学の捉え方（筆者の私見）

「フィールド科学」＝第 1 の科学，「理論科学」＝第 2 の科学，「計算科学」＝第 3 の科学，「データ科学」＝第 4 の科学として分類した．ここでは温室効果ガスの排出に関する研究の多くが圃場（フィールド）で行われていること，理論科学は実験結果と表裏一体に発展してきたことを重視し，上記の様な分類とした．また図の中心に「データ」を置き，それぞれの科学が扱うデータの種類や扱い方を表した．

ある．またより詳細な現象を記述する式を組み込んだとしても，そこで用いるパラメータが実測できるかという問題も常に生じる．一方，後者のフィールド科学は多くのデータを提供したが，得られたデータは数多くの要因の影響を受けているため，メカニスティックな理解には至らず知識の体系化が難しかった．

そこで演繹的アプローチから得られた理論式と，必ずしも定式化されていないものの，経験式として表現されたフィールド科学からの知見を融合させたモデルが開発されてきた．これらは経験式を含むものの，人によるプロセスの解釈に基づいているため，プロセス指向モデルとよばれる．たとえば，わが国がIPCC（気候変動に関する政府間パネル）へ報告する水田からのCH_4排出量はプロセス指向モデルの代表格であるDNDC-Riceモデルによって推定されている．

さらに最近では，理論よりもデータを重視して個別ケースの予測を可能とするデータ（駆動型）科学といわれる分野が急速な発展をみせている．この分野の中心である機械学習は，ビッグデータの存在を前提に本質的に重要な変数をヒトではなくコンピュータが自動で選び出す高度に帰納的なアプローチをとっている．スマートフォンなどを介して企業がビッグデータを収集できる分野では，機械学習はわれわれの普段の生活に急速に入り込んでいる．筆者の私見では，水田からのCH_4に関してはDNDC-Riceなど再現性の高いプロセス指向モデルができつつあり，当面は機械学習よりも分があるように思える．その一方，N_2O排出のプロセス指向モデルの推定精度は現状では低く，また多くの努力にもかかわらず残念ながら大きな進歩はみられていない．

したがって機械学習への期待は高まっているが，そのためにはこれまでとは桁違いに多くのデータを収集する必要に迫られる．演繹的なプロセス指向であれ帰納的な機械学習であれ，N_2O排出量とともに本質的に重要な要因をメタデータとして同時に観測しなければ現実をうまく再現・予測できないことはよく留意しておく必要がある．とくにN_2Oの消長に関しては，降雨や灌漑に応答してシャープな排出ピークが現れることが多く，ミクロスケールでみた表層土壌のO_2濃度の変動が重要な因子であることは明らかである．しかし，それらをうまく表す測定可能なパラメータは得られるだろうか．土壌物理学にはこの点において，理論と計測の両面から中心的な貢献を果たすことが期待される．

常田岳志・柳井洋介

5

土壌の塩類化

乾燥地域において引き起こされている土壌の塩類化は，今や，世界の灌漑農地の約 20%において大きな影響を与えている（United Nations University, 2014）．土壌塩類化のほとんどが，人為的に引き起こされている土壌劣化であり，そのことにより，世界の食糧情勢にも大きな影響を及ぼしている．本章では，乾燥地域に分布する土壌の特徴と土壌塩類化の機構について，乾燥地域の農地の事例も交え，講述する．

5.1　乾燥地域に分布する土壌

乾燥地域では，年間を通して，蒸発散量が降水量を大きく上回っており，水分環境は非常に厳しい．このような地域では，土壌中に含まれている水分でさえ下層から上層への動きが主体であるため，水分が土壌表層から蒸発しており，年間を通じて土壌が乾いた環境下に置かれている．そのため，乾燥地域に分布する土壌は湿潤地域の土壌とは大きく異なる特徴がある．

水の影響が少ない乾燥地域ではあるが，気温の日較差や年較差が大きいため，少しずつ風化は進んでいる．岩石を形成する鉱物の熱膨張率は少しずつ異なっており，地表付近の岩石の熱による歪みが促進され，岩石の崩壊による細粒化とともに，長い年月をかけて土壌生成が進行している．このような環境のもと，乾燥地土壌の化学的性質は土壌母材の影響を強く受けており，地域によっても土壌中の塩類の量や形態が異なっている．これらの塩類は，水への溶解特性に基づいて土壌断面内に分布している．つまり，水に溶けやすいものほど，土層の深い部位に存在する．断面上部には炭酸カルシウム（$CaCO_3$）などの水に溶けにくい塩類が存在し，その下位にやや水に溶けやすい硫酸カルシウム（$CaSO_4$）などの塩類が存在する．そして，ナトリウム塩や塩化物のような水に溶けやすい塩類はさらに深い部位に存在する．つまり，水の影響が制限されている乾燥地域では，塩類が多かれ少なかれ土壌中に残った状態であることが多い．このような環境下にあるため，誤った農地管理を行うと土壌塩類化が急速に進行する．

5.2 乾燥地域に分布する2つの劣化土壌―塩性土壌とソーダ質土壌―

乾燥地域では，豊富な日射のため，水と肥料が十分に与えられれば非常に高い農業生産が期待され，農業適地となるポテンシャルが高い．古くから，非常に少ない降雨に依存した農業（ドライファーミング）も行われてきているが，安定的に作物を栽培するためには，灌漑が必須の条件となる．しかし，乾燥地域では単に水を供給すればいいというわけではない．水の供給によって，かえって土壌の劣化を招くことがあるからである．乾燥地域の農地では，不適切な灌漑，すなわち，排水性の悪い環境下で大量の水が供給されると，過剰な水が土層内の浅い部位に地下水として停滞する．そして，土層内に存在する塩類がその地下水に溶解し，土壌中の微細な隙間によって，地表面までつながってしまう．地表面で水が蒸発すると，毛管現象により，下層から塩類を含んだ水が土壌表面に上昇しはじめる．地表面では水のみが蒸発するために，水に溶けていた塩類は地表面に残され，集積することになる．これが，塩性土壌（saline soil）の生成であり，集積塩類量が多い場合には作物栽培は不可能となる．多量の可溶性塩類の集積による土壌劣化の状態が塩性土壌であるが，集積する塩類の量よりも，集積塩類の組成によって特徴づけられる，ソーダ質土壌（sodic soil）という異なる劣化土壌も存在する．

これらの塩類土壌（salt affected soil）の定義には2つの化学的基準がある．電気伝導度（electrical conductivity：EC）で表示した土壌溶液の塩類濃度と土壌表面に吸着しているイオン組成が塩類土壌の分類に用いられる．すなわち，塩類土壌は集積する塩の量と組成によって，表5.1のように大きく分類されている．乾燥地域に分布する土壌に集積する塩類の主体は，カルシウム，マグネシウム，ナトリウムなどの塩化物，炭酸塩，および硫酸塩であり，飽和抽出溶液のpH（pHe）は7～8の弱アルカリ性を呈する．塩性土壌では，土壌溶液の高い塩類濃度（飽和抽出溶液の電気伝導度$EC_e \geq 4\ dS\ m^{-1}$）により，植物の水分吸収が妨げられて生育を阻害する．一方，ソーダ質土壌の指標には交換性ナトリウム（Na）率（ex-

表 5.1　塩類土壌の分類（United State Salinity Laboratory Staff, 1954）

土壌の名称	EC_e ($dS\,m^{-1}$)	ESP (%)	SAR ($(mmol\,L^{-1})^{-0.5}$)
塩性土壌	≧4.0	<15	<13
ソーダ質土壌	<4.0	≧15	≧13
塩性ソーダ質土壌	≧4.0	≧15	≧13

changeable sodium percentage：ESP）が用いられており，土壌の陽イオン交換容量（cation exchange capacity：CEC）に対する交換性ナトリウムの百分率で表される．

$$ESP = \frac{[Soil\text{-}Na^+]}{CEC} \times 100 \quad (5.1)$$

ソーダ質土壌はESPが15％以上を占める土壌で，通常の塩性土壌と明確な区別を設けている．この土壌は集積する塩類の量ではなく，土壌の粘土粒子表面に吸着しているナトリウムイオンの割合で特徴づけられる．ソーダ質土壌の生成は，ナトリウムを多く含む灌漑水の供給や，塩性土壌の改良時に集積した塩類を洗い流す大量の水が原因となる．灌漑水などに含まれているナトリウムイオンが，粘土粒子に吸着していた他の陽イオンと交換して吸着するためである．粘土粒子にナトリウムイオンが高い割合で吸着すると，粘土粒子がバラバラに分散して，土壌の構造が崩壊する．その結果，土壌の隙間がなくなり，排水性の悪い状態が作り出される．また，これが乾燥するとカチカチの非常に堅い状態になる．ソーダ質土壌中には多量のナトリウム塩が占有しているが，重炭酸ナトリウムや炭酸ナトリウムなどのナトリウム炭酸塩が多く占めると，土壌pHは8.5を超えることもある．このように，ソーダ質土壌では土壌構造の崩壊にともなう土壌物理性の悪化に加え，土壌pHが上昇する危険性があり，高pHによる養分吸収阻害など，複合的に土壌が悪化し，作物の生育が著しく阻害されるばかりか，土壌侵食を誘発し，土壌自体が失われることになる．

土壌固相に吸着されている交換性陽イオンの量や組成は，土壌溶液中の陽イオンの濃度と組成に大きく依存している．そのことから，比較的簡単に得られる土壌溶液のナトリウム吸着比（sodium adsorption ratio：SAR）は，土壌固相のESPを評価する乾燥地土壌のソーダ質害の間接的な指標として利用されている．つま

り，土壌溶液中のナトリウムイオン，カルシウムイオンおよびマグネシウムイオン濃度（$mmol_c L^{-1}$）から，

$$SAR = \frac{(Na^+)}{[((Ca^{2+}) + (Mg^{2+}))/2]^{0.5}} \quad (5.2)$$

$$ESR = \frac{ESP}{100 - ESP} = K \cdot SAR + c \quad (5.3)$$

の関係式により，ESR（exchangeable sodium ratio：交換性ナトリウム（Na）比）とESPが推定できる．ここで，Kは交換定数（ガポン（Gapon）交換定数を単位変換のために$\sqrt{1000}$で割った値），cは補数である．Kとcの値は，土壌の性質によっても異なるが，たとえば，United States Salinity Laboratory Staff（1954）ではKの値を0.01475と算出しており，SAR値13はESP値15にほぼ相当することから，ESPの代わりに土壌溶液のSARを用いても分類が可能である．

2つの塩類土壌は作物に対する影響とともにその成因，防止，改良方法も大きく異なるため，農地の塩類集積の状態と原因を明らかにすることが，適切な農地管理のための前提条件として重要である．乾燥地に分布する土壌はたえず塩性害，ソーダ質害の危険性にある．したがって，土壌診断による土壌特性の評価を行うとともに，農業生産の制限要因を明らかにすることにより，乾燥地の生態環境基盤である土壌の保全を続けていくことが大切である．

5.3 塩類土壌の改良技術

一般的に，塩性土壌は過剰な塩類を水で洗い流すことにより，ソーダ質土壌はカルシウム資材を加え，粘土粒子に吸着しているナトリウムイオンをカルシウムイオンと置換して，ナトリウムイオンを洗い流すことにより改良できる．これらの物理学的，化学的な手法のほかに，近年，耐塩性植物や好塩性植物を栽培して塩類を吸収除去する植物を用いた生物学的な改良手法も注目されている．

5.3.1 塩性土壌の改良

塩性土壌は，低塩類濃度の水で土壌中の塩類を洗脱（リーチング）することにより，土壌の生産力を回復させることが可能である．

塩性土壌の改良には，以下のことがあげられる．

a. 根群域集積塩の除去

根群域に集積した塩類を灌漑水で溶解し，根群域から除去する方法で，一般によく用いられる．リーチングは根群域の集積塩類を洗脱することであり，実際の農地では，作物の消費水量（D_{dw}）に加え，リーチングのための水量を見込む必要がある．実際に根群域を通過した浸透水量に対する灌漑水量（D_{iw}）の比（D_{dw}/D_{iw}）がリーチングフラクション（leaching fraction：LF）であるのに対し，EC_e が目標値となるのに必要な D_{dw}/D_{iw} はリーチング要水量（leaching requirement：LR）であり，両者とも同じ値を示す（Ayers and Westcot, 1985）．

リーチング要水量は，灌漑水の EC_w（$dS\,m^{-1}$），根群域における飽和抽出液の平均 EC_e（$dS\,m^{-1}$）と作物の収量ポテンシャルなどの値を参考にして求める．国連食糧農業機関（FAO）では，EC_w と EC_e と作物の収量ポテンシャルとの関係を，表 5.2 のように表している．そして，根群域の塩類濃度をコントロールし，作物の収量ポテンシャルを目標以上に設定するのに必要な水量を，以下の式から決定することを提案している．

$$\mathrm{LR}=\frac{D_{\mathrm{dw}}}{D_{\mathrm{iw}}}=\frac{\mathrm{EC_w}}{\mathrm{EC_e}} \tag{5.4}$$

そして，地表灌漑の場合は，次式が用いられる．

$$\mathrm{LR}=\frac{D_{\mathrm{dw}}}{D_{\mathrm{iw}}}=\frac{\mathrm{EC_w}}{5\mathrm{EC_e}-\mathrm{EC_w}} \tag{5.5}$$

ここで，EC_e は表 5.2 において収量ポテンシャルが 90％の値を用いる．

さらに，スプリンクラー灌漑または点滴灌漑の場合は，次式が用いられる．

$$\mathrm{LR}=\frac{\mathrm{EC_w}}{2(\mathrm{maxEC_e})} \tag{5.6}$$

ここで，$maxEC_e$ は表 5.2 において収量ポテンシャルが 100％の値を用いる．

式(5.4)～(5.6) において，作物の蒸発散量（ET）を加えた必要水量 I は，以下のようになる（山本・藤巻，2008）．

$$I=\frac{ET}{1-\mathrm{LR}} \tag{5.7}$$

このように，リーチング時の灌漑水量を決定すると，塩類集積を予防できる．ただし，リーチングにともなって地下水位が上昇しないように，十分な排水を行う必要がある．

表 5.2　作物収量ポテンシャルと灌漑水の電気伝導度 EC_w $(dS\,m^{-1})$ および飽和土壌抽出液の電気伝導度 EC_e $(dS\,m^{-1})$ との関係（普通作物の場合）（山本・藤巻，2008）

作物	100%		90%		75%		50%		0%（最大）*		耐塩性**
	EC_e	EC_w	EC_e	EC_w	EC_e	EC_w	EC_e	EC_w	EC_e	EC_w	
普通作物											
オオムギ (*Hordeum vulgare*)	8.0	5.3	10.0	6.7	13.0	8.7	18.0	12.0	28.0	19.0	①
ワタ (*Gossypium hirsutum*)	7.7	5.1	9.6	6.4	13.0	8.4	17.0	12.0	27.0	18.0	①
テンサイ (*Beta vulgaris*)	7.0	4.7	8.7	5.8	11.0	7.5	15.0	10.0	24.0	16.0	①
コムギ (*Triticum aestivum*)	6.0	4.0	7.4	4.9	9.5	6.3	13.0	8.7	20.0	13.0	②
ダイズ (*Glycine max*)	5.0	3.3	5.5	3.7	6.3	4.2	7.5	5.0	10.0	6.7	②
ソルガム (*Sorghum bicolor*)	6.8	4.5	7.4	5.0	8.4	5.6	9.9	6.7	13.0	8.7	②
ラッカセイ (*Arachis hypogaea*)	3.2	2.1	3.5	2.4	4.1	2.7	4.9	3.3	6.6	4.4	③
スイトウ (*Oryza sativa*)	3.0	2.0	3.8	2.6	5.1	3.4	7.2	4.8	11.0	7.6	③
トウモロコシ (*Zea mays*)	1.7	1.1	2.5	1.7	3.8	2.5	5.9	3.9	10.0	6.7	③
アマ (*Linum usitatissimum*)	1.7	1.1	2.5	1.7	3.8	2.5	5.9	3.9	10.0	6.7	③
ソラマメ (*Vicia faba*)	1.5	1.1	2.6	1.8	4.2	2.0	6.8	4.5	12.0	8.0	③
インゲン (*Phaseolus vulgaris*)	1.0	0.7	1.5	1.0	2.3	1.5	3.6	2.4	6.3	4.2	④

*作物の生育が中止する塩類度を示す.

**耐塩性は，①が強耐塩（tolerant），②が中位強耐塩（moderately tolerant），③が中位弱耐塩（moderately sensitive），④が弱耐塩（sensitive）である.

b.　排水環境の整備

地表排水，地下排水を改良してウォーターロギング（湛水害）を解消することが大切である．これは，リーチングを効率よく行うための前提条件でもある.

c.　表層集積塩の除去

土壌表層に集積した塩類層を削って取り除く.

d.　水稲作を取り入れた輪作体系

稲作を取り入れた輪作体系を導入することによって，畑作期間に集積した塩類を除去できる．しかし，厳密な水管理と排水管理が不可欠である．

e. 耐塩性・好塩性植物を用いた除塩（ファイトレメディエーション）

塩類集積農地にサリコルニア，フダンソウなどの好塩性・耐塩性植物を栽培して，塩類を吸収させ除去する方法である．

5.3.2 ソーダ質土壌の改良

土壌がソーダ質化している農地では，リーチングによって土壌の物理性が著しく悪化する危険性がある．水による塩類の洗脱では根本的な改良はできないばかりか，乾燥地域に特有な重炭酸イオン濃度の高い水による過度の灌漑は，かえってソーダ質化やアルカリ性化を助長してしまうことになる．したがって，ある程度，高い塩類濃度を有し，SARの低い灌漑水を使用するなどの注意を要する．つまり，土壌溶液中のカルシウム濃度を高め，土壌コロイド上のナトリウムをカルシウムと交換する必要がある．そしてさらに，下層土の破砕や深耕により土壌の透水性を高め，排水性を改善することが重要である．また高pH環境下においては，不可給化しやすい微量要素が作物へ吸収されるように，養分元素のバランスを適正状態に維持するための検討も必要である．

a. 石こうの施用

ソーダ質土壌の改良資材としては，一般に，石こう（$CaSO_4 \cdot 2H_2O$）が用いられる．その効果としては，ナトリウム粘土層に$CaSO_4$からカルシウムイオンを徐々に供給させ，土壌表面に吸着しているナトリウムイオンをより選択性の高いカルシウムイオンと置換させることである．そのことにより，粘土粒子の分散を抑制し，ナトリウム粘土層を破壊するのである．これは，土壌コロイド中の交換性ナトリウムとカルシウムの置換により，置換されたナトリウムや土壌中に含まれているナトリウム炭酸塩を，中性の硫酸ナトリウムに変化させる．石こう施用による土壌改良は以下のように行われ，可溶な硫酸ナトリウム（Na_2SO_4）を下層にリーチングさせる．

$$2\text{Soil-Na}^+ + CaSO_4 \cdot 2H_2O\,(\text{石こう}) \longrightarrow \text{Soil-Ca}^{2+} + Na_2SO_4 + 2H_2O \quad (5.8)$$

石こうによるこのようなカルシウムイオンの置換は，土壌中で保水性や排水性，通気性および易耕性が良くなる団粒構造を形成する粘土コロイドによって安定させることにより，徐々に回復させる機能も期待できる．

ジプシック（石こう）層がナトリウム粘土層の直下にあるところでは，深耕を行うことで，優占的なナトリウムイオンを置換するのに十分な量のカルシウムを表層に供給することができる．そのことにより，作物栽培のための土壌改良が可能である．

土壌条件によっては，石こうの溶解によるカルシウム供給のみでは改良効果が発揮されない場合があるが，これは，土壌のナトリウム飽和度と土壌溶液の濃度による．とくに，ESPがきわめて高い土壌では，石こう施用だけでは土壌の膨潤や分散を抑えることはできない．そして，塩類濃度の低い良質な灌漑水は，土壌の膨潤化を促進させることもある．また，石こう施用にともなう表層土におけるナトリウムとカルシウムの交換反応により，下層土へ移動する浸透水中のナトリウムイオン濃度が増加し，下層土におけるESPが上昇する危険性がある．下層土におけるESPの上昇は，土壌の膨潤化と排水性の悪化を引き起こす結果となる．このことを防止するためには，あらかじめ石こう施用試験を行っておく必要がある．

b. 硫黄の施用

粉砕した硫黄も，幾分緩慢ではあるが，効果的である．硫黄は，土壌中で酸化された後，水と結合して硫酸を生じる．硫酸鉄や硫酸アルミニウムなどの可溶性の硫酸塩もまた確実な効果を有している．この反応を完結させるためには，可溶性のカルシウムの供与が必要である．土壌中に炭酸カルシウムが存在する場合は，硫黄の添加によって生じた酸が炭酸カルシウムを溶解し，可溶性のカルシウムを生じる．これによって，交換性ナトリウムはカルシウムに置換され，土壌の物理性は改良される．

c. 有機質資材の施用

炭酸カルシウムは溶解度が低いため，ナトリウムイオンと交換することがほとんどできない．しかしある程度は，炭酸カルシウムの施用によってソーダ質土壌を改良することが可能である．それは，炭酸カルシウムを細かく均一になるように土壌中に施用し，リーチングを同時に行うことである．このときに，リーチング効果を高めるために堆厩肥や有機質資材を施用すると効果的である．これは，有機物の分解による二酸化炭素の生成にともない，土壌中の二酸化炭素の分圧を高めることが期待できる．つまり，炭酸カルシウムの溶解を促進することにより，溶解したカルシウムイオンが，交換性ナトリウムと置換し，その結果，炭酸カルシウムの溶解をさらに進める．しかし，炭酸カルシウムが溶解されても，そのカルシウムイオン濃度はもともと低いため，効率は低い．ソーダ質土壌の改良は，腐植層の厚さと地表近くの炭酸塩の含量に大きく依存している．

d. 緑肥栽培

緑肥や牧草の栽培により，繁茂した茎葉によって地表を被覆し，地表からの水分の蒸発散を低下させ，表層の塩類集積を抑制することが可能である．それと同時に，その根，茎および葉は耕起によって土壌中にすき込まれ，土壌有機物を増加させることになる．

ソーダ質土壌は，条件によっては pH が 8.5 以上を示し，緻密なナトリウム粘土層となる．この時，透水性が著しく低下し，リーチングによる除塩効果がほとんど期待できない場合がある．ここにソーダ質土壌の改良の難しい点がある．アルカリ性化をともなっているソーダ質土壌に対しては，上述に加えて，硫安などの生理的酸性肥料を施用したり，リン酸資材として過リン酸石灰を用いたりして，pH を下げる必要がある．積極的に pH を下げるためには，硫黄華や希硫酸の施用が効果的である．

いったん生成された塩性土壌やソーダ質土壌を改良するには，莫大な量の良質な水，労力およびコストを必要とするため，塩類化の進行した農地は放棄されることが多い（口絵 3 ①）．とくに，人口圧の高い乾燥地域においてその拡大が顕著で，土地荒廃や砂漠化の要因になっている．乾燥地において安定した作物生産を可能にするためには，それぞれの農地に適した予防と対策を土壌種，作物種について広く詳細に検討するとともに，地形，気象などの自然環境とのかかわりを明確にし，これらの対策に対しての具体的な指針を提示する必要がある．土壌塩類化は古くて新しい問題であり，古くはメソポタミア文明のころから，人類はこの問題と対峙している．土壌塩類化の防止や改良の対策は，まず，農地の塩類集積の状態と原因を明らかにすることが重要である．

5.4 乾燥地域における土壌塩類化の実態事例

乾燥地域における農地の塩類化の実態について，メキシコ・カリフォルニア半島と中国・陝西省・洛恵渠灌漑区における調査事例を紹介する．

5.4.1　土壌保全の鍵を握る節水灌漑―メキシコ・カリフォルニア半島―

メキシコ合衆国北西部に位置するカリフォルニア半島は，年平均降水量が250 mm未満の乾燥地であり，メキシコ国内で最も乾燥した地域である．作物栽培には灌漑が必須であるが，河川など，地表水として常時存在する水資源はなく，利用可能な水資源は地下水に限られている．地下水はナトリウム塩（塩化ナトリウム，ナトリウム炭酸塩）をおもに含んでおり，過剰な地下水の取水により，海水が地下水や灌漑水へ混入し，水質の悪化と土壌塩類化の問題を引き起こしている．この地域における灌漑による塩類の動態は，水の動きに関係する土壌の特性により大きく異なっていた．

透水性の良い砂質農地では，土壌中の塩類は洗脱傾向で集積量はわずかであったが，土壌中の塩類組成が大きく変化し，土壌pHが著しく上昇していた．わずか1年間の灌漑によって，pHが8.0から9.5近くに上昇した農地もあった．これは，ナトリウムイオンと重炭酸イオン濃度が高い灌漑水に起因するものであり（表5.3），カルシウム塩が洗脱され，土壌溶液中にナトリウム炭酸塩を主体とするナトリウム塩の占める割合が増加した結果であった．砂質土壌の分布する管理歴の長い農業地帯の地下水には，施された肥料を起源とする高濃度の硝酸で汚染されている地域も認められた．

一方，透水性の悪い粘質農地では，ナトリウム塩を主体とする塩類が顕著に集積する傾向が認められた（口絵3②）．それらの塩類集積は，おもに灌漑水中の塩

表 5.3　乾燥地域の灌漑水などの水質の一例

採取地	pH	EC ($dS\,m^{-1}$)	イオン濃度（$mmol_c\,L^{-1}$）								SAR
			Ca^{2+}	Mg^{2+}	K^+	Na^+	SO_4^{2-}	NO_3^-	HCO_3^-	Cl^-	
メキシコ											
ラパス・カリサル	8.0	0.96	4.1	2.2	0.1	3.5	0.9	0.6	2.7	4.7	2.0
ゲレロネグロ	8.0	1.21	1.9	2.4	0.2	6.5	0.5	tr.	2.4	7.2	4.4
カザフスタン											
シルダリア川	8.0	1.45	4.6	5.6	0.1	6.6	11.2	tr.	tr.	5.7	2.9
中国											
黄河（沙波頭）	8.7	0.38	0.8	0.8	0.4	1.9	0.6	tr.	2.6	0.9	2.1
日本											
千代川（鳥取）	6.2	0.06	0.2	0.1	0.0	0.3	0.2	tr.	tr.	0.3	0.8

tr.は検出限界以下を示す．

類や肥料成分によるものであった．利用可能な水資源が量的に限られているため，ウォーターロギングが生じるほどの過剰灌漑にはなっていないが，利用可能な地表水が恒常的に存在しないため，塩類を洗い流して除去するための水の確保ができない．しかし，点滴灌漑を導入している農地では，良質とはいえない灌漑水にもかかわらず10年以上栽培している農地も多くあり，節水型の，より効率的な灌漑が，長期的な農地利用にいかに重要であるかを示唆していた（口絵4①）．

当地の生産者にとって，土壌塩類化は最大の懸念事項である．地下水に依存するこの地域の灌漑農地の塩類集積は，灌漑水から付加される塩類の量と土壌中での動態に大きく影響されており，灌漑水の塩類濃度と，土壌の透水性にかかわる特性がその要因としてあげられた．土壌への塩類集積量を減らし，持続性を高める最も効果的な手段は，節水である．節水灌漑により過剰な地下水の取水が是正され，水資源の量的，質的な改善が期待できる．その結果，農地に付加される塩の量が相乗的に減少し，土壌塩性化のリスクを大きく減らすことができる．節水が土壌資源と水資源の保全にもたらす効果はきわめて大きいが，節水への意識が薄い生産者もいる．貴重な水資源を持続的に利用し，農地の生産性を維持するためには，生産者自身が節水の意義を理解し，実践に結びつけることが重要である．また，われわれもこれらの状況を生産者に伝え，協働していくことは大切である．

5.4.2 土壌の性質によって異なる土壌塩類化—中国・陝西省・洛恵渠灌漑区の農地—

中国・陝西省・洛恵渠灌漑区は，黄土高原の南端，関中盆地東端に広がる地域で，灌漑区の南端には，黄河支流の洛河が流れている農業地帯である．洛恵渠灌漑区は，洛河をおもな水源とする灌漑区で，その左岸の大茘地域に広がる洛東区と，右岸の蒲城地域の洛西区からなる．灌漑区は，1950年から灌漑がはじめられ，現在に至るまで陝西省の主要な農業生産の基盤となっている．しかし近年，大量の灌漑水の施用により（口絵4②），地下水位が上昇し，土壌の塩類化が顕在化しはじめている．

洛東区（約32000 ha，東西31 km，南北16 km）は，南に向かって傾斜した地形で，南北で約40 m の穏やかな標高差があり，標高の高い方から，高位，中位および低位の3つの河岸段丘面で構成されている．農地はおもに粘土15〜35%，微砂15〜40%および砂（細砂主体）40〜70%の，埴壌土〜軽埴土（細粒〜中粒質）

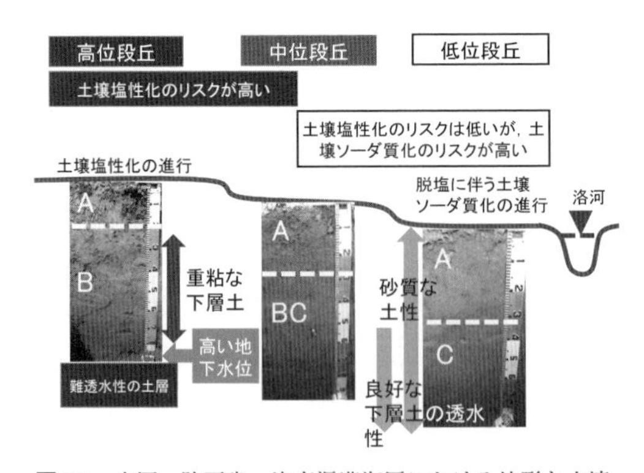

図 5.1 中国・陝西省・洛恵渠灌漑区における地形と土壌の関係

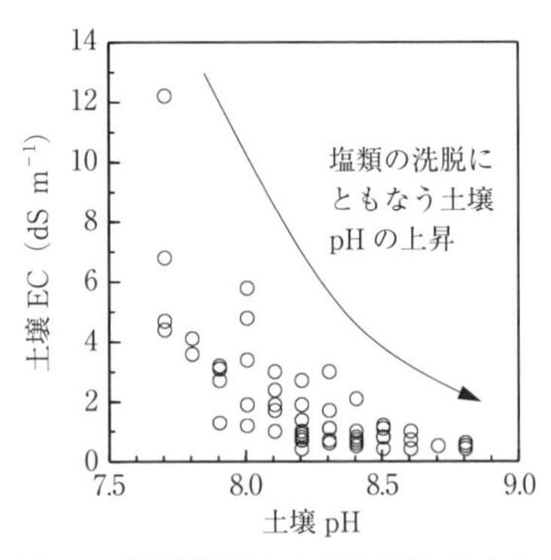

図 5.2 土壌断面内における土壌 pH と土壌 EC の関係（中国・陝西省・洛恵渠灌漑区）

の堆積物で構成されていたが，段丘面によって堆積様式が異なっていた．土壌生成年代が古い高位段丘面では下層の粘土と微砂含量が多いのに対して，年代の新しい低位段丘面では，全層にわたり比較的粗粒な土壌であった．この地域では，段丘面により異なった塩類動態が認められた（図 5.1）．

高位段丘面では，下層土が粘質で，塩類が洗い流されにくい環境下に置かれているのに対し，中位～低位段丘面では粗粒な下層土であるため，塩類が洗い流されやすい環境下に置かれていた．そのため，中位～低位段丘面では，ナトリウム炭酸塩を含む灌漑水による土壌中の塩類の洗脱過程で塩類組成が変化し，土壌が高 pH 環境下に置かれていた（図 5.2）．そのことにより，養分吸収反応に敏感な果樹の葉には微量要素欠乏症などの障害も認められた．

この地域では，段丘面によって異なる土壌母材の堆積様式と，土壌の生成過程が下層土の土壌特性に反映され，そのことが土壌の透水性に影響していた．結果として，下層土が粘質な高位段丘面の排水不良地域では土壌塩性化が，下層土が粗粒な低位段丘面の排水良好地域では土壌ソーダ質化が進行し，空間的に異なる塩類集積状態が作り出されていた．塩類の集積状況は，土壌の性質，とくに下層土の透水特性が大きく影響していることから，野外土性のような簡便な手法で下層土の性質を判定すれば，今後起こりうる塩類集積の状態や危険性を予測して土壌管理に反映させることができる．つまり，野外で下層土の土壌を指でこねて粘土や砂の多少を判定し，表層に塩が析出していなくても，粘質（ネバネバした感触）であれば，塩性化の危険性が高いと診断できる．その場合は，適切な除塩や暗渠などの排水対策が必要である．一方，下層土が砂質（サラサラ，ザラザラした感触）であれば，除塩対策よりもソーダ質化の対策を積極的に講じることが必要となる．

5.5　土壌塩類化に対する今後の農地管理のあり方

乾燥地域の農地においては，たえず土壌塩類化の危険性をはらんでいるが，それらの農地における土壌や水の適切な管理を心掛けることによって，今世紀の課題の1つである食糧不足をも解決する可能性を秘めている．しかし，これらの地域の多くは政治的に不安定で，厳しい生活環境のもとに置かれており，多くの人々が貧困問題に直面している．もちろんこの背景には，人々を限界的な環境や脆弱な生活基盤に追いやる社会，経済構造があり，砂漠化問題の解決をいっそう困難なものにしている．多くの土壌劣化がそうであるように，乾燥地の土壌劣化の原因は，複合的であり，土壌管理・水管理などの技術的な問題とともに，管理が不適切になる社会的，経済的背景なども無視できない．また，これまでの歴史が証明しているように，乾燥地農業がどこまで持続的なのかは，疑問の残る点である．しかし，今後の人口と食糧需要のバランスを考慮すると，これらの農地の土壌劣化を技術的に阻止する方策を見出す挑戦は，続けていかなければならない，きわめて重要で緊急性の高い課題である．

土壌と水は有限な資源であり，取水可能な水資源の有効利用に最大限の努力を配慮しながら，適切な土壌管理，水管理が必須な条件となる．その解決のためには灌漑農業下の水と塩類の動態をよく把握した上で，農地を適切に管理することが重要である．

遠藤常嘉

6

土壌の肥培管理と水質汚濁

作物に必須な多量要素は 9 元素である．このうち炭素，水素，酸素は空気および土壌水から摂取するため不足することはない．しかし，残りの窒素，リン，カリウム，カルシウム，マグネシウム，硫黄については，特別の事情がない限り，不足分を化学肥料などの形で土壌に投入する必要がある．中でも，窒素，リン，カリウムは肥料の三要素とよばれ，土壌中で不足しやすい．窒素はタンパク質やDNA などの構成成分であるとともに，光合成に重要な葉緑素の主成分であり，作物生育の制限因子となりやすい．リンは植物のエネルギー代謝に重要なアデノシン三リン酸などの構成成分であり，窒素に次ぐ制限因子となる．カリウムは細胞液の調整，炭水化物の合成・転流，タンパク質の合成に関与している．

一方，閉鎖性水域において窒素，リンによる富栄養化が進むと，アオコや赤潮など藻類の異常増殖が生じる．また，乳幼児が硝酸態窒素（NO_3-N）濃度の高い水を摂取すると，メトヘモグロビン血症を引き起こす可能性が指摘されている．このためわが国では，水道水源を保護する観点から，地下水および公共用水域での NO_3-N の環境基準（NO_3-N と亜硝酸態窒素（NO_2-N）の合計として $10\,mg\,L^{-1}$）が 1999 年に新設された．窒素，リンは作物にとって最も重要な肥料成分であるが，水環境に過度に流出すると水質汚濁の原因となる．本章では，窒素・リンについて肥培管理と水質汚濁の関係を記述する．

6.1 作物の生育と肥培管理

6.1.1 施肥と作物吸収

一般的な作物について窒素・リンの施肥量と作物吸収による圃場持ち出し量を表 6.1 に示す．また，施肥量と持ち出し量の差である差し引き負荷量を併記した．差し引き負荷量のうち，リンは土壌に残存する割合が高いが，窒素については土

表 6.1　作物別の窒素・リン施肥量，吸収量，差し引き負荷量（金澤，2009 より作成）

	施肥量		圃場持ち出し量		差し引き負荷量	
	N	P	N	P	N	P
	kg ha^{-1}		kg ha^{-1}		kg ha^{-1}	
ナス（冬春作）	523	159	178	28	345	130
キャベツ（冬作）	275	81	142	18	133	63
トマト（夏秋作）	249	120	142	30	107	90
ハクサイ（秋冬作）	237	89	157	28	80	61
スイートコーン	223	107	58	10	165	98
タマネギ	179	85	132	29	47	56
バレイショ（秋冬作）	152	63	67	14	85	49
ダイコン（春作）	115	63	58	14	57	50
コムギ	103	54	91	16	12	38
水稲	76	39	69	16	7	24

壌蓄積だけでなく，地下への溶脱，大気への移行（脱窒，アンモニア揮散など）により，様々な環境負荷につながる可能性がある．表の作物は窒素の施肥量が多い順に並べた．一般的に，作物は栄養生長期に窒素を多く必要とする．ナス，トマト，キャベツ，ハクサイなど果菜類や葉菜類は栄養生長期あるいは栄養生長・生殖生長同時進行期に収穫するため，窒素施肥量が多い．また，冬春作のナスはハウス内で栽培され，収穫時期は数カ月に及ぶため，窒素，リン施肥量が最大となっている．一方，生殖生長期に収穫を迎えるタマネギ，バレイショ，ダイコン，コムギ，水稲については窒素施肥量が少なく，とくにコムギ，水稲などの普通作物については差し引き窒素負荷量がきわめて小さい．圃場持ち出し量を施肥量で除した窒素利用効率を表 6.1 の作物で平均すると，窒素で 58%，リンで 25%と低い．

6.1.2　有機質資材の利活用

化学肥料を継続して施用すると土壌有機物の消耗や pH 低下などの問題が生じる．このため，継続的な農地管理のためには，堆肥など有機質資材を用いた土づくりが必要である．有機性廃棄物の代表として，家畜排せつ物，下水汚泥，食品廃棄物の国内発生量および堆肥化量を，窒素・リン賦存量とともに表 6.2 に示す．わが国の家畜排せつ物発生量は年間 8900 万 t で，これを原料として牛ふん堆肥 773 万 t，豚ぷん堆肥 206 万 t，鶏ふん堆肥 212 万 t が製造されている（三島他，

表 6.2 有機性廃棄物を堆肥化した場合の現物および窒素･リン賦存量 (2005 年) (三島他, 2009 より作成)

	発生時			堆肥		
	現物 10^6 t	N 10^3 t	P 10^3 t	現物 10^6 t	N 10^3 t	P 10^3 t
家畜排せつ物	89	680	116	11.9	184	105
下水汚泥	75	106	20	2.0	40	20
食品廃棄物	22	185	26	5.8	79	26

表 6.3 家畜ふん堆肥の基本特性と肥効率 (三島他, 2008；倉島, 1983 より作成)

	含水率	C/N 比	栄養塩含有量		肥効率	
	% (現物)		N g kg^{-1} (乾物)	P	N %	P
牛ふん堆肥	60	19.7	19.6	8.7	30	60
豚ぷん堆肥	42	11.3	32.3	22.7	50	60
鶏ふん堆肥	26	9.7	31.9	25.9	70	70

2009). また, 下水汚泥や食品廃棄物を原材料とした堆肥化量もこれに匹敵する.

有機性廃棄物を堆肥化する利点として, ①水分除去, ②悪臭除去, ③病原菌の死滅, ④雑草種子の死滅などがあげられる. 堆肥化過程では微生物の好気的代謝にともなう発熱によって温度が 70〜80℃にまで上昇するためこれらの効果が期待できる. 表 6.2 にあげた有機質資材は, 稲ワラなどと比べて栄養塩含有量が高いため, 肥料効果について理解しておく必要がある. 表 6.2 の堆肥に含まれる窒素, リン賦存量の総計はそれぞれ 30 万 t および 15 万 t である. この数値は, 化学肥料としてわが国で消費される窒素 40 万 t, リン 15 万 t (2015 年統計, FAOSTAT) とほぼ同じであり, 有機性廃棄物の適正利用の重要性がわかる.

リンは発生量と堆肥生産量が同程度であるが, 窒素は堆肥化過程でアンモニア揮散や脱窒が生じるため, 総量が減少する (表 6.2). アンモニア揮散は周辺環境の窒素沈着量を増加させ, 脱窒過程で発生する一酸化二窒素は温室効果ガスとして作用する恐れがある.

家畜ふん堆肥の窒素・リン含有量と肥効率を表 6.3 に示す. 肥効率 (R) とは化学肥料の養分利用率に対する堆肥養分の作物利用率の割合 (式(6.1)) であり, 化学肥料の減肥分を堆肥で代替する際の利便性に基づいた指標である. ただし, 肥効率は目安であり, 堆肥製造方法や作物栽培条件によって変動する.

$$R(\%)=\frac{(U_c-U_o)/A_c}{(U_s-U_o)/A_s}\times 100 \qquad (6.1)$$

ここで，A は養分の施用量，U は作物吸収量を示し，添え字 s は化学肥料由来，c は堆肥由来，o は土壌由来であることを示す．家畜ふん堆肥には有機態の窒素・リンが多く含まれるため，化学肥料よりも肥効が劣る．このため，化学肥料と同等の作物生育を期待するためには窒素・リンの圃場投入量が多くなることは避けられない．

6.1.3 肥料からヒトに至るまでの窒素利用効率

図 6.1 は肥料として製造された窒素がタンパク質としてヒトに摂取されるまでの過程を示している．作物の施肥窒素利用率は 50% 程度であるが，流通や調理の過程を経てわれわれが摂取できる窒素は，植物性タンパクの場合で施肥窒素の 14%，動物性タンパクではわずか 4% である．つまり残りは何らかのかたちで環境負荷となる．窒素の環境負荷削減には，作物の施肥窒素利用率の向上や有機質資材の畑地還元利用の適正化が必要である．

日本人を例に，ヒトの生存に必要な窒素摂取量から環境負荷を考えてみよう．わが国の生活系排水における窒素排出原単位は 1 人あたり 1 日 11 g で，年間におよそ 4 kg 程度の窒素を排出している．施肥窒素利用率を平均 10% と仮定すると，1 人に必要な肥料窒素は 40 kg と見積もることができる．すなわち，年間 40 kg× 1.3 億人＝520 万 t の窒素肥料が日本人全員の食をまかなうために必要である．ところが，わが国の農耕地に投入される窒素は，化学肥料と堆肥をあわせて 70 万 t

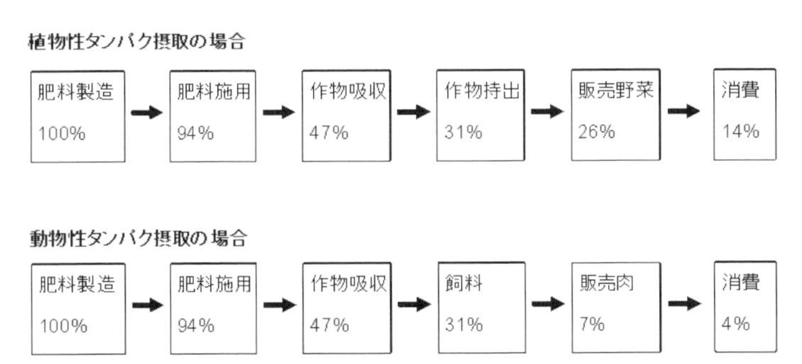

図 6.1 肥料窒素がタンパク質としてヒトに消費されるまでの割合（Galloway and Cowling, 2002 より作成）

程度にすぎない．すなわち，残り450万tの肥料窒素は日本人の食料のために海外で使用されていると考えられるため，現地の環境負荷にも責任をもつ必要があろう．

 6.2 農耕地における窒素の形態変化

畑地を例に農耕地における窒素動態を説明する（図6.2）．化学肥料，有機質資材，降雨がおもなインプットとなる．降雨として負荷される窒素は年間10 kg ha^{-1}程度である（田淵・高村，1985；平田，1996）．これに加えて，マメ科植物など窒素固定能を有する作物は大気のN_2を固定・利用する．窒素は土壌中で様々な化学形態をとるが，作物に利用されるのはおもに無機態窒素である．

6.2.1 有機態炭素の分解と窒素の無機化・有機化

多くの土壌では土壌窒素の90％以上が有機態である（Vinten and Smith, 1993）．これに有機質資材として新鮮有機物が加わる．これら有機物は土壌微生物

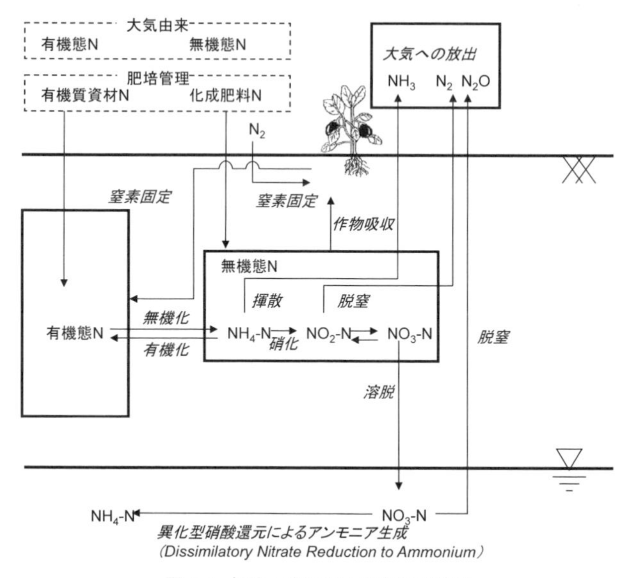

図6.2 畑地土壌における窒素の循環

によってゆっくり分解される．好気的条件では，微生物の呼吸によって二酸化炭素と水に分解される．有機物を $C_6H_{12}O_6$ と単純化した場合，以下の反応式で表すことができる．

$$C_6H_{12}O_6 + 6O_2 \longrightarrow 6CO_2 + 6H_2O \tag{6.2}$$

式(6.2)を酸化および還元の半反応式に分けると以下の通りである．

$$C_6H_{12}O_6 + 6H_2O \longrightarrow 6CO_2 + 24H^+ + 24e^- \tag{6.3}$$

$$O_2 + 4H^+ + 4e^- \longrightarrow 2H_2O \ (6.4)$$

一方，嫌気的条件では一部の有機物分解が制限され，ピルビン酸（式(6.5)）などの低分子有機酸にまでいったん酸化される．土壌中では，これに対応した還元反応として脱窒（式(6.6)），鉄還元（式(6.7)），エタノール発酵（式(6.8)），メタン発酵（式(6.9)）などが重要である．

$$C_6H_{12}O_6 \longrightarrow 2CH_3COCOOH + 4H^+ + 4e^- \tag{6.5}$$

$$2NO_3^- + 12H^+ + 10e^- \longrightarrow N_2 + 6H_2O \tag{6.6}$$

$$Fe(OH)_3 + 3H^+ + e^- \longrightarrow Fe^{2+} + 3H_2O \tag{6.7}$$

$$2CH_3COCOOH + 16H^+ + 16e^- \longrightarrow 3C_2H_5OH + 3H_2O \tag{6.8}$$

$$CO_2 + 8H^+ + 8e^- \longrightarrow CH_4 + 2H_2O \tag{6.9}$$

畑条件では，大気からの酸素供給が十分であり，式(6.2)の好気呼吸が主体となる．ただし，分解した有機物のすべてが二酸化炭素になるわけではなく，4 割程度は新たな微生物菌体の合成に使われる．この割合を微生物バイオマスの炭素収率とよぶ．

微生物バイオマスの炭素収率を考慮しない場合，有機態炭素の分解は次の一次反応式で与えられることが多い．

$$\frac{dC_{\mathrm{org}}}{dt} = -k_{\mathrm{min}} C_{\mathrm{org}} \tag{6.10}$$

ここで，t：時間，C_{org}：有機態炭素含有量，k_{min}：分解速度定数である．この常微分方程式を解くと式(6.11)になる．k_{min} の代わりに半減期 $t_{1/2}$（有機態炭素が半分になるまでに要する時間）がパラメータとして用いられることも多い．なお，両者は $t_{1/2} = 0.693/k_{\mathrm{min}}$ の関係にある．

$$C_{\mathrm{org}} = C_{\mathrm{org0}} \exp(-k_{\mathrm{min}} t) = C_{\mathrm{org0}} \left(\frac{1}{2}\right)^{\frac{k_{\mathrm{min}}}{\ln 2} t} = C_{\mathrm{org0}} \left(\frac{1}{2}\right)^{\frac{t}{t_{1/2}}} \tag{6.11}$$

ここで，C_{org0}：有機態炭素の初期含有量である．

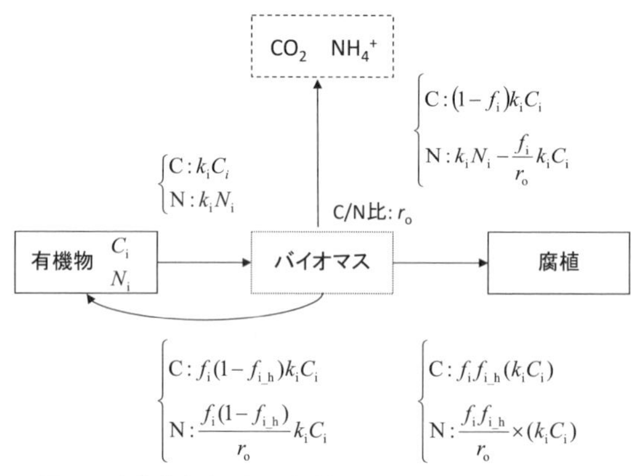

図 6.3　有機態炭素分解と窒素無機化・有機化の概念モデル

有機態炭素分解のみを対象とする場合，$k_{\min}$ を炭素収率を内包したパラメータとして捉えればよい．しかし窒素の無機化を解析対象に含む場合は，微生物バイオマスの炭素収率（f_{i}）を考慮する必要がある．そうすることで，窒素の有機化など微生物の仲介する炭素・窒素循環をより現実に即したかたちで記述できる．有機物の分解を担う土壌微生物バイオマスの存在を考慮した有機態炭素分解および窒素無機化に関する概念モデルを図 6.3 に示す．土壌有機物と新たに圃場に添加された有機物の分解特性は大きく異なるため，2 つ以上の有機物プールを仮定することが多い．ここでは，ある分解速度を有する仮想有機物プールを対象に説明するが，複数の有機物プールを仮定する場合はそれぞれの結果を足し合わせればよい．

有機物画分 i に含まれる有機態炭素は，反応速度 $k_{\mathrm{i}}C_{\mathrm{i}}$ でいったん分解し，$(1-f_{\mathrm{i}})k_{\mathrm{i}}C_{\mathrm{i}}$ は二酸化炭素に，残りの $k_{\mathrm{i}}f_{\mathrm{i}}C_{\mathrm{i}}$ は微生物バイオマス自身の形成に使われる．また，新たに形成されたバイオマスのうち $f_{\mathrm{i\_h}}$ は腐植画分に，$(1-f_{\mathrm{i\_h}})$ はそれぞれもとの有機物画分に戻ると仮定した場合，有機物画分 i の有機態炭素の分解は，次の微分形，積分形で表される．

$$\frac{dC_{\mathrm{i}}}{dt} = -k_{\mathrm{i}}C_{\mathrm{i}} + f_{\mathrm{i}}(1-f_{\mathrm{i\_h}})k_{\mathrm{i}}C_{\mathrm{i}} \tag{6.12}$$

$$C_{\mathrm{i}} = C_{\mathrm{i0}}\exp\{-[1-f_{\mathrm{i}}(1-f_{\mathrm{i\_h}})]k_{\mathrm{i}}t\} \tag{6.13}$$

ここで，C_{i0} は有機物画分 i の初期炭素含有量である．

アンモニア態窒素（NH_4-N）について考える場合，微生物バイオマスの C/N 比（r_o）が新たなパラメータとして加わる（図 6.3）．無機化と有機化どちらが優勢になるかを決定するのは分解有機物の C/N 比である．f_i と r_o はそれぞれ約 0.4 と 8 とされ，微生物バイオマスの形成には炭素 1 g に対して窒素 0.05 g（0.4÷8）が必要である (Myrold, 1999)．分解有機物の中にそれだけの窒素が含まれていなければ，土壌中に存在する NH_4-N が利用される．すなわち，有機物の C/N 比が約 20（＝1÷0.05）以上では，見かけ上，有機化が進む．したがって，有機物画分 i における窒素の無機化速度は，土壌微生物の炭素収率と C/N 比を用いて以下のように記述される．

$$\frac{dN_i}{dt}=\left[\frac{N_i}{C_i}-\frac{f_i}{r_o}\right]\times(k_iC_i) \qquad (6.14)$$

ここで，N_i は有機物画分 i の窒素含有量であり，右辺［　］内が負になる場合は窒素の有機化，正になる場合は無機化を表す．

6.2.2　硝化と微生物

化学肥料として農耕地に投入された NH_4-N や無機化によって形成された NH_4-N は，畑条件では，土壌微生物によって亜硝酸，NO_3-N へと 2 段階の反応で酸化される（図 6.2）．これを硝化という．

$$NH_4^+ + 3/2O_2 \longrightarrow NO_2^- + H_2O + 2H^+ \qquad (6.15)$$

$$NO_2^- + 1/2O_2 \longrightarrow NO_3^- \qquad (6.16)$$

式(6.15)はアンモニア酸化細菌（ammonia oxidizing bacteria：AOB）とアンモニア酸化古細菌（ammonia oxidizing archea：AOA），式(6.16)は亜硝酸酸化細菌(nitrite oxidizing bacteria：NOB）という異なる独立栄養細菌群が反応を担っており，エネルギー源として有機物を必要としない．土壌中の微生物が介在する反応は有機物が律速になることが多いが，硝化についてはその限りではない．式(6.15) は *Nitrosomonas* 属や *Nitrosospira* 属，式(6.16) は *Nitrobactor* 属や *Nitrospira* 属の微生物がおもにその役割を担う．なお，式(6.15)の反応はさらに数段階に分けられる．まず NH_4^+ がヒドロキシアミンに酸化され（式(6.17)），続く数ステップで NO_2^- まで酸化される（式(6.18)）．

$$NH_4^+ + H_2O \longrightarrow NH_2OH + 3H^+ + 2e^- \qquad (6.17)$$

$$NH_2OH + H_2O \longrightarrow NO_2^- + 5H^+ + 4e^- \qquad (6.18)$$

ちなみに，ヒドロキシアミンの生成（式(6.17)）には分子状酸素が取り込まれるが，これに続く亜硝酸イオンへの酸化（式(6.18)）と硝酸イオンへの酸化（式(6.16)）には水分子中の酸素原子が取り込まれる．式(6.16)の反応は比較的早いため，土壌環境中に亜硝酸イオンが蓄積することはほとんどない．

硝化反応は，土壌水分や温度の関数である速度係数をもつ1次反応式あるいは最大速度をもつ次のミカエリス・メンテン（Michaelis-Menten）の式が適用される（Bergström *et al.*, 1991；長谷川，1999）．

$$\frac{dN_{\mathrm{NH4}}}{dt}=k_{\mathrm{nit}}\left[\frac{N_{\mathrm{NH4}}}{N_{\mathrm{NH4}}+C_{\mathrm{nit\_s}}}\right] \tag{6.19}$$

ここで，N_{NH4} は NH_4-N 含有量を示し，k_{nit}：硝化速度係数（土壌水分，温度，pH などの関数），$c_{\mathrm{nit\_s}}$：半飽和定数（反応速度が最大速度の50%となる際の濃度）である．

6.2.3　脱窒と微生物

嫌気的条件下では脱窒が生じる．脱窒は，有機物を電子供与体として，次のステップを経て NO_3-N がガス態窒素にまで還元される反応である（Myrold, 1999）．

$$NO_3^- \longrightarrow NO_2^- \longrightarrow NO \longrightarrow N_2O \longrightarrow N_2 \tag{6.20}$$

脱窒菌の多くは通性嫌気性細菌であり，好気的条件では酸素，嫌気的条件では窒素酸化物を電子受容体に用いる．式(6.20)の反応には，左から順に，硝酸還元酵素（nitrate reductase：NAR），亜硝酸還元酵素（nitrite reductase：NIR），一酸化窒素還元酵素（nitric oxide reductase：NOR），亜酸化窒素還元酵素（nitrous oxide reductase：NOS）が作用する．最終ステップに関与するNOSはpH，水分，塩分などのストレスに弱く，亜酸化窒素の発生に強く影響する．有機物を $C_6H_{12}O_6$ として一連の反応を一括すると，半反応式では式(6.3)および式(6.6)となり，あわせると次式となる．

$$5C_6H_{12}O_6+24NO_3^-+24H^+ \longrightarrow 30CO_2+12N_2+42H_2O \tag{6.21}$$

この反応は1次反応式（式(6.22)）あるいは硝化と同様のミカエリス・メンテンの式（式(6.23)）でモデル化される（Bergström *et al.*, 1991；長谷川，1999）．ただし，この際の脱窒速度係数は，土壌の水分飽和度（あるいは還元状態），温度，有機物含有量などの関数となる．土壌全体が嫌気的になる必要はなく，土壌溶液中で酸素の拡散律速が生じて局所的に嫌気的条件になれば脱窒は進行する（Myrold, 1999).

$$\frac{dN_{\mathrm{NO3}}}{dt}=k_{\mathrm{denit}}N_{\mathrm{NO3}} \tag{6.22}$$

$$\frac{dN_{\mathrm{NO3}}}{dt}=k_{\mathrm{denit}}\left[\frac{N_{\mathrm{NO3}}}{N_{\mathrm{NO3}}+c_{\mathrm{denit\_s}}}\right] \tag{6.23}$$

ここで，N_{NO3} は NO_3-N 含有量を示し，k_{denit}：脱窒速度係数（土壌水分，温度，pH，易分解性炭素濃度などの関数），$c_{\mathrm{denit\_s}}$：半飽和定数である．

6.2.4　アンモニア揮散・窒素固定

NH_4-N を含有する土壌がアルカリ性になると，アンモニアに関する次の平衡状態が右へ移行するためにアンモニア揮散が生じる．

$$NH_4^+ + OH^- \rightleftarrows NH_4OH \rightleftarrows NH_3(\text{液相}) + H_2O \tag{6.24}$$

$$NH_3(\text{液相}) \rightleftarrows NH_3(\text{気相}) \tag{6.25}$$

アンモニアの液相から気相への移行は，アンモニアの気液平衡係数を用いて算出される．

脱窒やアンモニア揮散のような土壌窒素の大気への移行とは逆に，マメ科植物などと共生する根粒菌は大気中の窒素（N_2）を固定できる能力（生物的窒素固定）をもっており，栽培作物によっては無視することのできない重要な窒素フローである．そのほかに窒素固定するものとして，光合成細菌やラン藻類がよく知られているが，植物体内に棲息する微生物（エンドファイト）による窒素固定も重要な役割を果たしている（大脇・藤原，2002）．

6.3　農耕地由来の窒素，リンによる水質汚染

6.3.1　畑地からの NO_3-N 溶脱

NO_3-N の溶脱は，根圏土壌に存在する NO_3-N が降雨や灌水によって流出して地下水へと移行する過程と定義できる．土壌粒子の表面は一般的に負に帯電しており，陽イオンである NH_4-N は作土に保持されやすいが，陰イオンの NO_3-N は容易に溶脱しやすい．窒素は，有機態，アンモニア態，硝酸態，尿素態など様々な形態で圃場に施用される．これら施肥形態の違いは土壌中での窒素の動態や作物吸収，さらには NO_3-N 溶脱パターンにも強く影響する．

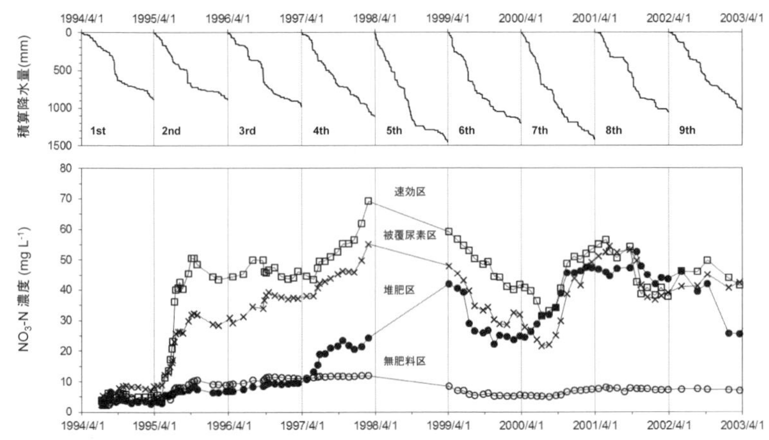

図 6.4　異なる肥培管理を連用した圃場における深さ1mの土壌溶液NO_3-N濃度の変化ならびに年度ごとの積算降水量（前田他, 2003より作成）
1998年度はサンプリングを行わなかったが，肥培管理は継続した．

異なる肥培管理がNO_3-Nの溶脱に与える影響を解明するため，黒ボク土畑圃場に，速効性肥料区（400 kgN ha^{-1} y^{-1}），被覆尿素（緩効性肥料の1つ）区（400 kgN ha^{-1} y^{-1}），豚ぷん堆肥区（肥効率を50%と仮定し，800 kgN ha^{-1} y^{-1}），無肥料区の4処理を設け，トウモロコシ–ハクサイ（またはキャベツ）の栽培体系下で9年間の連用管理を行った（Maeda *et al.*, 2003；前田他，2003）．図6.4は深度1mにおける土壌溶液中のNO_3-N濃度の推移である．速効性肥料区および被覆尿素区では約1年半後に影響が現れはじめ，その後は20〜70 mg L^{-1}の高濃度で推移した．速効性肥料区および被覆尿素区の土壌溶液中NO_3-N濃度は，6年目に減少，7年目後半に増加，8年目後半に再び減少した．これは5年目および7年目に降水量が多かったことが原因と考えられる．窒素の動態解析や起源推定のために窒素安定同位体自然存在比（δ^{15}N値）が用いられる．もし，①浸透水量が増加して土壌溶液中のNO_3-Nが希釈されただけならδ^{15}N値に変化はないが，②土壌が湿潤な状態が続いて脱窒が生じ，溶脱するNO_3-Nが減少したのであれば，低濃度期のδ^{15}N値が顕著に上昇する．表6.4をみると，速効性肥料区および被覆尿素区において両期間のδ^{15}N値にはほとんど差がない．したがって，図6.4における速効性肥料区および緩効性肥料区におけるNO_3-N濃度低下は脱窒ではなく，おもに降雨による希釈効果が原因と判断される．

表 6.4　異なる肥培管理を連用した深さ 1 m における土壌溶液の δ^{15}N 値（‰）（前田他，2003）

	1998/2/25 （4 年目）	2000/4/18 （7 年目）	2002/10/8 （9 年目）
速効性肥料区	+0.8 c	+2.2 b	−0.2 d
被覆尿素区	+1.7 b	+1.3 c	+1.0 c
豚ぷん堆肥区	+13.3 a	+12.1 a	+13.0 a
無肥料区	+2.0 b	+2.0 bc	+2.5 b

使用した速効性肥料，被覆尿素，堆肥の δ^{15}N 値はそれぞれ，+0.7，+0.2，+14.3‰．4 年目は NO_3-N 濃度高位推移期，7 年目は同低位推移期，9 年目は同中位推移期の代表．数値は平均値．同一アルファベットを付与した値は多重比較（Tukey，5%水準）による差がない．

表 6.5　異なる肥培管理を連用した作土の全窒素含有量の変化（$g\,kg^{-1}$）（前田他，2003）

	1999 年 12 月 （6 年後）	2002 年 4 月 （8 年後）
速効性肥料区	3.4	3.5
被覆尿素区	3.9	3.9
豚ぷん堆肥区	6.0	6.6
無肥料区	3.5	3.4

試験開始前の全窒素は 4.0（$g\,kg^{-1}$）．堆肥の水分含有率は 22%，全窒素は 4.4%（乾物）でその内 3.6%が無機態窒素．

一方，堆肥区においては，最初の 3 年は無肥料区と同じく低濃度であったが，4 年目以後徐々に上昇して 6 年目には化学肥料と同じ高濃度に達した．これは，土壌中に蓄積してきた堆肥由来の有機態窒素の無機化量がゆっくりと増大したためと推察される．堆肥の連用にともなって作土の全窒素含有量は増加し，6 年後には無肥料区に比べて 2.5 $g\,kg^{-1}$ 高く，この増加分は 3375 $kgN\,ha^{-1}$ で施用窒素量の 68%に相当する．8 年後でも同様に施用窒素量の 65%が作土に残存していた（表 6.5）．このように，堆肥由来窒素の多くは作土に蓄積するものの，長期的には窒素無機化量が増大し，NO_3-N 溶脱につながる恐れがある．

溶脱水の NO_3-N 濃度を推定するために，次の窒素・水収支式が提案されている（OECD, 1999）．

$$PNC = \frac{PNP}{EW} \times 100 \tag{6.26}$$

ここで，PNC（potential nitrogen concentration）は溶脱水の推定 NO_3-N 濃度

表 6.6 異なる肥培管理における施用窒素量，吸収･持ち出し窒素量および推定 NO_3-N 濃度と実測 NO_3-N 濃度（前田他，2003）

処理区	施用窒素量* kg ha^{-1} y^{-1}	吸収･持ち出し窒素量 kg ha^{-1} y^{-1}	推定 NO_3-N 濃度** mg L^{-1}	実測 NO_3-N 濃度*** mg L^{-1}
速効性肥料区	413	211	36	38
被覆尿素区	413	229	32	30
豚ぷん堆肥区	825	262	99	19
無肥料区	0	44		7

*：各作物の栽培前に年間施用量の半量を元肥として全面全層施用．初年度は，速効区と被覆尿素区には 500，堆肥区には 1000 kg ha^{-1} y^{-1} を施用．
**：推定 NO_3-N 濃度＝圃場窒素収支／余剰水．余剰水は 1994.4～2002.3 の平均降水量（1123 mm）と平均蒸発散推定量（554 mm）の差として 569 mm と推定．
***：1994.4～1998.3；1999.4～2002.3 の実測値の算術平均．

(mg L^{-1})，PNP（potential nitrogen present）は圃場窒素収支（施用窒素量－吸収・持ち出し窒素量，kg ha^{-1} y^{-1})，EW（excess water）は余剰水（降水量－蒸発散量，mm y^{-1}）である．表 6.6 をみると，速効性および被覆尿素区においては，式(6.26)による推定 NO_3-N 濃度は実測値とほぼ一致し，作物に吸収されない窒素の大半はすみやかに下層土へ溶脱することがわかる．また，両区の濃度差には，被覆尿素区で作物による窒素吸収量が高いことが反映されている．豚ぷん堆肥区の推定 NO_3-N 濃度は 99 mg L^{-1} で過大評価となった．これは，式(6.26)には堆肥由来窒素の土壌への蓄積が考慮されていないためである．堆肥施用にともなって溶脱する NO_3-N 濃度の推定には，堆肥の長期的な無機化特性を知る必要がある．

6.3.2 黒ボク土深層 NO_3-N 吸着による地下水汚染の抑制

NO_3-N の土壌吸着は移動の遅延につながるため（前田他，2008），溶脱を考える上で重要である．一般的な土壌では陰イオンである NO_3-N は吸着されにくく，土壌水の浸透とともに容易に溶脱する．しかし，わが国の畑土壌の過半数を占める黒ボク土では，陰イオン吸着能が高いため，NO_3-N 吸着を考慮する必要がある．

土壌中において，NO_3-N が土壌-土壌溶液の間で平衡状態にあるとき，2.2.3 項で示したフロイントリッヒ（Freundlich）型吸着等温式が用いられる（前田他，2008）．

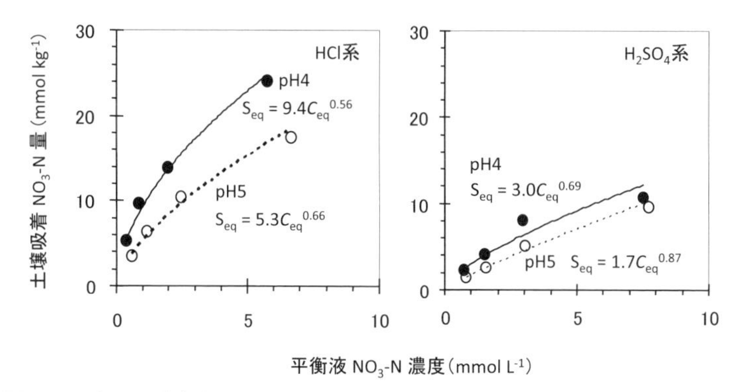

図 6.5　土壌 pH，共存陰イオンが黒ボク土の NO_3-N 吸着に及ぼす影響（前田他，2008）
深さ 30〜50 cm の黒ボク下層土を使用した.

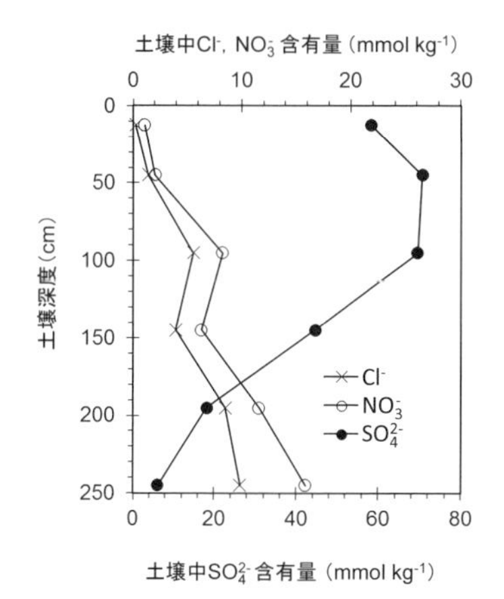

図 6.6　化学肥料を 10 年連用した黒ボク土深層における
陰イオン含有量の分布（Maeda *et al.*, 2008 を改変）

黒ボク土の NO_3-N 吸着は陰イオン交換能（AEC：anion exchange capacity）だけでなく，共存陰イオン種に影響を受ける．また，AEC は変異荷電であり，土壌 pH が低く，イオン濃度が高い場合に高く発現する．図 6.5 は土壌 pH および共存陰イオンが異なる条件の NO_3-N 平衡液濃度と土壌吸着量の関係を示す．図中の線は，フロインドリッヒ式である．どの条件でも NO_3-N 濃度が高いほど土壌吸着量が多くなる．低 pH では AEC が大きくなるため，土壌吸着量が多くなる．また，土壌と親和性の高い SO_4^{2-} が共存すると，NO_3-N 吸着が阻害される．

図6.6は，前節と同じ黒ボク土畑圃場で化学肥料を10年間連用した後に陰イオンの深層分布を調査した結果である．深さ2.5 mまでの土壌NO_3^-含有量は深さ方向に増加し，2.5 mでは40 mmol kg^{-1}を超過した．一方，土壌により吸着されやすいSO_4^{2-}含有量は深さ100 cm以内で高く，それ以深では低下した．このことから，SO_4^{2-}含有量の低い黒ボク土深層はNO_3-N吸着能が高く，野菜畑から溶脱したNO_3-Nの地下水流入を抑制していることがわかる．

6.3.3 農耕地からの窒素・リンの流出

岡山県笠岡湾干拓地内農業排水路の水質調査事例を紹介する．支線排水路1～3は，飼料作物栽培圃場（飼料作物エリア，約190 ha），畜産農家圃場（畜産エリア，約160 ha），畜産農家圃場と園芸作物圃場（畜産・園芸エリア，約120 ha）をそれぞれ流下する（図6.7）．支線排水路の窒素，リン濃度は，エリアごとに顕著な傾向を示し，畜産エリア，畜産・園芸エリア，飼料作物エリアの順に高濃度である（図6.8）．畜産農家では推定60 t ha^{-1}の牛ふん堆肥が施用されており（竹内，2010），これが畜産エリア，畜産・園芸エリアで窒素・リン濃度が高かった一因と思われる．各支線排水路における全窒素濃度には一定の傾向はみられないが，全リン濃度は流下にともなって上昇する傾向にあった．また，全リン濃度が最も高い畜産エリア最下流地点では，夏・秋期に濃度が上昇した．リンは土壌に吸着さ

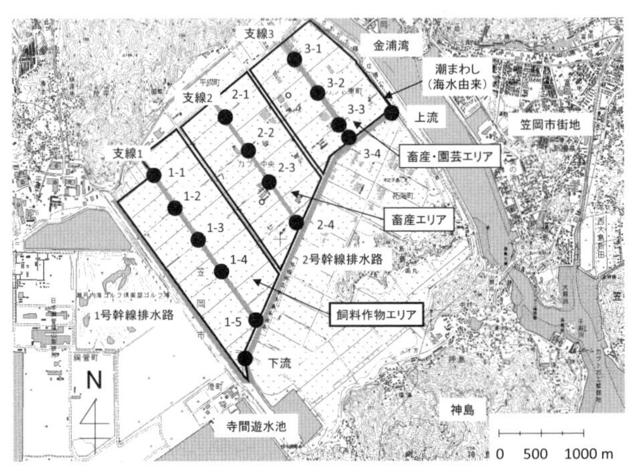

図6.7 笠岡湾干拓地の概要と採水地点（前田他，2011）

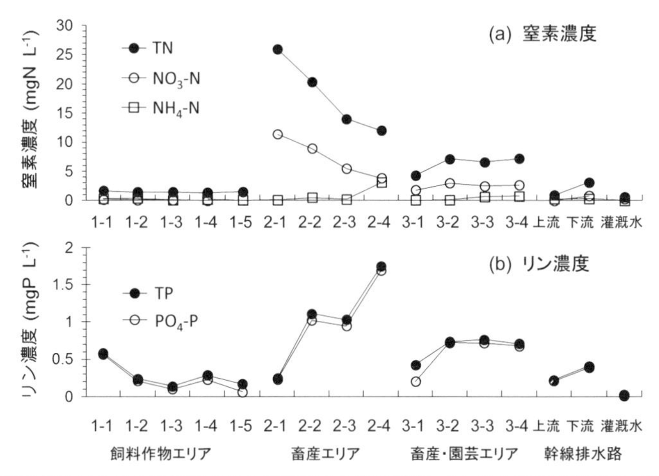

図 6.8 笠岡湾干拓地における支線排水路の形態別 (a) 窒素濃度，(b) リン濃度（前田他，2011 より作成）

れやすく，懸濁粒子に結合した形態で農地から流出する．圃場および牛舎から流入したリンが農業排水路の底質に蓄積し，気温上昇にともなって溶出した可能性が考えられる．栄養塩類の底質からの溶出については次項で述べる．

図 6.9 は流域レベルでの土地利用と NO_3-N 濃度の関係を示したものである．どの流域でも畑草地面積率と NO_3-N 濃度には高い正の相関があり，面積率が 50% を超過すると，NO_3-N 濃度が $1\,mg\,L^{-1}$ を超過する（田渕他，1995）．なお，地区ごとの回帰直線の傾きの違いは，施肥量や家畜飼養密度の違いを反映している．

6.3.4 農業排水路などにおける底質からの窒素・リンの溶出

懸濁粒子と結合した窒素，リンは流下過程で沈降し，底質として水路や湖内に堆積する．しかし一方では，窒素，リンが底質から再溶出し，下流域の水質汚濁に寄与することがある．つまり底質は，条件次第で栄養塩のシンクにもソースにもなりうる．

底質からの窒素，リン溶出を左右する環境要因として溶存酸素があげられる．図 6.10 は不攪乱で採取した湖沼底質を初めの 35 日は嫌気的条件，続く 30 日間は好気的条件で現地直上水とともに静置し，NH_4-N およびリン酸態リン（PO_4-P）濃度の変化を調べたものである．両濃度とも嫌気期間に徐々に上昇し，好気期間に減少した．すなわち底質は，嫌気的条件では窒素，リンのソース，好気的条件

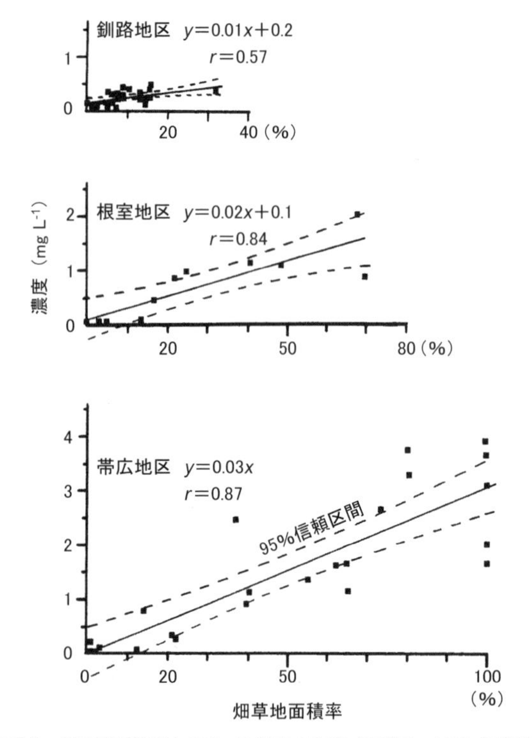

図 6.9　畑草地面積率と NO_3-N 濃度の関係（田渕他，1995 を改変）

ではシンクとして作用することがわかる．図 6.11 は，好気・嫌気および pH 条件が農業排水路の底質から溶出する PO_4-P に与える影響を調べた結果である．嫌気的条件下では，リンが継続して溶出し，低 pH でとくに溶出しやすい．これは，底質の還元にともなって鉄が可溶化し，鉄と結合していたリン酸イオンが可溶化するためである．好気的条件では培養数日間まではリン溶出が起こるものの，その後再収着がはじまり，10 日後には試験開始前より収着量が増加した．

リンの底質への収着は底部近傍水のリン濃度と平衡関係にある．つまり，底部近傍のリン濃度が高い場合は底質にリンが収着されるが，ある濃度以下では，逆に底質に収着されているリンが可溶化する．この濃度は平衡リン濃度（EPC_0）とよばれ，底質がリンを収着するか脱離するかを知る指標として用いられる．図 6.12 は笠岡湾干拓地内の飼料作物エリア，畜産エリア，畜産・園芸エリアを流下する

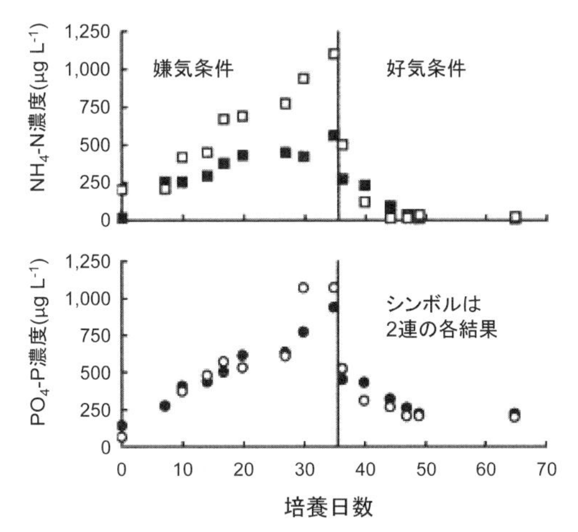

図 6.10　好気・嫌気的条件が湖沼底質の窒素，リン溶出に及ぼす影響（Beutel *et al.*, 2008 を改変）

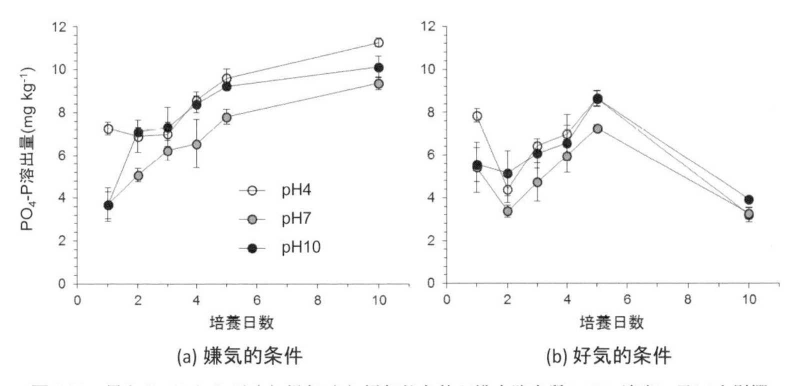

図 6.11　異なる pH および（a）嫌気（b）好気的条件が排水路底質のリン溶出に及ぼす影響（Nguyen and Maeda, 2016a より作成）

各支線排水路の最下流点における底質について EPC_0 を調べた結果である．その結果，畜産エリアで 0.28 mgP L^{-1}，畜産・園芸エリアで 0.15 mgP L^{-1}，飼料作物エリアで 0.06 mgP L^{-1} であり，これら EPC_0 は採取時点の各水路のリン酸濃度（それぞれ 1.72, 1.63, 0.28 mgP L^{-1}）より低く，どの水路においても底質はシンクとしてはたらいていた．以上のように，リン濃度が高い笠岡湾干拓地の農業排水路ではリン収着が起こっているものの，嫌気的条件ではリンが再溶出しやすくなる可

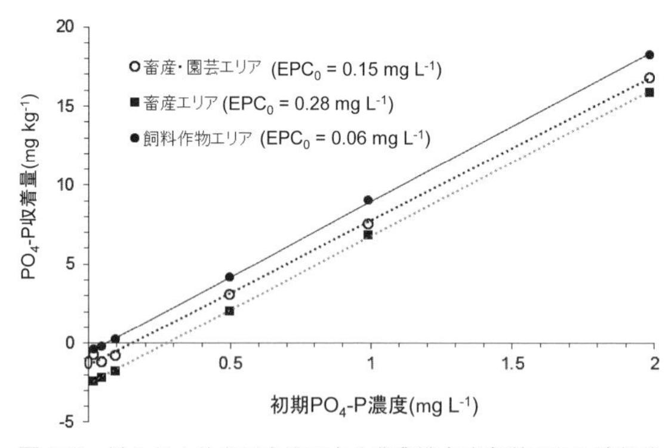

図 6.12　異なる土地利用を流下する農業排水路底質のリン酸収着平衡濃度（Nguyen and Maeda, 2016b より作成）

能性が高く，年間を通した解析が必要である．

6.4　窒素・リン流出負荷削減対策

6.4.1　クリーニングクロップによる窒素・リン溶脱抑制

畑地における窒素・リン溶脱量を削減するにはクリーニングクロップの導入が効果的である．施設園芸栽培では，塩類集積を防ぐ目的で休閑期間に除塩灌水を行う．しかし，商品作物栽培後に栄養塩が土壌に残留していると，灌水とともに溶脱した栄養塩が水質汚濁の原因になる．図 6.13 は，ナス施設栽培農家実圃場の休閑期を対象に，クリーニングクロップ栽培が窒素，リン溶脱に与える影響を調査した事例である．調査地となったハウス栽培農家は，除塩灌水に加えて，土壌還元消毒を行っている．クリーニングクロップを栽培しない場合，休閑期の窒素溶脱量は 16.7 gN m^{-2} であった．一方，クリーニングクロップの導入によって，同溶脱量は 4.5 g m^{-2} に低減した．一方リンについては，クリーニングクロップを栽培しても溶脱量は有意に低減しなかった．これは，クリーニングクロップによるリン吸収量に比べて，作土の PO_4–P 蓄積量がはるかに多かったためである．しかし，溶脱水の全リン濃度は常に 1 mg L^{-1} 以上あり，最高濃度は 9.4 mg L^{-1} に達した．本圃場における試験開始前のトルオーグリン酸含有量（トルオーグ（Truog）法で測定した土壌の PO_4–P 含有量）は深さ 45 cm まで 1200 mg kg^{-1} 以上あり，水

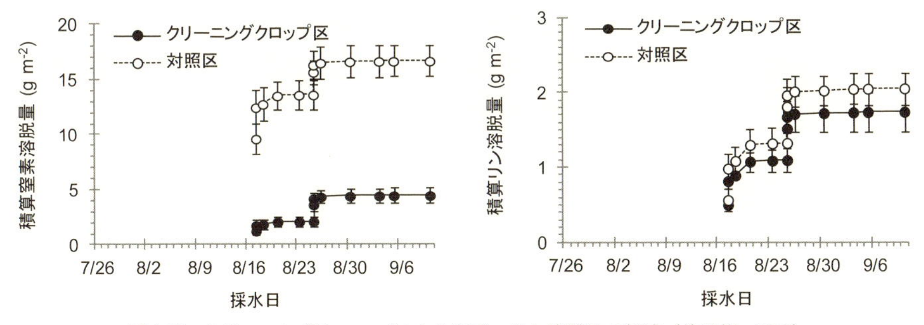

図 6.13　クリーニングクロップによる窒素，リン溶脱量の削減（前田他，2012）

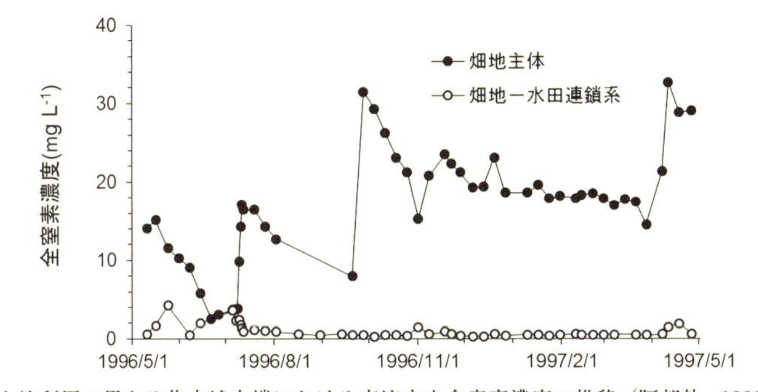

図 6.14　土地利用の異なる集水域末端における表流水中全窒素濃度の推移（阿部他，1998 より作成）

溶性 PO_4-P 含有量も 64〜79 mg kg^{-1} と高かった．窒素については，クリーニングクロップによる負荷削減効果が高く，地域全体で導入を進めることが広域水質改善につながると思われる．一方リンについては，まずは減肥によってトルオーグリン酸含有量を低減する必要がある．

6.4.2　水田などの有する自然浄化能の活用

水田は窒素浄化能を有する．窒素の濃度が高い灌漑水が水田に流入すると，イネによる吸収と NO_3-N の脱窒によって，窒素濃度が低下する．台地上に畑地が位置し，下流に水田を配する集水域では，台地畑・茶園から流出する NO_3-N が下流の水田で浄化される．図 6.14 は，土地利用の異なる隣接した集水域末端における表流水を 1 年間調査した結果である．畑地を主体とする集水域（1.83 ha，畑地率 92%）から流出する全窒素濃度は年間を通じて高く推移している．一方，畑地からの湧水が水田を通過する集水域（6.17 ha，畑地：74%，水田：7%，林地：19%）の末端では，年間を通じて窒素濃度が低い．以上のように，窒素流出を集水域単位で考えた場合，水田は窒素負荷削減に有効である．

6.4.3　植生や土壌を活用した水質浄化システム

農村地域では，畜産や養液栽培など水質汚濁源となりうる点源は広範囲に分散している．このため，下水処理場とは異なる省エネルギー・資源循環型水質浄化システムの開発が求められる（尾崎他，1996）．

植物–ろ材系（バイオジオフィルター）水路は，植物の養分吸収，ろ材の吸着・ろ過機能，付着微生物による浄化機能に期待する水質浄化システムである（図6.15）．ヨシやホテイアオイなどを用いる従来の水質浄化ではバイオマスの利活用に難があり，普及が進んでいない．バイオジオフィルターでは，ろ材の充填高さを調整することによって，水質浄化機能の高い陸生植物と水生植物を同一水路内で栽培することができる（尾崎他，1996）．図6.16はイタリアンライグラス，ハナナ，ケナフ，パピルスなどを栽培し，窒素・リン浄化能を調べた結果である（Abe *et al.*, 1999）．有用植物を植栽した水路では窒素・リン濃度が大幅に低下した．本システムの窒素・リンの平均除去率はそれぞれ48%，39%であった．

酪農施設，養豚場，養鶏場の排水は有機物濃度が高いため，水質浄化システムに目詰まりが生じやすい．伏流式人工湿地システムは，ヨシなどを植栽した砂利や砂層により汚水をろ過するシステムであり，好気的な鉛直流ろ床と嫌気的な水平流ろ床を組み合わせたハイブリッド構造を有している（図6.17）．本システムで

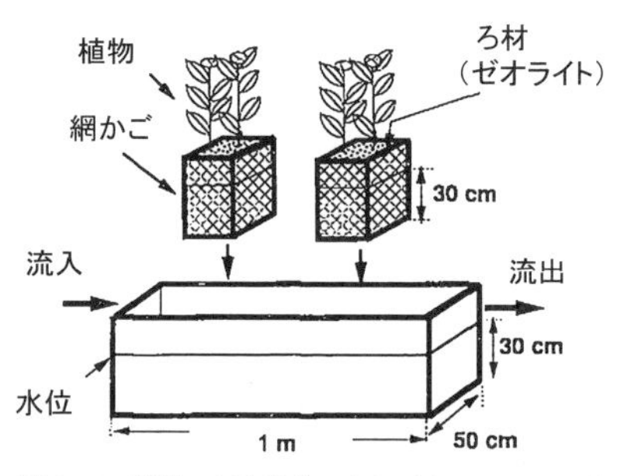

図6.15　植物–ろ材系（バイオジオフィルター）水路の概要（Abe *et al.*, 1999を改変）

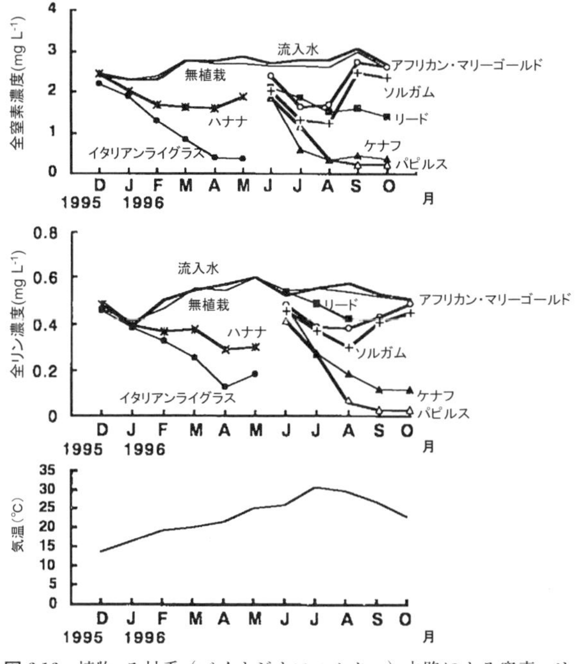

図 6.16　植物–ろ材系（バイオジオフィルター）水路による窒素，リンの浄化（Abe *et al.*, 1999 を改変）

は好気・嫌気的環境を組み合わせることで，硝化・脱窒による効率的な窒素除去が期待できる．各層にはバイパス構造が設けられ，表面に湛水した余剰水を速やかに排水・移動させることができる．また，粗大有機物の表面移動によるバイパス管の閉塞を防ぐ目的で，ろ床表面に人工軽石のスーパーソル（ガラスリサイクル資材）が敷設されている．加えて，ろ床表面に蓄積した有機物を乾燥させるため，鉛直流ろ床の表面を数分割して交互に使用することも可能である．本システムはこれらの仕組みを備えることによって好気性微生物による有機物分解を促進し，目詰まりの大幅な軽減を達成した．鉛直流ろ床に汚水を供給する自動サイフォンは好気環境の維持に役立っている．サイフォンの原理を用いることで，多量の汚水を間欠的にろ床に供給し，広い面積を有効に使うことができる．同システムを，酪農施設の搾乳牛舎パーラー排水，養豚場の糞尿スラリー尿液に適用したところ，5〜10 年間の平均除去率は生物化学的酸素要求量（BOD）で 95% 以上，

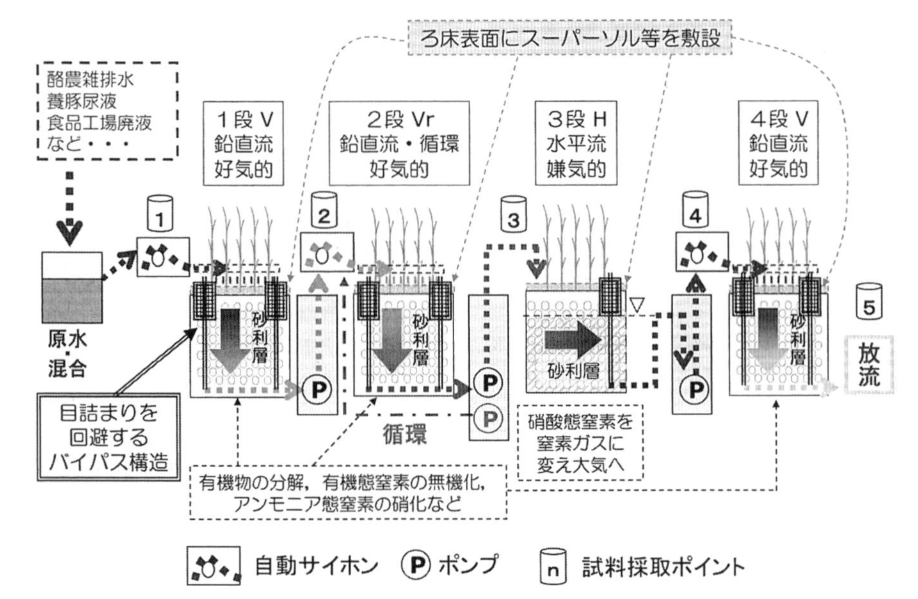

図 6.17　多段型の伏流式人工湿地ろ過システムの概要（加藤他，2016 を改変）

全窒素で 71%以上，全リンで 66%以上であり，季節間差は小さく，経年的に安定していた（加藤他，2016）.

そのほか，透水性の高い資材の中に浄化機能を強化した改良土壌をレンガ積層上に配置した多段土壌層法（佐藤他，2005）が開発され，ゼオライト，貝殻，竹炭など地域資源が活用されている（佐藤他，2015）.

前田守弘

7 土壌と気象障害

土壌温度は作物の種子の発芽や生長に大きく影響する．また，土壌中で起こる硝化・脱窒などの微生物学的反応，イオン交換などの化学的反応も土壌温度に左右される．さらに，土壌水の密度・粘性や比誘電率，電気伝導度といった物理的，電気的性質も土壌温度に依存する．

7.1 熱 移 動

土壌中の熱フラックス q_h ($\mathrm{J\,m^{-2}\,s^{-1}}$) は，フーリエ（Fourier）の法則で表される（ジュリー・ホートン，2006）．

$$q_h = -\lambda \frac{dT}{dz} \tag{7.1}$$

ここで，λ は熱伝導率（thermal conductivity）($\mathrm{W\,m^{-1}\,K^{-1}}$)，$dT/dz$ は温度勾配 ($\mathrm{K\,m^{-1}}$) である．

連続式（後述，9.2.1 項で導出する）について，対象とする物質量 u に熱量 U ($\mathrm{J\,m^{-3}}$) を，フラックス q に熱フラックス q_h を用いると（図 7.1），熱収支式は次

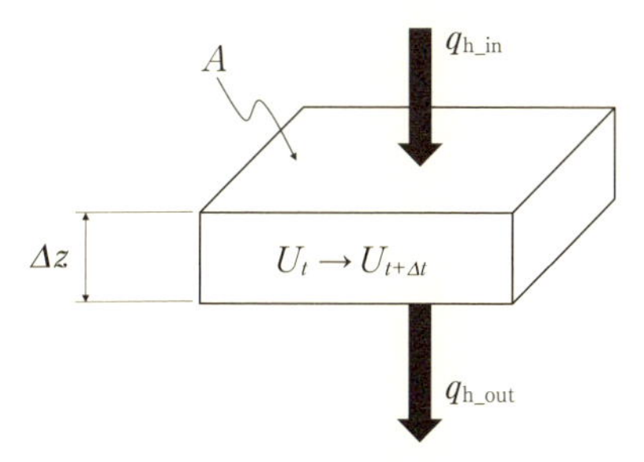

図 7.1 微小土壌中の熱量変化と入出熱フラックスの関係
U_t, $U_{t+\Delta t}$ は，それぞれ時刻 t と時刻 $t+\Delta t$ における熱量 U を表す．

式のように表される．

$$\frac{\partial U}{\partial t}=-\frac{\partial q_{\mathrm{h}}}{\partial z} \tag{7.2}$$

さらに，式(7.2)に式(7.1)を代入すると，

$$\frac{\partial U}{\partial t}=-\frac{\partial}{\partial z}\left(-\lambda\frac{\partial T}{\partial z}\right) \tag{7.3}$$

式(7.3)の左辺に連鎖律を適用して，左辺を温度の時間変化 $\partial T/\partial t$ で表す．

$$\frac{\partial U}{\partial T}\frac{\partial T}{\partial t}=-\frac{\partial}{\partial z}\left(-\lambda\frac{\partial T}{\partial t}\right) \tag{7.4}$$

土壌中における一次元の熱移動は，

$$C_{\mathrm{h}}\frac{\partial T}{\partial t}=-\frac{\partial}{\partial z}\left(-\lambda\frac{\partial T}{\partial z}\right) \tag{7.5}$$

と表される．ここで，$C_{\mathrm{h}}=\partial U/\partial T$ は体積熱容量（$\mathrm{J\,m^{-3}\,K^{-1}}$）とよばれる．さらに，体積熱容量 C_{h} を右辺に移項して，

$$\frac{\partial T}{\partial t}=\frac{\lambda}{C_{\mathrm{h}}}\frac{\partial^2 T}{\partial z^2}=\kappa\frac{\partial^2 T}{\partial z^2} \tag{7.6}$$

と表す．ここで，

$$\kappa=\frac{\lambda}{C_{\mathrm{h}}} \tag{7.7}$$

を熱拡散係数（thermal diffusivity）（$\mathrm{m^2\,s^{-1}}$）と定義する．第2章で述べたように，現実の圃場でみられる熱伝導には，水蒸気の影響（Philip and de Vries, 1957；Goh and Noborio, 2016）や灌漑水などの移流による熱移動（Noborio *et al.*, 1996）が含まれるため，式(7.6)が適用できるのは限られた場合でしかないが，熱伝導の基礎を理解する上では重要な式である．式(7.6)は熱伝導方程式とよばれ，様々な初期条件と境界条件に対する解析解が発表されている（Carslaw and Jaeger, 1959）．

7.2 熱 物 性

土壌は固相，液相，気相の三相で構成される複合材である．これら三相の熱伝導率 λ，体積熱容量 C_{h}，熱拡散係数 κ の総称を熱的性質とよび，表7.1のように

表 7.1　土壌三相の熱的性質（Campbell, 1985；Noborio and McInnes, 1993）

		熱伝導率 λ ($W\,m^{-1}\,K^{-1}$)	体積熱容量 C_h ($MJ\,m^{-3}\,K^{-1}$)	熱拡散係数 κ ($m^2\,s^{-1}$)
固相	石英	8.80	2.13	4.13×10^{-6}
	粘土鉱物	2.92	2.39	1.22×10^{-6}
	有機物	0.25	2.50	1.00×10^{-7}
	氷（0℃）	2.18	1.73	1.26×10^{-6}
液相	水	0.57	4.18	1.36×10^{-7}
	$CaCl_2$ 溶液 ($2\,mol\,kg^{-1}$)	0.55	3.72	1.48×10^{-7}
気相	空気（20℃）	0.025	0.0012	2.08×10^{-4}

表される．

7.2.1　熱伝導率

熱伝導率は，物質の熱の伝わりやすさの指標である．複合材としての土壌は異なる熱伝導率をもつ三相を様々な割合で含んでいる．したがって，土壌水分が変化する不飽和土壌では，液相と気相の割合の変化に応じて熱伝導率が変化する．さらに，固相を構成する物質も種々様々であるので，土壌の種類（土性や有機物含量の差異）によって変化することが推察される．現実の土壌では，図 7.2a に示すように体積含水率の増加にともなう熱伝導率の増加具合が土性によって異なる．このように体積含水率に対して非線形的な変化をする土壌の熱伝導率の推定には，電気伝導に類似したデブリース（de Vries）モデルが使われる場合があるが，ここでは経験式の 1 つであるマクイネス（McInnes）の式を紹介する（Campbell, 1985）．

$$\lambda = A + B\theta - (A - D)\exp[-\{(C\theta)^E\}] \tag{7.8}$$

ここで，A～E は実験値，θ は体積含水率 ($m^3\,m^{-3}$) である．図 7.2a に示されるように，θ=0 のときの λ は D で表され，土粒子と空気との複合材の熱伝導率であるので表 7.1 に示される石英や粘土鉱物の値よりも小さく，空気のそれよりも大きいことがわかる．低水分領域における水分量増加にともなう急激な熱伝導率の上昇は，水蒸気移動による潜熱の影響によると考えられ，式(7.8)中の指数関数項で表される．その後，飽和までの水分領域でみられる直線部の切片は A で表さ

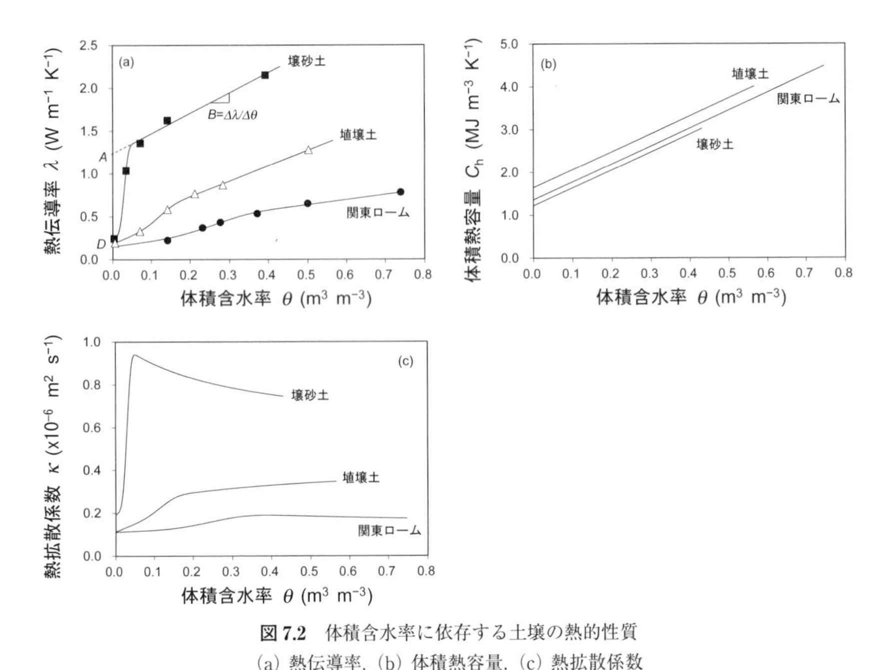

図 7.2　体積含水率に依存する土壌の熱的性質
(a) 熱伝導率，(b) 体積熱容量，(c) 熱拡散係数

れ，傾きは熱伝導率の体積含水率に対する比（$B=\Delta\lambda/\Delta\theta$）で表される．直線部で示される熱伝導率は，室温では土壌水分量の増加に比例して大きくなっているので，水蒸気移動による潜熱の影響は無視できるほど小さいと考えられる．しかし，高温になると低水分領域から高水分領域まで土壌の熱伝導率が温度上昇にともなって大きくなる（Hiraiwa and Kasubuchi, 2000）．また，表 7.1 で示すように塩水（$CaCl_2$）の熱伝導率が純水よりも小さいため，塩類を含んだ土壌では熱伝導率の低下が予測される．しかし，その低下具合は，デブリースモデルで予測されるよりも大きい（Noborio and McInnes, 1993）．これは土壌中の水蒸気密度が溶液に含まれる塩類によって低下した結果，潜熱輸送による熱移動が抑制されるためと考えられる（望月他，1998）．

成層土壌の平均（等価）熱伝導率 λ は，

$$\frac{l_1+l_2}{\lambda}=\frac{l_1}{\lambda_1}+\frac{l_2}{\lambda_2} \qquad (7.9)$$

と表される（ジュリー・ホートン，2006）．ここで，λ_1, λ_2 はそれぞれ土壌層 1 と土壌層2の熱伝導率（$\mathrm{W\,m^{-1}\,K^{-1}}$）で，$l_1$, l_2 はそれぞれ土壌層1と土壌層2の厚さ（長さ）である．

土壌の熱伝導率は，ヒーターを内蔵したプローブに電流を流して温度を上昇させる非定常プローブ法によって測定することが一般的である．プローブ法は，1分間以上ヒーターを加熱して微小温度上昇をヒーターと同一位置で測定する単一プローブ法と，10秒間前後の加熱によってヒーター温度を急上昇させて6 mm程度離れた位置で土壌温度を測定する双子プローブ熱パルス法に大別される（登尾他，2002）．

a. 単一プローブ法

加熱したヒーターの温度上昇 ΔT（K）を経過時間 t（s）の関数としてグラフをかくと，式(7.10)，(7.11)から $\ln(t)$ の傾きとして $q/(4\pi\lambda)$ が得られる．単位時間・単位プローブ長あたりの発熱量 q（$\mathrm{J\,m^{-1}\,s^{-1}}$）は印加電圧とヒーター抵抗から既知であるので，$\lambda$ を計算できる．式(7.10)は加熱中（$t<t_1$）の温度上昇を表し，式(7.11)は加熱終了後（$t>t_1$）の温度降下を表す．

$$\Delta T=\frac{q}{4\pi\lambda}\ln(t+t_o)+d \qquad t<t_1 \text{ の場合} \tag{7.10}$$

$$\Delta T=\frac{q}{4\pi\lambda}[\ln(t+t_o')-\ln(t-t_1+t_o')]+d' \qquad t>t_1 \text{ の場合} \tag{7.11}$$

ここで，t_o, d, t_o', d' は実験定数である．

b. 双子プローブ熱パルス法

図7.3で示すようなプローブを使ってヒーターで発生した熱パルスを r（m）の距離に設置した温度計で測定すると図7.4のような温度上昇 ΔT（K）が得られる．体積熱容量 C_h は式(7.12)，(7.13)で計算される（Knight and Kluitenberg, 2004）．

$$C_h=\frac{q}{e\pi r^2\Delta T_m}\left(1-\frac{1}{24}\varepsilon^2-\frac{1}{24}\varepsilon^3-\frac{5}{128}\varepsilon^4-\frac{7}{192}\varepsilon^5\right) \tag{7.12}$$

$$\varepsilon=\frac{t_o}{t_m} \tag{7.13}$$

ここで，q はヒータープローブ単位長さあたりの発熱量（$\mathrm{J\,m^{-1}}$），ΔT_m は最大温度上昇（K）である．また，t_o, t_m はそれぞれ熱パルス発生時間（s）と ΔT_m が発現した時間（s）である．さらに，熱拡散係数 κ は次式

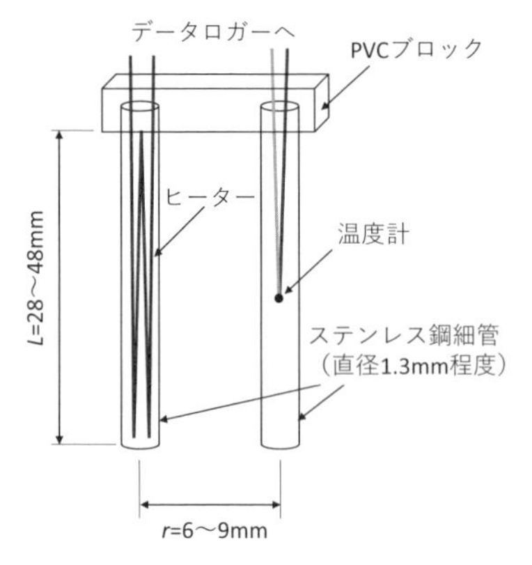

図 7.3　双子プローブ熱パルス法
温度計がT型熱電対の場合は，黒い線は銅線を，グレーの線はコンスタンタンを表す．

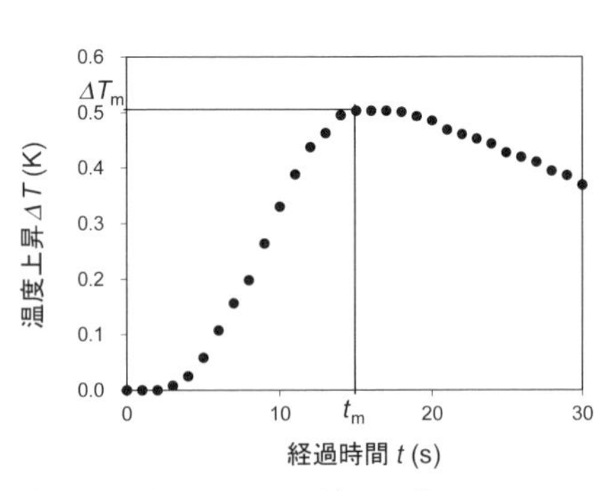

図 7.4　温度プローブで測定した熱パルスによる温度上昇

$$\kappa=\frac{r^2}{4}\left\{\frac{1/(t_{\mathrm{m}}-t_{\mathrm{o}})-1/t_{\mathrm{m}}}{\ln[t_{\mathrm{m}}/(t_{\mathrm{m}}-t_{\mathrm{o}})]}\right\} \tag{7.14}$$

で得られ（Bristow *et al.*, 1994），最後に熱伝導率 λ は定義（式(7.7)）から

$$\lambda=\kappa C_{\mathrm{h}} \tag{7.15}$$

と求められる．

7.2.2　体積熱容量

体積熱容量は，物質の温まりやすさと冷えやすさの指標である．土壌三相のそれぞれの体積分率にそれぞれの体積熱容量を掛けて合計することで土壌の体積熱容量 C_{h} を求める（ジュリー・ホートン，2006）．

$$C_{\mathrm{h}}=C_{\mathrm{m}}\phi_{\mathrm{m}}+C_{\mathrm{w}}\theta+C_{\mathrm{a}}a+C_{\mathrm{o}}\phi_{\mathrm{o}} \tag{7.16}$$

ここで，ϕ_{m}, θ, a, ϕ_{o} はそれぞれ鉱物粒子，土壌水，土壌空気，有機物の体積分率 ($\mathrm{m^3\,m^{-3}}$)，C_{m}, C_{w}, C_{a}, C_{o} はそれぞれ鉱物粒子，土壌水，土壌空気，有機物の体積熱容量（$\mathrm{J\,m^{-3}\,K^{-1}}$）である．気相である土壌空気の体積熱容量がその他の相に比較して無視できるほど小さいことと，固相の鉱物粒子（石英と粘土鉱物）と有機物の体積熱容量をまとめて表すと式(7.16)は次のように簡素化される．

$$C_{\mathrm{h}}=C_{\mathrm{s}}\phi_{\mathrm{s}}+C_{\mathrm{w}}\theta \tag{7.17}$$

ここで，C_{s} は固相（鉱物粒子＋有機物）の体積熱容量（$\mathrm{J\,m^{-3}\,K^{-1}}$），$\phi_{\mathrm{s}}$（$=1-\Phi$）

は固相率 ($m^3\,m^{-3}$), θは体積含水率 ($m^3\,m^{-3}$) である．土性の違いによる体積熱容量の変化具合を図 7.2b に示す．式(7.17)からわかるようにグラフの傾きは水の体積熱容量に等しい．土壌の体積熱容量は構成物の体積分率に依存するので，土粒子の配向や土壌水の配置には依存しない．体積熱容量の測定には双子プローブ熱パルス法を使って直接測定するか，熱量測定法 (calorimetry) で決定した比熱 c_s ($J\,kg^{-1}\,K^{-1}$) に土粒子密度 ρ_s ($kg\,m^{-3}$) を乗じて体積熱容量 C_s を $C_s = c_s\rho_s$ と計算する (登尾, 2011).

7.2.3 熱拡散係数

熱拡散係数は，温度拡散係数とよばれることもある．式(7.6)で示すように，あたかも温度そのものが移動するとみなせることから温度拡散係数とよばれる．熱伝導係数と体積熱容量が体積含水率の関数として表されるので，式(7.7)からわかるように熱拡散係数もまた体積含水率の関数である (図 7.2c).

熱拡散係数は，上述の双子プローブ熱パルス法のほかに，図 7.5 のようにより簡便な室内実験で測定することができる (登尾, 2011)．また，野外の圃場で測定した最低 2 深度 (上部境界と 1 深度) の土壌温度の変化 $T(z, t)$ を使った逆解析で，原位置における熱拡散係数 κ を推定する方法も提案されている (Horton *et al.*, 1983).

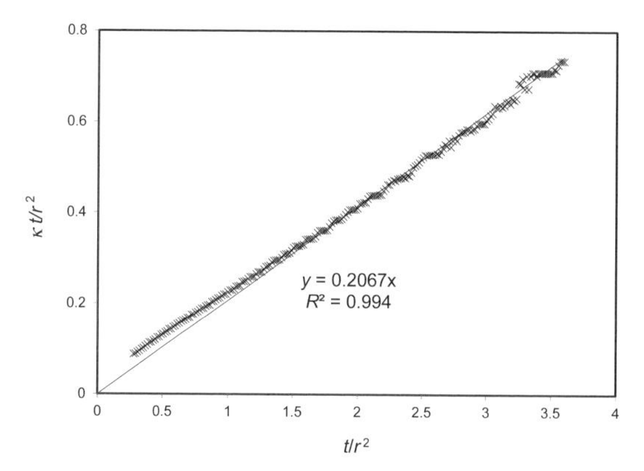

図 7.5 解析解を使ったデータ解析法で熱拡散係数 κ を求める．この例では，$\kappa = 0.207\,mm^2\,s^{-1}$ である．

7.3　熱収支，地中熱流，蒸発散，凍結融解

7.3.1　地表面における熱収支

地表面では，上方に隣接する大気と下方に隣接する土壌との間で熱の移動が生じる．エネルギー保存則を適用すると，図7.6に示すように地表面において次の熱収支式が成立する（Noborio *et al*., 2012）．

$$R_n + H + LE + G = 0 \tag{7.18}$$

ここで，R_n は純放射量（W m^{-2}），H は顕熱輸送量（W m^{-2}），LE は潜熱輸送量（W m^{-2}），G は地中熱流量（W m^{-2}）である．熱収支式で各項の符号は正が地表面に向かう熱フラックスで，負が地表面から離れる熱フラックスを表す．

純放射量 R_n は，地表面における日射量（短波放射量）（R_b, R_d）と長波放射量（R_{Ld}, R_{Lu}）の収支として

$$R_n = R_b + R_d - \alpha(R_b + R_d) + R_{Ld} - (1 - \varepsilon_s)R_{Ld} - R_{Lu} \tag{7.19}$$

と表される．ここで，R_b は太陽から地表面に直接届く直達日射量，R_d は雲などに散乱した後に地表面に届く散乱日射量，α は日射に対する地表面のアルベド（albedo，反射率），R_{Ld} は大気から放射される下向きの長波放射量，R_{Lu} は地表面

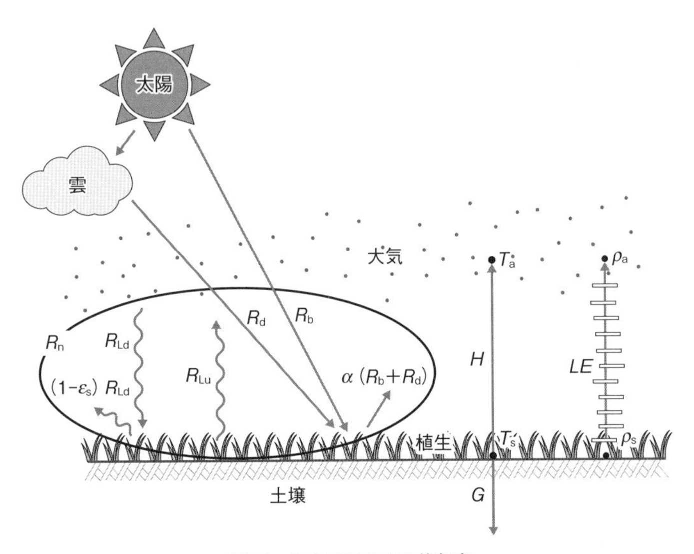

図7.6　地表面における熱収支

から放射される上向きの長波放射量，ε_s は長波放射に対する地表面の射出率（emissivity）である．夜間は日射量である R_b と R_d がともにゼロとなるが，絶対零度以上の温度である大気や地表面からは昼夜を問わず長波放射が生じている．地表面における上向きの長波放射量 R_{Lu} は，ステファン・ボルツマン（Stefan-Boltzmann）の法則により，

$$R_{Lu}=\varepsilon_s\sigma T_s^4 \tag{7.20}$$

と表される．ここで，ε_s は地表面の射出率，σ はステファン・ボルツマン定数（$=5.67\times10^{-8}\ \mathrm{W\,m^{-2}\,K^{-4}}$），$T_s$ は地表面の絶対温度（K）である．また，大気による下向き長波放射量 R_{Ld} は，

$$R_{Ld}=\varepsilon_a\sigma T_a^4 \tag{7.21}$$

で表される．ここで，T_a は気温（K），ε_a は大気の射出率である．ε_a は日射量（R_b+R_d）（$\mathrm{W\,m^{-2}}$）と大気の水蒸気濃度 ρ_a（$\mathrm{kg\,m^{-3}}$）の測定値から推定する（Campbell, 1985）．

$$\varepsilon_a=1.556\rho_a^{1/7}(1-0.84c_l)+0.84c_l \tag{7.22}$$

ここで，c_l は雲の被覆率で，次式のように日射量の関数として表す．

$$c_l=2.33-3.33\frac{R_b+R_d}{1367} \tag{7.23}$$

代表的な物質の射出率とアルベドを表 7.2 に示す．

日射量（R_b+R_d）は日射計を，純放射量は純放射計を地表面から 1.5〜2 m の高さに水平に設置して測定する．純放射量の測定は黒体スプレーを両面に塗布したサーモモジュール（ペルチェ素子）で代用することができる（庄子，未発表）．

顕熱輸送量 H は，風によって生じる乱流渦（eddy）によって温度の高い場所から温度の低い場所へ運ばれる熱エネルギーである．H は地表面温度 T_s と気温 T_a の差に比例する熱フラックスとして次式で表される（Noborio *et al.*, 2012）．

表 7.2　代表的な物質表面の射出率とアルベド（Monteith and Unsworth, 2008）

物質	射出率 ε	アルベド α
トウモロコシ植生	0.94	0.22
サトウキビ植生	0.99	0.15
土壌（含水率に依存する）	0.93〜0.96	0.08〜0.35
水面	0.96	0.05

$$H = C_p \frac{T_a - T_s}{r_H} \tag{7.24}$$

ここで，C_p は大気の体積熱容量（≒1.2 kJ m^{-3} K^{-1}），r_H は顕熱輸送に対する空気力学的抵抗（s m^{-1}）で風速の関数として表される．

また，潜熱輸送量 LE は，H と同様に乱流渦によって輸送される水蒸気によって，水蒸気濃度の高い場所から低い場所に向かって運ばれる熱エネルギーで，水蒸気輸送量 E（kg m^{-2} s^{-1}）に水の蒸発潜熱 L_0（≒2.4 MJ kg^{-1}）を乗じて表す (Noborio *et al.*, 2012)．

$$LE = L_0 \frac{\rho_a - \rho_s}{r_{vs} + r_{va}} \tag{7.25}$$

ここで，ρ_a は大気の水蒸気濃度 (kg m^{-3})，ρ_s は地表面植生の水蒸気濃度 (kg m^{-3}) で水分ストレスがかかっていない状態では気孔腔内は相対湿度 $RH=1.0$ であると仮定する．また，r_{vs} および r_{va} はそれぞれ植生上の水蒸気拡散に対する抵抗および水蒸気輸送に対する空気力学的抵抗（s m^{-1}）である．r_{vs} は植物に水分ストレスがかかるにしたがって大きくなるが，ストレスがかかってない場合にはゼロと仮定する．r_{va} は r_H と同様に風速の関数として次のように表される (Campbell, 1985)．

$$r_H = r_{va} = \frac{\ln[(z - d + z_H)/z_H]\ln[(z - d + z_M)/z_M]}{k^2 \bar{u}} \tag{7.26}$$

ここで，k はカルマン（Kármán）定数（≒0.4），$\bar{u}$ は平均風速（m s^{-1}），z は風速を測定した地表面からの高度 (m)，d はゼロ面変位で $z-d$ を見かけの高度とみなす，z_H, z_M はそれぞれ熱と運動量に対する粗度長である．草丈 h（m）に対して，代表的な値として $d=0.77\,h$, $z_M=0.13\,h$, $z_H=0.2\,z_M$ が提案されている (Campbell, 1985)．

水蒸気濃度 ρ_v は温度 T（K）における飽和水蒸気濃度 ρ_v^* に相対湿度 RH(0〜1) を乗じて計算する (Campbell, 1985)．

$$\rho_v = RH \times \rho_v^* = RH \left\{ \frac{\exp(31.3716 - 6014.79/T - 0.00792495\,T)}{1000\,T} \right\} \tag{7.27}$$

大気の水蒸気濃度 ρ_a は，式(7.27)において RH は大気の相対湿度と T は気温 T_a（K）を使って計算し，植生の水蒸気濃度 ρ_s は，式(7.27)において $RH=1.0$ と T は地表面（植生）温度 T_s (K) を使って計算する．

7.3.2 地中熱流量

地中熱流量 G は，地表面とより深い位置における土壌の温度勾配によって運ばれる熱エネルギーで，式(7.1)によって表される．通常は地表面下 5 cm 程度に埋設した地中熱流板を使って測定する．また，安価なサーモモジュール（ペルチェ素子）を代用した測定も可能である（百瀬・粕淵，2008）．近年では双子プローブ熱パルス法（図 7.3）を使った直接的な地中熱流量の測定法が提案されている（Tokumoto *et al.*, 2010）．

7.3.3 蒸発散

植生を含む地表面からの蒸発散量を把握するために，様々な測定法が提案されている．熱収支法（energy balance method），ペンマン・モンテース（Penmann-Monteith）式，ボーエン（Bowen）比法や渦相関法（eddy covariance method）は微気象学的な測定法の代表例である．風上方向へ一様に続く地表面の距離をフェッチとよぶ．微気象学的な測定では，フェッチがある程度の距離以上続く場合に地表面と接地気層の中に形成される内部境界層内に測定機器があることを前提としている．Heilman *et al.*（1989）は，ボーエン比法で必要なフェッチは最低でも $20z$（z は測定機器の地表面からの設置高）と報告している．その他の測定法に必要なフェッチもボーエン比法に準ずる．

a. 熱収支法

式(7.18)の各項は地表面温度 T_s の関数として表すことができるので，熱収支法は，式(7.18)の解を求めることである（Noborio *et al.*, 2012）．

$$f(T_s) = R_n(T_s) + H(T_s) + LE(T_s) + G(T_s) = 0 \tag{7.28}$$

ニュートン・ラプソン（Newton-Raphson）法などによる繰り返し計算によって式(7.28)を T_s について解く．この測定法に最低限必要な測定項目は，大気の温湿度（T_a, RH）と風速（u）および日射量（$R_b + R_d$）または純放射量（R_n）である．

b. ペンマン・モンテース法

ペンマン・モンテース法も熱収支法と同様に熱収支式に基づいている．気温 T_a に対する大気の飽和水蒸気濃度 ρ_a^* と地表面における温度 T_s と水蒸気濃度 ρ_s が式(7.29)のような関係にあると仮定する（Campbell, 1985）．

$$\Delta = \frac{d\rho}{dT} = \frac{\rho_a^* - \rho_s}{T_a - T_s} \tag{7.29}$$

式(7.29)を $T_a - T_s$ についてまとめて，式(7.24)に代入すると，

$$H = \frac{C_p}{\Delta}\frac{\rho_a^o - \rho_s}{r_H} = \frac{-C_p}{\Delta}[(\rho_s - \rho_a) - (\rho_a^* - \rho_a)]\frac{1}{r_H} \tag{7.30}$$

となる．ここで，$r_H = r_{va}$ であることを思い出して，式(7.30)の右辺に $(r_{vs} + r_{va})/(r_{vs} + r_{va})$ を掛けると，

$$H = \frac{-C_p}{\Delta}\frac{r_{vs} + r_{va}}{r_{va}}\frac{(\rho_s - \rho_a)}{r_{vs} + r_{va}} + \frac{C_p}{\Delta}\frac{1}{r_{va}}(\rho_a^* - \rho_a) \tag{7.31}$$

となり，式(7.25)を式(7.31)に代入すると，

$$H = \frac{C_p}{\Delta}\frac{r_{vs} + r_{va}}{r_{va}}E + \frac{C_p}{\Delta}\frac{1}{r_{va}}(\rho_a^* - \rho_a) \tag{7.32}$$

を得る．式(7.32)右辺に L_0/L_0 を掛けて，乾湿計定数 $\gamma = C_p/L_0$ を定義すると，

$$H = \frac{\gamma}{\Delta}\left(\frac{r_{vs} + r_{va}}{r_{va}}\right)LE + \frac{\gamma L_0}{\Delta}\left(\frac{\rho_a^* - \rho_a}{r_{va}}\right) \tag{7.33}$$

となる．熱収支式（式(7.18)）から，$H = -(R_n + LE + G)$ を式(7.33)に代入して，LE について整理すると，

$$LE = -\frac{(R_n + G) + \dfrac{\gamma L_0}{\Delta}\left(\dfrac{\rho_a^* - \rho_a}{r_{va}}\right)}{1 + \dfrac{\gamma}{\Delta}\left(\dfrac{r_{vs} + r_{va}}{r_{va}}\right)} \tag{7.34}$$

を得る．式(7.34)の右辺に $(\Delta/\gamma)/(\Delta/\gamma)$ を掛けて，植生が十分に灌水されて水ストレスがかかっていないと仮定すると $r_{vs} = 0$ であるので，式(7.34)は可能蒸発散量 E_p を計算する式として

$$E_p = -\frac{1}{L_0}\left[\frac{\Delta}{\Delta + \gamma}(R_n + G) + \frac{C_p}{\Delta + \gamma}\left(\frac{\rho_a^* - \rho_a}{r_{va}}\right)\right] \tag{7.35}$$

と表される．式(7.35)はペンマン・モンテース法とよばれ，右辺第1項と第2項はそれぞれ放射量項と空気力学項で，可能蒸発散量へのそれぞれの寄与を表す．式(7.35)は熱収支法（式(7.28)）と違って繰り返し計算の必要がないので，広く使われている．

c. ボーエン比法

ボーエン比法は，渦相関法が一般的に使われるようになるまでは蒸発散量測定の標準的な測定法であった．温湿度計を2高度（高度1と高度2をそれぞれたと

えば 1.5 m と 0.5 m にとる）に設置して，1 分ごとに 2 高度の気温（T_{a1}, T_{a2}）と大気の水蒸気濃度（ρ_1, ρ_2）を測定し，20〜30 分間の平均値を使って，ボーエン比を求める．ボーエン比を $\beta=H/LE$ と定義して，熱収支式（式(7.18)）を LE について整理すると

$$LE=-\frac{R_n+G}{1+\beta} \tag{7.36}$$

と表される．植生に水分ストレスがかかっていない場合（すなわち，$r_{vs}=0$），式(7.24)，(7.25) にならって T_{a1}, T_{a2} と ρ_1, ρ_2 をボーエン比の定義式 $\beta=H/LE$ に代入して，$r_{va}=r_H$ と仮定する（Monteith and Unsworth, 2008）と

$$\beta=\frac{C_p}{L_0}\frac{T_{a1}-T_{a2}}{\rho_1-\rho_2} \tag{7.37}$$

となる．風速を測定する必要がないので，2 高度の気温と湿度の測定のみで蒸発散量を測定することができる．高度 2 は常に植生頂部よりも高い位置に，さらに高度 1 は高度 2 よりも 1 m 程度高い位置に設置する．高度 1 の高さ z (m) で必要なフェッチを計算する．

d.　渦相関法

渦相関法は 1990 年代以降の観測機器の発達によって実用化された測定法で，大気の乱流渦によって輸送される熱や水蒸気を高速で直接計測したデータを使うので，これまで述べた測定法と異なって熱収支式を基礎としない．通常，10 Hz（1 秒間に 10 回）以上で鉛直風速と水蒸気濃度の変動をそれぞれ超音波風速計と赤外線水蒸気濃度計を使って測定する．現在では，標準的な蒸発散量測定法として広く使われている．渦相関法による顕熱輸送量 H と潜熱輸送量 LE は（Campbell and Norman, 1998），

$$H=-C_p\overline{w'T_a'} \tag{7.38}$$

$$LE=-L_0\overline{w'\rho_a'} \tag{7.39}$$

ここで，w' は鉛直風速の平均からの偏差（m s^{-1}），T_a' は気温の平均からの偏差 (K)，ρ_a' は水蒸気濃度の平均からの偏差（kg m^{-3}）を表し，$\overline{\quad}$ は 20〜30 分間の平均を示す．

渦相関法で測定した H と LE を使うと，地表面における熱収支式（式(7.18)）がゼロにならない問題が指摘されてきた．測定誤差や測定精度などに問題があるのではないかと調査が続けられたが，通常の定点観測のための渦相関法では大規

模空間で発生する様々な大きさの渦を適切に評価できないせいであると結論づけられた（Foken, 2008）．

7.3.4　凍結融解

冬季間の気温が氷点下になる地域では土壌水が凍結し，気温が上昇するとまた融解する．深さ z における土壌水が凍結して凍土が形成されるのは，気温 T_a の低下によって地表面の熱収支式中の G が上向き（正の値）となり，地温 $T_z<0$℃となったときである（図 7.6）．地温が 0℃以下に 2 年間以上継続して維持されている土壌は永久凍土と定義される．長い期間凍結している土壌は永久凍土であるが，溶質や粘土・シルトの存在による凝固点降下のせいで 0℃では凍結しない土壌水があり，永久凍土中ですべての土壌水が凍結しているわけではない．上述の双子プローブ熱パルス法（図 7.3）を使うと凍土中の氷の動態をほぼリアルタイムで測定することが可能である（Kojima *et al.*, 2016）．

今，図 7.7 のように地表面から凍結前線までの温度変化が直線的で凍結前線以深の地温が $T_z=0$℃に保たれていると仮定すると，凍結前線における凍土内の上向き熱フラックス q_1 と未凍土（微小厚 dz）内の上向き熱フラックス q_2 はそれぞれ次式で表される（Mizoguchi, 2013）．

$$q_1 = 60^2 \lambda \frac{T_z - T_s}{z} \tag{7.40}$$

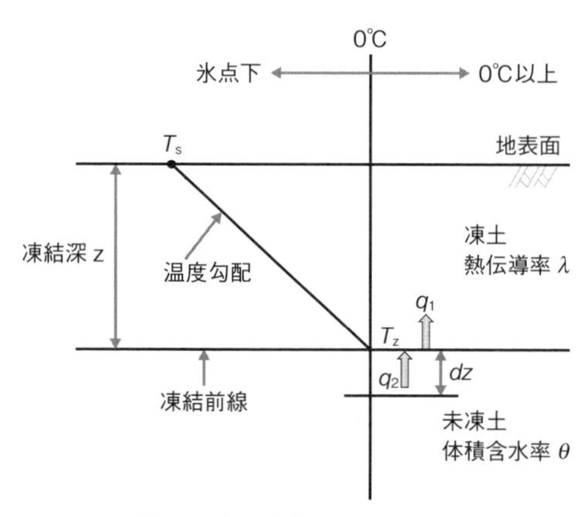

図 7.7　凍結前線における熱収支

$$q_2 = \rho_i \theta L_F \frac{dz}{dt} \tag{7.41}$$

ここで，λ は凍土の熱伝導率（W m^{-2} K^{-1}），z は凍結深（m），ρ_i は氷の密度（918 kg m^{-3}），θ は未凍土の体積含水率（m^3 m^{-3}），L_F は水の凍結潜熱（＝334 kJ kg^{-1}），t は時間（h）である．さらに，$q_1 = q_2$ であるので，式(7.40)，(7.41)は，

$$60^2 \lambda \frac{T_z - T_s}{z} = \rho_i \theta L_F \frac{dz}{dt} \tag{7.42}$$

と表される．式(7.40)，(7.42)中の 60^2 は熱伝導率の次元を h^{-1} にするために入れた．式(7.42)を積分して z について整理すると，凍結深 z（m）は次式で表される．

$$z = 60\sqrt{\frac{2\lambda}{\rho_i \theta L_F}\int_0^t |T_z - T_s|\, dt} \tag{7.43}$$

ここで，式(7.43)に $\rho_i \theta$ を含まない式はステファン（Stefan）式として知られている（Lunardini, 1981）．さらに，凍結指数 F（℃ h）を

$$F = \int_0^t |T_z - T_s|\, dt \tag{7.44}$$

と定義する．$T_z = 0$℃に保たれているので $T_s \leqq 0$℃となる積算時間 t（h）で表される．現実には T_s よりも T_a の観測の方が簡便に行えることと，対象とする土壌に対して式(7.43)中の $2\lambda/(\rho_i \theta L_F)$ は定数と仮定しても差し支えないので，式(7.44)の T_s を T_a と変更して式(7.43)に代入する．

$$z = \alpha \sqrt{F} \tag{7.45}$$

ここで，α は実験定数で，$60\sqrt{2\lambda/(\rho_i \theta L_F)}$ および地表面の顕熱輸送に対する空気力学的抵抗の逆数が含まれる．図 7.8 に $z = 0.05$ m における体積含水率 θ と $\sqrt{F}$ の経時変化を示す．時間の経過にともなって θ が減少し，$\theta = 0.05$ m^3 m^{-3} になった $t = 375$ (h) で凍結したと考えられる(Spaans and Baker, 1995)．積算時間 t と $\sqrt{F}$ の関係から $\sqrt{F} = 37.3$℃ h^{-1} と読み取れるので，式(7.45)から $\alpha = 746$℃$^{-1}$ m h である．

春先に凍土が融解する時期には地表面が先に融解して，より深い土層では透水係数が著しく小さい凍土が残ったままになるので，雪融け水による洪水や表土・養分流亡が発生する．凍土の融解時には多量の亜酸化窒素（N_2O）ガスの放出が報告され（4.3.3 項参照；Yanai *et al.*, 2007），極域では温暖化による永久凍土の融解にともなってメタンガスの大量放出も報告されている（Schuur *et al.*, 2013）．一

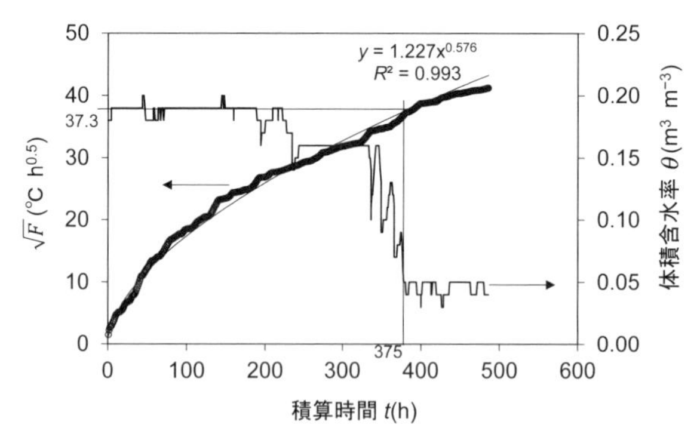

図7.8　積算時間 t に対する $\sqrt{F}$ と深さ 0.05 m における体積含水率 θ の関係（登尾他，2014）

方で，北海道では土壌凍結の深さを除雪によって人為的に制御して野良イモの防除が行われている（矢崎他，2012）．

7.4　気象障害

作物の種子の発芽，生長，分化，または収量といった因子は，様々な周辺環境の影響を受けるが，とくに気温の影響が顕著であり，気温が適温以下または適温以上になると障害を受ける．これらの作物の因子と気温との関係を表すために，適温範囲の気温を積算して表す積算温度（熱時間）の概念が使われる（内島，1976；Campbell and Norman, 1998）．適温より高温に対する反応の場合は加熱指数 Q_h（heat units）が，適温より低温に対する反応の場合は冷却指数 Q_c（cold units）が使われる．これらの指数は式(7.44)と同様の考え方で表され，たとえば冷害の指標となる冷却指数 Q_c は（内島，1976），

$$Q_c = \int_0^t |T_o - T_i| dt \tag{7.46}$$

と表される．ここで，T_o は冷害が生じない限界気温，T_i はあるときの気温である．$T_o < T_i$ のときは計算に加えない．加熱指数 Q_h の場合も同様に，

$$Q_h = \int_0^t |T_o - T_i| dt \tag{7.47}$$

と表され，T_o は高温障害が生じない限界気温，T_i はあるときの気温である．T_o

$>T_i$ のときは計算に加えない.

7.4.1 冷害，高温障害

夏季の気温が平年値を下回ること（冷夏）によって,作物の収量が減少するか,品質が低下して農家の経営が悪化することを冷害とよぶ．北海道と東北地方の太平洋側（青森県，岩手県，宮城県，福島県）は，夏季にヤマセとよばれる太平洋から吹き込む冷気による異常低温によって度々冷害に見舞われてきた（図 7.9）．夏季に栽培される主要作物は水稲なので，冷害といえば冷夏による水稲の収量減少を指す場合が多い．図 7.9 をみると，明治時代から 1990 年代までの水稲単位収量は，ほぼ直線的に増加してきたことがわかる．しかし，冷害による水稲の収量低下は現代に至るまで断続的に発生し，青森県の水稲の作況指数（平年収量に対する比）は，全国的に不作の年以外でも低い年がみられる．宮沢賢治が「サムサノナツハオロオロアルキ…」と「雨ニモマケズ」の詩の中で読んだように，1931 年の冷夏の中で東北地方の農民と農業技術者であった賢治はなす術もなく途方にくれたのであろう（賢治は 1933 年 9 月に病没している）．

冷却指数 Q_c を使うと水稲の稔実に対する冷夏の影響を定量的に表すことが可能である．内島（1976）は，式(7.46)中の限界気温を $T_0=20$℃として冷却指数を算出し，不稔率との関係を図 7.10 のように表した．$Q_c>30$ (℃ d) あたりから急激に不稔率が上昇することがわかる．

一方で，西日本を中心に東北以南の広い地域では高温による米の品質低下が問

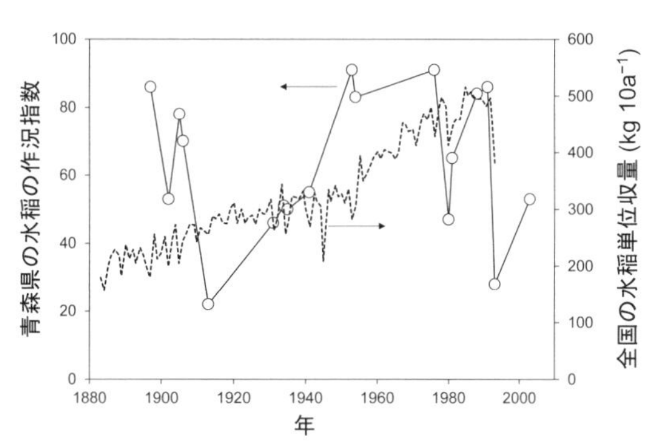

図 7.9 青森県の水稲の作況指数（卜藏，2001）と全国の水稲の単位収量（堀口，1994）の変遷

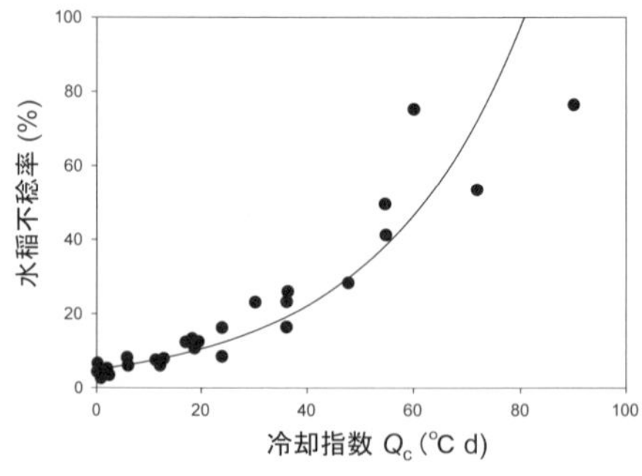

図 7.10　冷却指数 Q_c と水稲の不稔率の関係（内島, 1976）

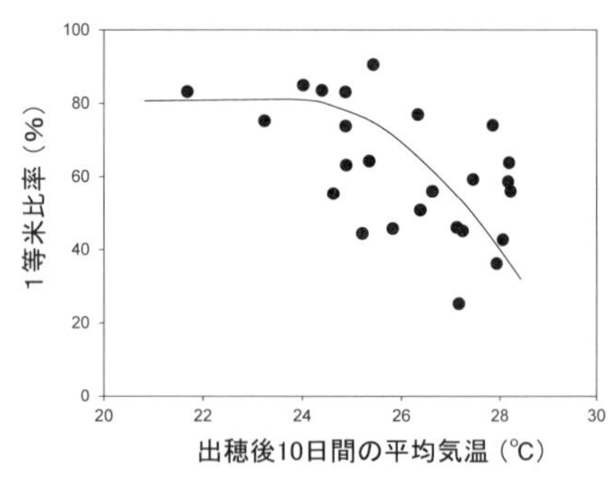

図 7.11　出穂後10日間の平均気温と1等米比率の関係（森田, 2009）

題となっている．幼穂形成期から登熟期にかけての高温は水稲収量を低下させ，登熟期の高温は玄米の外観品質を低下させる(高温障害)．高温登熟障害のおもな症状は，①玄米の白濁，②粒張りの低下（未熟米と判定），③玄米1粒重の低下であり，これらの症状は検査等級と収量の低下につながる（森田, 2009）．出穂後の平均気温が25℃付近を超えると急激に1等米比率が低下する（図7.11）．登熟期の最高気温が32℃，平均気温が27〜28℃，最低気温が22〜24℃を超えると白未熟粒が多発する（寺島他, 2001）．2つの高温条件下（$T_i = 33.7$℃または $T_i = 36.2$℃）での実験では，式(7.47)において限界気温 $T_o = 33$℃と設定した場合，いずれの高温条件でも加熱指数 Q_h（℃h）が大きくなるにしたがって登熟割合が同じように減少することが報告されている（Jagadish *et al*., 2007）．すなわち，限界気温 T_o に近い高温に長時間暴露することと限界気温 T_o よりはるかに高い高温に短時間暴露することは登熟障害に対して同じ効果がある．近年の全地球規模の気候変動によって高温障害が多発すると考えられるので，将来の南日本において現行品種を使い続けると40％の減収が見込まれると予測されている（Horie *et al*., 1996）．また，積算温度を使って種々の作物の出芽に必要な限界気温と出芽に要する加熱指数を検討したところ，表7.3に示したおもな畑作物では，温帯作物の方が熱帯作物に比べて，限界温度が低く，加温指数が大きい結果となった．

7.4.2　冷害対策（深水管理）

水稲の冷害には，①耐冷性品種と早生品種の採用，②健苗早植え，③適正な施

表 7.3 温帯作物と熱帯作物の限界温度と加温指数 Q_h (Angus *et al.*, 1980)

作物名(温帯作物)	限界温度 T_o (℃)	加温指数 Q_h (℃日)	作物名(熱帯作物)	限界温度 T_o (℃)	加温指数 Q_h (℃日)
コムギ	2.6	78	トウモロコシ	9.8	61
オオムギ	2.6	79	パールミレット	11.8	40
カラスムギ	2.2	91	ソルガム	10.6	48
エンドウマメ	1.4	110	ラッカセイ	13.3	76
レンズマメ	1.4	90	ササゲ	11.0	43

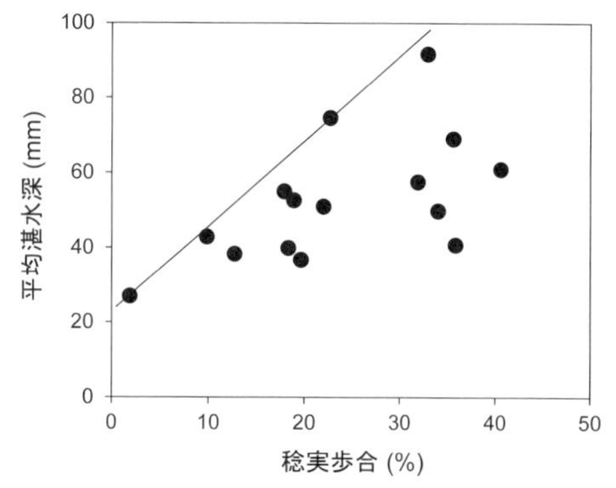

図 7.12 1993年冷害時の稔実歩合と出穂3週間前からの平均湛水深の関係(工藤, 1994)

肥，④土壌改良資材の投与，⑤適正な水管理などの総合効果による対策が講じられる．これらの対策の中でも1980年の冷害で明確に示された唯一の効果的な被害軽減技術は，穂ばらみ期の深水(17～20 cm)灌漑であった(鳥山，1981)．深水灌漑を行うためには，十分な畦畔の高さと用水量の確保および水温上昇施設が必要である(工藤，1994)．深水灌漑の効果を発揮させるためには，前述の内島(1976)の研究からもわかるように用水温度を20℃以上に保つ必要がある．1993年に発生した冷害時には，図7.12に示すように湛水深の上昇にともなって稔実歩合が上がることが報告されているので(工藤，1994)，20℃以上の用水が確保できるかどうか不明な場合であっても深水灌漑は有効な冷害軽減技術であるといえる．

湛水水田での熱収支式は，式(7.18)に湛水による貯熱項 S (W m^{-2}) を追加して表す(矢崎・登尾，2008)．

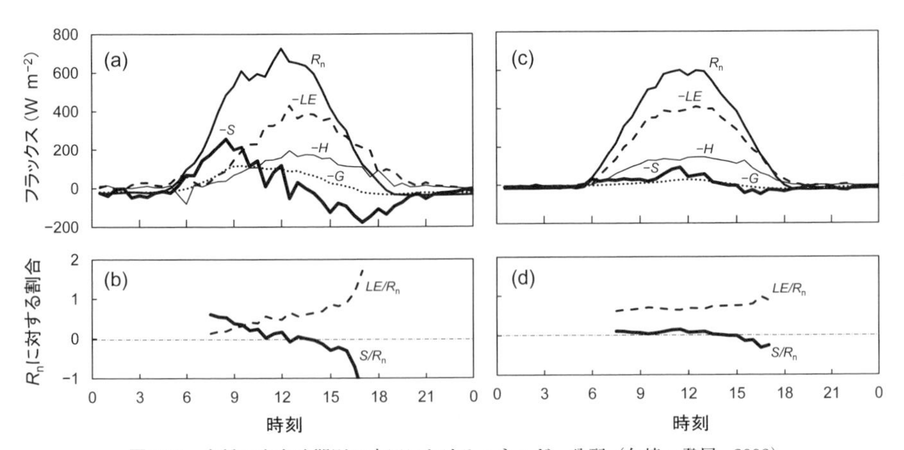

図 7.13　水稲の生育時期別の水田におけるエネルギー分配（矢崎・登尾，2008）

(a) 生育初期の熱収支，(b) 生育初期の S と LE への分配割合，(c) 幼穂形成期の熱収支，(d) 幼穂形成期の S と LE への分配割合．

$$R_n + H + LE + G + S = 0 \tag{7.48}$$

$$S = C_w d \frac{\Delta T}{\Delta t} \tag{7.49}$$

ここで，C_w は水の体積熱容量（J m^{-3} K^{-1}），d は湛水深（m），$\Delta T/\Delta t$ は単位時間当りの水温変化（K s^{-1}）である．生育初期でイネが小さく田面水が多く露出している場合は，午前中の純放射量のほとんどは湛水の温度を上昇させるために使われ（図 7.13a, b），午後になると蒸発散に純放射量が使われる．一方，幼穂形成期のようにイネが十分に大きく生長して田面水のほとんどがイネの葉に覆われている場合は，純放射量は朝から夕方まで蒸発散に使われて，湛水の温度上昇にはほとんど使われない（図 7.13c, d）．午前中に吸熱した湛水が日没後も地表面に熱を供給（S>0）し続けていることから（図 7.13a），冷害軽減技術としての深水灌漑が有効であることが示唆される．

7.4.3　高温障害対策（水管理）

水稲の高温障害に対して，一般的には遅植え，直播，晩生品種の利用，深水灌漑，掛流し灌漑などの予防的な対策と掛流し灌漑，昼深水・夜落水管理，飽水管理などの対症療法的な対策がとられる．これらの中でもとくに，掛流し灌漑は気温より低い水温の用水を使って水稲を直接冷却する技術である．湛水せずに土壌を常に湿潤状態に保つ飽水管理よりも白未熟米の発生抑制効果が高いことから，高温回避技術として注目されている．ただし掛流し灌漑では，水田内で水温が気温にまで上昇しないうちに水を入れ替えるだけの用水量（300 mm d^{-1} 以上）が必要となる（友正・山下，2009）．さらに，西田他（2016）も平均的な灌漑水量を使っての掛流し灌漑では，冷却効果はほとんど見込めないと報告している．

深水灌漑も有効な予防策であるが，図 7.13a に示されるように湛水が貯熱して水温が気温より低い間しか効果が期待できない．したがってたとえば，午前 9～10 時ごろ灌漑して気温が水温を下回りはじめる午後 4 時ごろに落水することが推奨されているが，掛流し灌漑よりは地温低下の効果は低い（友正・山下，2009）．

7.5 熱 水 消 毒

従来の臭化メチルを使った土壌消毒法の代替技術として 95℃ 程度の熱水を地表面から散布する熱水消毒法が広まっている．この方法は，従来の土壌くん蒸剤である臭化メチルの使用が，地球のオゾン層を破壊する物質に関する取り決めであるモントリオール議定書の発効によって 2010 年以降全世界で禁止されたことに対する代替消毒法である．土壌温度を 55℃ 以上に上昇させ，3 時間以上その温度を持続することにより有効な消毒となる（西，2002）．熱水土壌消毒から 3 カ月間経っても表層 7.5 cm までの硝酸化成作用が阻害された（落合他，2009）ことから，土壌中の硝化菌が熱水消毒によって駆除されたことがうかがえる．図 7.14 から根群域（深さ 40～50 cm）内の土壌消毒が可能であることがわかる．

熱水散布により生じる熱フラックスは，式(7.1)で示した熱伝導による熱フラックスに加えて，液状水と水蒸気の移流によって運ばれる熱と水蒸気による潜熱輸送を考慮する必要がある（宮﨑他，2005）．

$$q_h = \lambda \frac{\partial T}{\partial z} + \{L_0 + C_v (T - T_1)\} q_v + C_w (T - T_1) q_l \tag{7.50}$$

ここで，C_v, C_w はそれぞれ水蒸気と水の体積熱容量（J m^{-3} K^{-1}），q_v, q_l はそれぞれ水蒸気フラックスと液状水フラックス（m^3 m^{-2} s^{-1}），T, T_1 はそれぞれ地温と任意の基準温度（K）である．熱水散布時には q_v と q_l による熱フラックスが卓越する．温度勾配によって生じる水蒸気フラックス q_v は，フィック（Fick）の法則

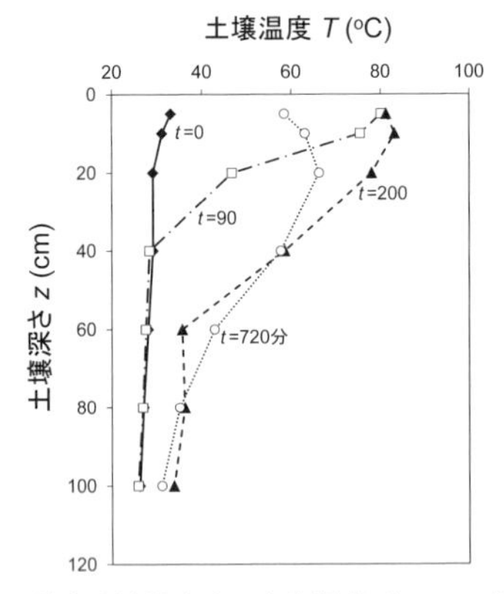

図 7.14　熱水土壌消毒時の土壌温度プロファイル（伊東，未発表 2011）．
95℃の熱水を $t=0$ 分に 187 L m^{-2} で地表面に散水した．

を使って次式のような

$$q_{\mathrm{v}} = -\zeta D_0 \tau a \frac{\partial \rho_{\mathrm{v}}}{\partial T} \frac{dT}{dz} = -\zeta D_{\mathrm{v}} \frac{\partial \rho_{\mathrm{v}}}{\partial T} \frac{dT}{dz} \tag{7.51}$$

と長年表されてきた．ここで，$D_0, D_{\mathrm{v}}, \tau, a, \rho_{\mathrm{v}}$ はそれぞれ大気中の水蒸気拡散係数，土壌中の水蒸気拡散係数，屈曲度，気相率，水蒸気濃度である．この式の導出などは，9.3 節で触れている．また，ζ は水蒸気促進係数（vapor enhancement factor）とよばれる実験的に求める関数で実態は長年不明であったが，近年，液状水が水蒸気に相変化する際の体積膨張が ζ の正体の一部であるという報告がある（Goh and Noborio, 2016）．体積膨張による水蒸気移流係数（water vapor advection factor）f は，

$$f = \frac{k_{\mathrm{p}} k_{\mathrm{r}} \rho_{\mathrm{w}} \rho_{\mathrm{v}} R}{\mu_{\mathrm{v}} M_{\mathrm{v}}} = (\zeta - 1) D \Omega \theta_{\mathrm{a}} L_0 RH \frac{d\rho_{\mathrm{v}}^*}{dT} \tag{7.52}$$

のように ζ と関連づけられる（Goh and Noborio, 2016）．ここで，$k_{\mathrm{p}}, k_{\mathrm{r}}, R, \mu_{\mathrm{v}}, M_{\mathrm{v}}, RH$ はそれぞれガス透過係数 (m^2)，相対透過係数（無次元），気体定数（= 8.314 J K^{-1} mol^{-1})，水蒸気の動粘性係数 (kg m^{-1} s^{-1})，水蒸気の分子量（= 0.01801528 kg mol^{-1})，土壌のマトリックポテンシャルから決まる相対湿度（0〜1）である．

登尾浩助

8 土 壌 侵 食

土壌侵食（soil erosion）とは，土壌が外的営力によって削り取られる現象である．土壌侵食は，降雨や流水に起因する水食（water erosion）と風に起因する風食（wind erosion）に大別される．持続的な人類の発展や豊かな自然環境との調和のためには，土壌を適切な方法で管理，保全することが必要不可欠であり，土壌侵食のメカニズム，予測方法，そして過度の侵食に対する抑制方法などの知見を活用して，様々な問題へ対処すべきである．

8.1 侵食の影響

水食は地形学では谷地形を形成する要因として，水工学では河川における土砂の輸送現象として，農学では農林地の表土が流亡する現象として扱われている．風食もまた，地形学，気象学，農学などの分野で扱われており，砂丘の形成や微細粒子の巻き上げによる大気汚染への寄与などが検討されてきた．

農林業や土木工事などの人間活動によって，土壌の性質や土壌を取り巻く環境要因が変化し，その結果，降雨や風の作用による土壌侵食が顕著になり，土地，土壌の劣化や荒廃，水域，大気の汚染の原因となる．農地は作物の主要な生産場であり，土壌侵食によって表土が失われると，地力の低下が起こり，土地生産性が低下する（口絵5参照）．一方，土壌は栄養塩類をはじめとする様々な環境中の物質を吸着する能力があるため，土壌侵食は土壌に吸着した物質を広域に輸送する（口絵6参照）．2011年における東北地方太平洋沖震災にともなう原子力発電所の事故によって放出された放射性セシウムも水食による移動が懸念されている．風食に関しては，アメリカ中部の大平原地帯において，ダストボウル（dust bowl）とよばれる砂嵐が1930年代に断続的に発生し，地域住民に大きな被害を生じた（口絵7参照）．

8.2 水　　食

8.2.1 水食の種類とその形態

水食は降雨や流水によって土壌が剥離し運搬される現象を表す．水食は土壌の剥離や輸送の形態や程度によって，a. 雨滴侵食，b. 面状侵食，c. リル侵食，d. ガリ侵食に分類されている．一般的な斜面におけるこれらの形態の模式図を図8.1に示す．

a. 雨滴侵食

雨滴侵食（rain drop erosion）は，土壌表面が雨滴の衝撃によって剥離される現象である．畑地においては，休閑期や作物の栽培初期のような地表面の被覆率が小さい時期に顕著になる．また，凍結と融解を繰り返した土壌は表土の密度が著しく低下するため，雨滴侵食を受けやすい．雨滴侵食の主因である雨滴の衝撃のエネルギーは，降雨強度の関数として近似できることが知られており，後述の土壌侵食の予測モデルに用いられている．

b. 面状侵食

降雨の初期では，土壌がある程度乾燥しているためにすべての雨水が土中へ浸入（infiltration）する．その後，降雨強度が浸入速度を上回ると土壌表面に部分的な湛水が生じ，傾斜がある場合には表面流が発生する．その表面流の初期段階は薄く広がりをもつ流れ（薄層流）となり，流れの掃流力による土壌の剥離や雨滴侵食で剥離された土粒子の運搬によって面状侵食（sheet erosion）が起こる．

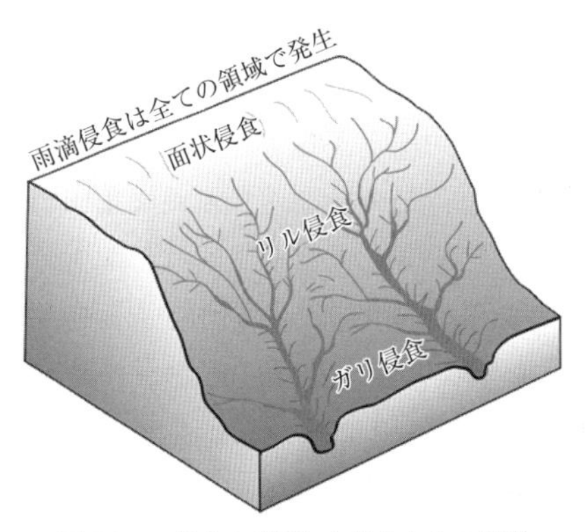

図8.1　一般的な斜面における水食の形態

図8.2　面状侵食が発生した地表面

小規模の面状侵食の視認は難しいが，大規模になると，表土は流され地表面にあった石礫のみが残された状態になることもある（図 8.2）．また，降雨時にクラスト（crust）とよばれる膜状の微細粒子の薄い層が形成されると，浸入量の低下，表面流量の増大を通じて水食を加速させる．

c. リル侵食

面状侵食で発生した薄層流は流下するにつれて合流し流速と流量が大きくなる．その結果，土粒子の流亡が促進され，地表面の凹凸が生じる．凹部に流れの集中が起こると，徐々に細い溝が形成される．この溝をリル（rill）といい，リルを形成，発達させる侵食をリル侵食（rill erosion）という（図 8.3）．リルとリルの間の領域をインターリル（inter rill）といい，そこで雨滴侵食と面状侵食が発生してリルへ流入する．リル侵食は，流水の掃流力が土粒子の限界掃流力を上回ったときに土壌の剥離が起こり，インターリルにおいて発生，流入した土砂の運搬も同時に起こる．なお，リルにおける掃流力が限界掃流力より小さい場合には，リル内で土砂の堆積が起こる．

d. ガリ侵食

リル侵食が進行すると，リルの幅，深さともに大きくなる．この大きな溝をガリ（gully）といい，ガリを形成，発達させる水食のことをガリ侵食（gully erosion）という（図 8.4）．リルとガリの大きさの違いは厳密に定められてはいないが，農地保全学の分野では耕起などの農作業によって修復可能な溝がリル，修復困難な溝がガリと一般的に定義されている．

図 8.3　樹枝状に発達したリル網
流れの向きは下から上．

図 8.4　ガリ侵食が発生した斜面

8.2.2 水食に寄与する因子

農地などの傾斜地における水食に寄与するおもな要因として，a. 降雨，b. 土壌特性，c. 地形，d. 植生や残渣，e. 土地管理，f. 保全管理などがあげられる．これらの要因は後述の予測・評価手法に利用され，侵食を抑制する対策を考える上でも重要である．

a. 降雨特性

水食の発生要因であり，その程度を決定する主要な因子の1つである．降雨特性が侵食量に与える影響を降雨の侵食能（rainfall erosivity）という．水食は，降雨強度が地表面の浸透能を上回った際に起こる．降雨エネルギーの大きな大粒径の雨は地表において透水性の低いクラストの形成を誘発し，降雨の浸入を妨げる．また，水食の発生やその程度は降雨強度のほかに，降雨継続時間，降雨以前の無降雨期間によって異なる．たとえば，無降雨期間が短く土壌が湿っている状態であれば，降雨の開始とともに表面流が発生しやすくなり，降雨強度や降雨継続時間が大きければ，雨滴侵食やそれに続く面状侵食やリル侵食が顕著になる．

b. 土壌特性

土壌は地域によって多種多様であり，物理性や化学性が異なる．土壌侵食の程度は土壌の粒度組成，団粒化の程度や安定性，透水性などによって異なり，これらの土壌固有の侵食の受けやすさを受食性（erodibility）という．たとえば，団粒構造が未発達な土壌では，土粒子が容易に剝離される傾向にある．また，黒ボク土は，浸透能が大きいがために地表面流出が生じにくいが，同時に土壌が粗しょうで軽いため，いったん地表面流出が生じると土粒子が容易に流亡する．

c. 地形特性

勾配が大きいほど，発生した表面流の流速が大きくなり，流水の掃流力が増大し侵食量は大きくなる．また，斜面長が大きいほど，表面流が集積して流量が大きくなり，斜面末端から流出する土砂流出量は大きくなる．また，一般に斜面が流下方向に凸形の地形の方が凹形の地形より侵食量が大きい．

d. 植生や残渣

地上部の植生は，枝葉によって雨滴の衝撃を和らげたり，茎が流水の抵抗として作用したり，根によって表層土壌が固定されたりするため，植生の状況によって侵食の程度は変化する．これらの植生の特性は，種類，栽植密度，生育段階で異なる．また，落ち葉や作物の収穫にともなって発生する葉，茎，根などの残渣もまた侵食の程度を左右する因子となる．落葉広葉樹林の斜面では，落ち葉などが地表面を覆っているため，侵食は起こりにくい．

e. 土地管理

林地，農地，造成地などにおける土地管理が侵食に影響する場合が多い．とくに，斜面における造成，過度な森林伐採，農地における耕起，施肥，灌漑などの人為的操作によって侵食は多大な影響を受ける．農地における耕起はリルの修復や浸透能を大きくする効果がある一方で，土塊や団粒を粉砕し微細粒子の侵食を促進する一面もある．また，化成肥料の施用によって，土粒子の分散性が大きくなり，微細粒子の流出が顕著になることや，スプリンクラー灌漑や畝間灌漑による侵食も報告されている．

f. 保全管理

種々の保全行為によって土壌侵食を抑制することができる．その方法や効果については後述する．

8.2.3 農地における水食抑制対策

農地における水食抑制対策は，a. 土木的抑制対策と b. 営農的抑制対策に大別される．前者は圃場整備事業とともに施工されることが多く，水食の発生要因を改善する基礎的な事項となる．また，後者は農家自身によって実施されることが多く，実際の侵食の程度を制御する要因となる．両者の合理的な組み合わせによって土壌保全効果を高めることができる．

a. 土木的抑制対策

①〜③の対策は侵食そのものを軽減させる対策（発生源対策）であり，④〜⑥は発生した土砂の流亡を軽減させる対策（発生後対策）である．

①勾配修正工：　現状の勾配が急であったり，表面流が集中しやすい凹形の地形であったりする場合，基盤の切り盛りによって勾配をよりゆるやかにする対策である．地形をゆるやかにさせるため法面が形成されるので，法面保護が別途必要となる．

②畦畔工：　現状の斜面長が大きすぎる場合，畦畔などの土構造物を設けて斜面長を小さくする対策である．畦畔に表流水が溜まらないよう，適切な排水施設を併設させる．

③土層改良：　現状の土壌の透水性が不良で地表面の湛水が著しい場合，心土

破砕などの土層改良を施し，雨水の浸透を促進させる．

④排水路工： 対象となる農地に，承水路，集水路，排水路を系統的に配置し，外部からの雨水の流入を防ぎ，内部で発生した流出水をすみやかに地区外へ排除する．盛土部は切土部よりも地盤が弱いので，できるだけ排水路の設置を避けるように設計する．コンクリート水路が施工されることが多いが，素掘り土水路に植生を生やした草生水路は，発生した土砂の捕捉効果があるので検討すべきである．

⑤砂防施設の建設： 農地で発生した土砂を沈降，堆積させるための施設として，圃場内に設けられる土砂溜，地区内に設けられる沈砂池，河川内に設けられる砂防ダムなどがある．土砂溜は素掘りの穴を圃場末端に作り，比較的大きな土粒子を捕捉させる．定期的に堆積した土砂の浚渫をして，圃場に戻すようにする．沈砂池は排水系統の適所に設けられ，集水面積に応じて規模を決定する．大規模の沈砂池は，蛇籠などで仕切られているものや植生を有するものがあり，滞留時間をできるだけ長くさせ，微細粒子の捕捉を促すように設計される（図8.5）．

⑥植生帯（grass buffer strips）の設置： グリーンベルトとよばれることもあり，営農的抑制対策に分類されることもある．圃場の末端や途中に密生度の高い作物以外の植生を帯状に生やし，植生による抵抗で表面流の流速を減じさせることによって，流下した土砂を捕捉する効果がある．十分な量の土砂の捕捉をさせるためには，集水する斜面長に見合うだけの植生帯の長さが必要である．また，植生部周辺が侵食されたり植生部に土砂が堆積したりすることによって，表流水

図8.5 蛇籠による仕切り提を有する沈砂池

が通過しなくなるので，定期的な更新が必要である．一方，土砂捕捉の目的ではなく，侵食が起こりやすい農地と水路の接合部分の保護の目的で植生帯を用いることも有効である．

b.　営農的抑制対策

①深耕：　営農機械による踏圧により心土に難透水層が形成されている場合に，深耕プラウなどを用いて通常より深く耕起し，透水性を増進させ水食の抑制を図る．

②等高線栽培（横畝立て）：　等高線栽培は，等高線に沿う方向に畝立てを行う対策であり，傾斜地において多く採用されている．発生した地表水の流下を抑制させるので，降水量が多い地域では畝が決壊し，大規模な侵食を発生させてしまうこともある（口絵5）．

③地表面の被覆（マルチング，間作，輪作）：　雨滴侵食を軽減させるためには，植生による被覆だけではなく，地表面の被覆をする必要がある．作物残渣などで地表面を被覆するマルチング，作物の条間に別の植物を植える間作（インタークロッピング），裸地となる休閑期に別の作物や緑肥などを栽培する輪作（リレークロッピング）などが効果的である．マルチングに用いられる材料としては，ワラや前作物の葉や茎などがある．これらの対策は営農計画や降雨時期とともに検討されるべきであり，間作物と主作物の競合に注意が必要である．

④有機物の施用：　堆肥などの施用により，土粒子の結合性を高めて水食に対する抵抗力を増大させるとともに，土壌の団粒化を促進して透水性を高める．効果の発現までに時間がかかるが，土壌の地力向上と耐食性向上のために有効である．

⑤不耕起栽培：　不耕起栽培は耕起を実施せずに作物栽培を行う方法であり，耕起による土壌の攪乱がないために，土壌侵食を効果的に抑制する．とくに多年生の作物の場合，蘖（ひこばえ）をそのまま栽培する株出し栽培ができるので，不耕起状態のまま栽培が可能である．株出し栽培は新植栽培と比べて生育も早く，前作物の収穫時に発生した残渣が地表面を覆った状態であるため，マルチングの効果も加わることによって，高い抑制効果が得られる．また，耕起回数を最小限にする最少耕起栽培や作物の植えつける部分のみを耕起する部分耕起栽培なども抑制対策として有効である．米国のトウモロコシ（メイズ）栽培では，多くの圃場で部分耕起栽培が実施されている．一方，耕起をしないために雑草が繁茂した

り，病害虫が発生したりする恐れがあり，それらの対応が不可欠である．

8.2.4 水食の予測・評価手法

a. 許容侵食量と代表的な予測評価手法

日本における圃場整備事業などで用いられる許容侵食量は，表土層の厚さが 30 cm 以上ある場合，10～15 t ha^{-1} y^{-1} （1.0～1.5 kg m^{-2} y^{-1}）以下とされている．一方，米国農務省の農地保全基準では，4.5～11.2 t ha^{-1} y^{-1} 以下とすることが目標とされている．

水食を予測・評価するための代表的な解析モデルを表 8.1 にまとめた．なお，表にあげたモデルは 2019 年時点でモデルの利用が認められ, 公開されているモデルを選んだ．各モデルいずれも一長一短であり，使用者の目的にあわせてモデルを選定する必要がある．

この中で，最も適用事例が多いのは USLE（Universal Soil Loss Equation）であり，1930 年代から全米各地で蓄積した侵食試験データをもとに 1950 年代から米国農務省を中心に開発が始まり, 1978 年にウィッシュマイヤーとスミスによってまとめられた（Wischmier and Smith, 1978）．USLE は米国内における 10000 点以上の観測結果から経験的に各パラメータが定式化され，現在でも世界各国で用いられている．USLE の問題点として, 各係数が経験的に決定されているので, 既存のデータが存在しない新しい土地や土壌，予想外の降雨の際の侵食量の予測

表 8.1 代表的な土壌侵食・土砂流出モデルとその特徴

モデル	種類	空間 スケール	時間的 解像度	圃場状態 の変化	実用性 （簡便性）
USLE / RUSLE	経験的	圃場	年単位	部分的に 評価可能	非常にシンプル
AGNPS	半経験的 半物理的	大流域	分単位 ～年単位	評価可能	複雑 ガリ侵食も計算可能
WEPP	物理的	小流域	降雨単位 ～日単位	評価可能	複雑だが ソフトウェア化（GUI）
KINEROS	物理的	小流域	分単位 ～降雨単位	評価不可能	複雑
EuroSEM	物理的	小流域	分単位 ～降雨単位	評価不可能	複雑だが ソフトウェア化（GUI）

が難しい点と土砂の流れを定めていないことにより，流域規模への拡張が難しい点がある．また，年間侵食量を推定するために構築されたので，降雨イベント単位，またはそれ以下の時間分解能の精度は保障されない．

USLEの開発以降，降雨にともなう表面流の発生，土粒子の剥離および運搬機構，そして土壌や植生などの侵食にかかわる機構をより現象に即したかたちで表現するモデル（物理的モデル）が多数提案されている．中でも米国農務省が開発した土壌侵食・土砂流出解析モデルであるWEPP（Water Erosion Prediction Project；Nearing *et al.*, 1989）は，農地などの斜面における土壌侵食に加え，流域における土砂の流下過程も表現可能なプロセスベースのモデルであり，実態の再現，広域評価，土木的対策や営農的対策による効果の算定などに用いることができる．

USLE以降のWEPP以外の代表的なモデルとして，USLEの改良版であるRUSLE（Revised Universal Soil Loss Equation；Renard *et al.*, 2000），初期的な物理的モデルであるCREAMS（Chemical, Runoff, and Erosion for Agricultural Management Systems；USDA, 1980），比較的広い領域を対象にした半経験半物理的モデルであり，ガリ侵食も計算可能なAGNPS（AGricultural Non-Point Source Pollution model；Young *et al.*, 1989），一降雨の侵食量の経時変化が表現可能であるKINEROS（Woolhiser *et al.*, 1989）やEuroSEM（Morgan *et al.*, 1992）などがある．

b.　USLE

USLEは年間侵食量の算定のために開発されたモデルであり，降雨，土壌，地形，作物管理，そして保全に関する5つの係数からなるシンプルな算定式である．

$$A=R\cdot K\cdot LS\cdot C\cdot P \tag{8.1}$$

ここで，Aは年間侵食量（$\mathrm{kg\,m^{-2}}$），Rは降雨係数（$\mathrm{J\,m\,h^{-1}\,m^{-2}}$），$K$は土壌係数（$\mathrm{kg\,h\,J^{-1}\,m^{-1}}$），$LS$は地形係数（無次元），$C$は作物管理係数（無次元），$P$は保全係数（無次元）である．以下に各係数の算定方法について述べる．

①降雨係数R：　USLEでは，一連降雨を降水量が12.7 mm以上または降雨強度が6.4 mm 15 min^{-1}以上の降雨で，降雨後の無降雨期間が6時間以上と定義されている．降雨係数は次式で求める．

$$R=\sum E_i I_{30,i}\times 10^{-3} \tag{8.2}$$

ここで，Eは侵食性一連降雨の運動エネルギー（$\mathrm{J\,m^{-2}}$），I_{30}は一連降雨の最大30

分間降雨強度（$\mathrm{mm\,h^{-1}}$），i は一連降雨番号であり，1年間の和を R とする．なお，I_{30} が得られない場合は，最大60分間降雨強度 I_{60} を用いて換算する方法がある．降雨係数 R は，単純に降雨による侵食エネルギーを表すものではなく，雨滴の落下と表流水による土粒子の剥離・運搬など降雨による侵食能を総合的に評価するものである．E は次式で求める．

$$E=\sum\{(11.9+8.73\log_{10}I_j)\,r_j\} \tag{8.3}$$

ここで，I は降雨強度（$\mathrm{mm\,h^{-1}}$），r は降水量（mm），j は降雨の時間ステップである．なお，I と r は一定とみなせる程度の時間解像度に区分された量（たとえば10分）である．国内では，式(8.3)の（　）内について，$10.7\,I^{0.22}$ という値が報告されている（藤原他，1984）

実際の計算例や地域・時期別の値は，農林水産省構造改善局計画部（1992）にまとめられているので参照されたい．

②土壌係数 K：　土壌係数は土壌の受食性を評価したものであり，一般的にはノモグラフによる図解法で求められる（図8.6）．土壌係数は年間の平均値と定義され，定数として用いられる．ノモグラフは次式でも計算可能である．

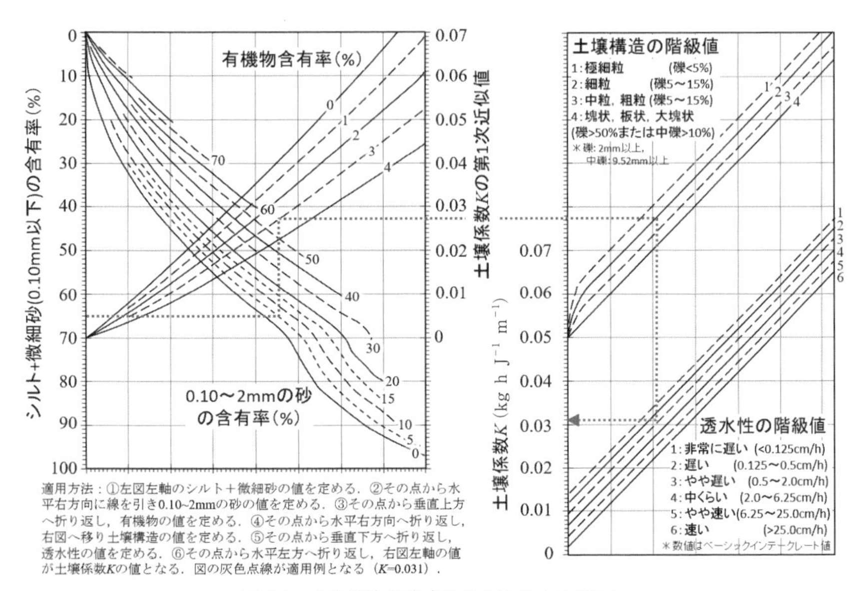

図 8.6　土壌係数 K を求めるためのノモグラフ

$$K=\frac{1}{980}\{2.1\times10^{-4}M^{1.14}(12-a)+3.25(b-2)+2.5(c-3)\} \tag{8.4}$$

ここで, M は粒径のパラメータ（＝シルト(%)＋微細砂(%))×(100－粘土(%)), a は有機物含有率（%）, b は土壌構造に関する階級値（図 8.6 参照）, c は透水性に関する階級値（図 8.6 参照）である．なお，粒径区分は日本国内で一般的な国際土壌科学連合法や JIS の区分ではなく，USDA 法を用いる．参考のため USDA 法の粒径区分を示すと，粘土：0.002 mm 以下，シルト：0.002～0.05 mm，微細砂：0.05～0.1 mm，砂：0.1～2 mm，礫：2 mm 以上である．ノモグラフはシルトと微細砂の合計が 70%以下の場合に用いることができる．そのほかには，裸地（C= 1），保全対策なし（P=1）の状態にある試験地（LS は既知）において，侵食量 A および降雨係数 R を実測し，K を逆算することによって定めることもできる．

③地形係数 LS：　地形係数は，傾斜と斜面長を用いて次式のように定式化されている．

$$LS=\left(\frac{\lambda}{22.13}\right)^{m}(65.41\sin^2\theta+4.56\sin\theta+0.065) \tag{8.5}$$

ここで，λ は斜面長 (m)，θ は傾斜角（°），m は 0.5（勾配 5%（2.9°）以上），0.4（勾配 3%（1.7°）以上 5%未満），0.3（勾配 1%（0.6°）以上 3%未満），0.2（勾配 1 %未満）である．LS は斜面長 22.13 m，傾斜 9%（5°）の標準傾斜試験枠を 1 としている．

④作物管理係数 C：　作物管理係数は，作物，草，樹木の植生による被覆，残渣による被覆，耕起（土壌構造，剥離可能量，密度，有機物含有量などの改変），地中における残渣，そして根による侵食量の軽減割合を表す総合的な指標である．算定方法は 1 回の営農サイクルを複数の生育期（休閑期，苗床期，苗立期，発育期，成熟期，収穫期）に分けて，それぞれの期間の係数に適用場所における降雨係数を考慮して求める．それらの平均値が年間の作物管理係数となり次式で表される．

$$C=\frac{\sum r_k c_k}{R} \tag{8.6}$$

ここで，r_k は期間 k における降雨係数，c_k は期間 k における作物管理係数，R は降雨係数である．なお，休閑地で裸地状態の場合は C=1 である．日本における作物管理係数 c_k は，全国的に作物の生育期と降雨分布のパターンが類似しているので，細かく生育期を区分せずに，標準作期を通した値が農林水産省構造改善局計画部（1992）に整理されている．いくつか数値をあげると，牧草が 0.02，ワラ・乾草マルチが 0.1，サトウキビが 0.2，キャベツが 0.3，タバコが 0.6 などである．

⑤保全係数 P： 保全係数は，等高線栽培（横畝栽培）およびテラス工が施されている圃場における侵食量の軽減割合で，これらが行われていない圃場は $P=1$ となる．日本における調査実績を取りまとめた等高線栽培の保全係数を参照すると，斜面勾配が 1～25° の圃場に対して $P=0.27$～0.50 となっている（農林水産省構造改善局計画部，1992）．

c. WEPP

WEPP は 1985 年に開発がはじまり，農地などの斜面モデルが 1989 年に発表された．その後，水路や貯水池を含む流域モデルとして 1995 年に公開された．モデルは随時更新されており，インターネットを介して無償で配布されている（WEPP, 2019）．WEPP は斜面における土壌侵食過程，水路または河川における侵食，堆積，輸送過程，そして貯水池における堆積，輸送過程の 3 つの過程で構成されている．中でも土壌侵食に関して大きな影響因子である作物の生長，土壌状態の変化，各種管理作業を実際の現象に即したかたちで表現していることが特徴である（図 8.7 左）．斜面における侵食過程では，リルにおける侵食過程とインターリルにおける侵食過程が考慮された物理的機構を備えており，次式で示される定常状態の土砂の連続式が用いられている．

$$\frac{dG}{dx}=D_f+D_i \tag{8.7}$$

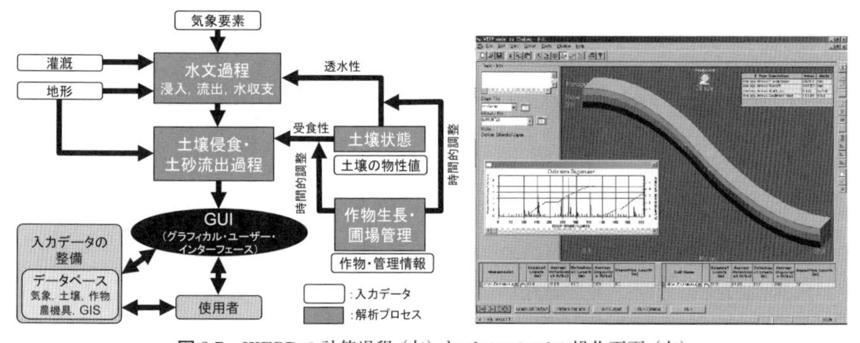

図 8.7 WEPP の計算過程（左）とパソコンでの操作画面（右）

ここで，G：土砂流出量（kg s^{-1} m^{-1}），x：流下方向距離（m），D_f：リル侵食量（kg s^{-1} m^{-2}），D_i：インターリルからの土砂流入量（kg s^{-1} m^{-2}）．リル侵食量 D_f は水流による掃流力の関数となっており，土壌の特性や斜面の状態などによって定まるリル受食係数と限界掃流力によって受食性が日ごとに変化する．また，インターリル侵食量 D_i は降雨強度や表面流量の関数となっており，インターリル受食係数によって受食性が日ごとに変化する．詳しい解析方法はWEPPの技術報告書（WEPP, 2019）に記されている．

このように土壌侵食を物理的なプロセスに沿ったかたちで表現した点が前述のUSLEと大きく異なる．また，USLEが年間侵食量を算定可能であるのに対して，WEPPは日単位または一降雨ごとの侵食量を算定可能である．加えて，USLEは1筆の農地のみにおける侵食量が算定可能であるのに対して，WEPPは流域スケールでの土砂動態を表現することができる．また，WEPPは図8.7右のようなGUI（graphical user interface）を有するアプリケーションとして開発されており，プログラム言語がわからなくても，直感的に各種入力データの設定やプログラムの実行が可能であり，実用性に優れている．

ここで，WEPPの適用例を図8.8に示す．適用場所は沖縄県石垣島のサトウキビ畑（斜面長約80 m，勾配約3%，土壌は島尻マージ）である．詳細は大澤他（2005）を参照されたい．裸地区における著しい土壌侵食，慣行栽培区における作物の存在による侵食抑制効果，不耕起栽培区における不耕起および地表面における残渣被覆による顕著な侵食抑制効果をWEPPの計算値でも的確に表現できて

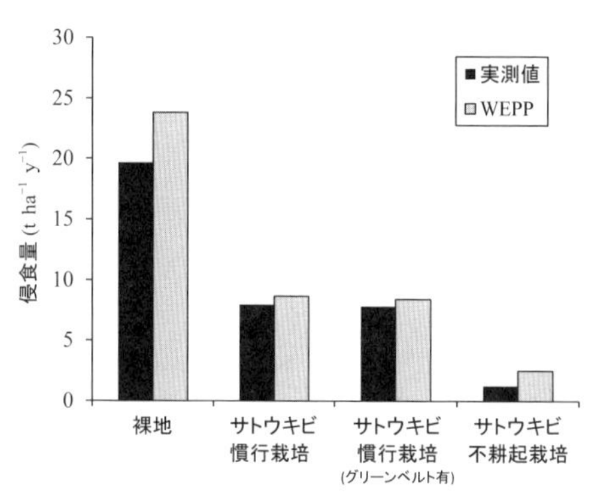

図8.8 WEPPによる土壌侵食（水食）の計算結果

いる.

現在ではGIS(地理情報システム)と連携して解析を実行することができるGeoWEPPの開発が進んでいる(GeoWEPP, 2019). GISにおける地形情報をもとに河道網や集水域が自動的に決定され, 土壌図や土地利用図がWEPPの土壌や管理入力データとして直接利用できるようになったので, 広域評価を行う際の労力が大幅に軽減され, 今後の発展が大いに期待される.

8.3 風　　食

8.3.1 風食の発生と要因

風食は, 風によって地表面の土粒子が剝離, 運搬されたのちに堆積する現象である. 風食によって表土が失われたり, 作物が傷ついたり埋まったりしてしまうオンサイトの影響があることに加え, 日本でも近年影響を受けている黄砂やPM 2.5(微小粒子状物質)のように, 微細粒子が国境を越えて飛来するオフサイトの影響もある. 風食は風の強さ, 土壌の状態, 地上部の被覆の状態などでその程度が異なる. 世界的には乾燥地や半乾燥地, 日本においては黒ボク土や砂丘未熟土の分布地域で起こりやすい. 地域によっては, 風食量は水食量を上回る.

8.3.2 風食の発生形態

風食の形態は図8.9のようであり, 風によって地表面の土粒子が転がりながら

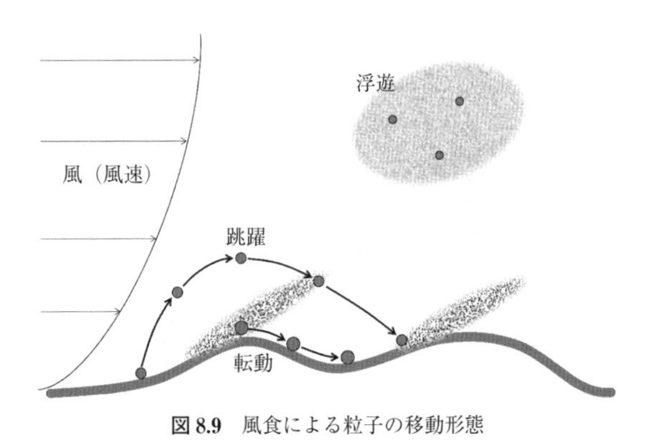

図8.9 風食による粒子の移動形態

移動する転動（creep），一時的に飛び上がりながら移動する跳躍（saltation），上空に飛散したままの浮遊（suspension）の3つがある．粒子が動きはじめる風速を臨界風速といい，一般的に地表面から0.3m高さの風速で約6m/sまたは9m高さで約8m/sに達したとき，風食が起こりはじめるといわれている．臨界風速を超えたときに粒子は風食の初期段階として転動をはじめる．転動する粒子の直径は0.5〜1mm程度であり，風による掃流力または跳躍した粒子の衝撃力が駆動力となる．跳躍する粒子の直径は0.1〜0.5mm程度であり，ときには高さ数mまで上昇することもある．浮遊する粒子の直径は0.1mm程度以下であり，土中の微細粒子が風によって直接巻き上がり浮遊する場合や，跳躍した土粒子の団粒が壊れて浮遊したり，土粒子が削れて細かい粒子が浮遊したりする場合もある．転動，跳躍する粒子の移動距離は発生場所付近であるが，浮遊する粒子は粒子径が小さいほど遠くまで移動し，微細粒子は何千kmも移動することもある．たとえば，アフリカのサハラ砂漠で発生した微細粒子は，ヨーロッパ，南米，北米の内陸部まで到達しており，中国大陸内陸部のタクラマカン砂漠，ゴビ砂漠，黄土高原などで発生した微細粒子は，日本，北米，ハワイまで到達していることからも相当の距離を移動していることがわかる．

8.3.3 風食の発生要因

風食に影響する要因として，①風，②地表面の被覆，③土壌の性質・状態の3つがある．これらの要因について順に説明する．

①風：　風は図8.9に示したように，地表面の影響を受け，地表面に近づくにつれて風速は減少する．このような速度の鉛直分布は次式に示す対数速度分布則（logarithmic law）として知られている．

$$u(z)=\frac{u_*}{\kappa}\ln\left(\frac{z}{z_0}\right) \tag{8.8}$$

ここで，$u(z)$ は高さzにおける風の速さ，u^*は摩擦速度，κはカルマン定数（=0.4），z_0は粗度長である．摩擦速度は高さの自然対数値に対する風速の近似直線の傾きに相当し，地表面のせん断応力であり，風食の駆動力となる．粗度長は風速が地表面付近でゼロになるときの理論的な高さであり，地表面の粗度（抵抗）の程度を表す．植生が存在する地表面では，z_0は大きくなり風食は起こりにくくなる．また，周辺に樹木などの障害物がある場合，風は障害物に沿った流れとなるために，障害物周辺の風速は小さくなり風食が軽減される．

②地表面の被覆：　作物などの植生，作物の収穫後の切株や枝葉などの残渣などの地表面の被覆は，風に対する抵抗として作用するとともに地表面の土粒子を保護し，風食を制御する上での重要な要素である．被覆率と風食の関係として，被覆率が増大するほど風食量は指数関数的に減少する傾向にあり，ある観測結果では被覆率20%で風食量の削減率が57%，被覆率50%で削減率が95%であることを確認している．

③土壌の性質・状態：　風食を受ける土壌の性質や状態によって風食の程度は大きく異なる．風食に関連する土壌固有の性質として，土性や鉱物特性などがあげられる．一般的に，砂質土壌の方が粘質土壌よりも受食性が高い．また，鉱物特性として石灰質土壌は受食性が高いといわれている．

一方，風食に関連する土壌の状態は時々刻々と変化するものであり，土壌水分，地表面の凹凸，団粒の程度，クラストの形成などがあげられる．これらの要素は気象，灌漑，耕起などの影響を強く受ける．土壌水分は降雨，蒸発散，灌漑の影響を受けながら変動する．水分を多く含んでいる土壌ほど風食を受けにくくなる．地表面の凹凸は耕起によって大きく変動し，畝や大きな土塊のような比較的大きな凹凸は風の抵抗として作用し，さらに，凹凸があり風が当たらない面ができることで風食を抑制する．団粒構造は土壌の基本的特徴であり，自然に形成され，耕起によって破壊される．団粒は単粒よりも粒子径が大きく，団粒構造が発達した土壌は受食性が小さい．クラストは粘着性があり密度も高いため，クラストが形成された土壌は風食を受けにくい．クラストの形成によって風食量が1/40から1/70に軽減されたという事例もある．

8.3.4　風食の抑制対策

風食の抑制対策には，防風施設による抑制法と営農的抑制法の2つに大別される．前者は防風林や防風垣などの風に対する障害物を設置する対策方法であり，後者は栽培方法や灌漑などの営農方法による対策方法である．両者の合理的な組み合わせによって効果を高めることができる．

a.　防風施設による抑制対策

①防風林：　樹高の高い樹種で構成された帯状の林であり，設置には用地の確保が必要になることや成木になるまでに時間がかかることがあるが，防風効果は

大きい．防風林の配置は風食の起きる風向にできるだけ直角になるようにする．風食に対して効果的に風速が減少する範囲は，防風林の風下側で樹高の10～15倍程度，風上側で3倍程度であるので，この範囲内で設置間隔を定めるのがよい．一般的には，針葉樹よりも広葉樹，常緑広葉樹よりも落葉広葉樹の方が風に対する強度が高いが，樹種の選定には強度のほかに，生長速度や維持管理にかかる労力などを考慮する必要がある．

②防風垣：　防風林程の用地が確保できない場合に設けられる対策であり，多年生の植生による防風生垣とフェンスや石垣などの非生物による防風柵の2つがある．防風効果の範囲は防風林よりも小さい．

③防風ネット：　防風柵の1つであり，化学繊維などの素材でできている．即効性があり，用地を最小限にとどめることができ，設置，移動，撤去が容易であるが，ネットの劣化にともなう更新や景観に対する配慮が必要である．

b.　営農的抑制対策

①栽培方法：　風食の起こる期間において，できるだけ畑面を裸地にしないような営農計画を立てるのが基本である．また，地表面の抵抗をできるだけ大きくするために，主風向に対して直角方向に畝を立てることも効果的である．さらに，畑の周囲にトウモロコシなどの丈の高い作物を植え，茎幹を残し，簡易な防風垣とすることも効果的である．

②帯状栽培：　中耕作物と密生作物を帯状に交互に植える方法であり，帯の方向は主風向に直角になるようにする（図8.10）．広大な畑地では，密生作物として

図8.10　ゴボウとムギの帯状栽培（写真提供：鈴木　純氏）

牧草が適しており，中耕作物 30〜90 m ごとに 1 m 程度の密生作物の間隔で風食が効果的に抑制できるという報告もある．

③密植： 作物の植えつける間隔をなるべく小さくとり，茎葉による地表面の被覆率を高め，風食を抑える．

④畑地灌漑： スプリンクラーなどの灌漑施設のあるところで実施可能であり，一時的ではあるが土壌の乾燥化を防ぎ風食を効果的に抑制できる．

⑤土壌改良： 堆きゅう肥やベントナイトを表土に混入することによって土壌の団粒化を促進したり，粘着性を高めたりして，土壌の受食性を軽減させることができる．

⑥切株の残置やマルチング： 作物の収穫後の休閑期において，切株を残すことによって抵抗として作用し，土粒子の巻き上げを抑制することができる．また，茎葉の残渣を地表面に残置するマルチングによって，地表面の被覆率が高まり風食が軽減される．また，残渣によるマルチングができない場合には，ネットなどで地表面を覆うことによっても風食は軽減される（口絵 8 参照）．

8.3.5 風食の予測・評価手法

水食に関する解析モデルと同様に，これまで数々の風食の予測・評価モデルが開発されている．代表的なモデルとしては，1960 年代にウッドルッフとシドウェイによって開発された WEQ（Wind Erosion Equation；Woodruff and Siddoway, 1965）がある．WEQ は風食の年平均値を予測・評価するためのモデルで，次式で定められる．

$$E=f(I,K,C,L,V) \tag{8.9}$$

ここで，E は年間侵食量，f は以下の変数の関数であることを意味し，I：土壌の受食性の指標値，K：土壌表面の粗度の係数，C：気象の係数，L：保護されていない面の長さ，V：植生による被覆の係数である．これらの指標値や係数は互いに独立ではないので，USLE のように単純に掛け合わせることで E を定めることはできないが，図表を用いつつ計算する手順が確立されている．

WEQ の開発以後，より物理的なモデルの開発が進められている．中でも 1990 年代に米国農務省において開発された WEPS（Wind Erosion Prediction System；WEPS, 2019）は，風食や風食に関する要因を物理的に解析することができるモデルである（図 8.11）．WEPS は土粒子の運動を物理的に解析することによって，風

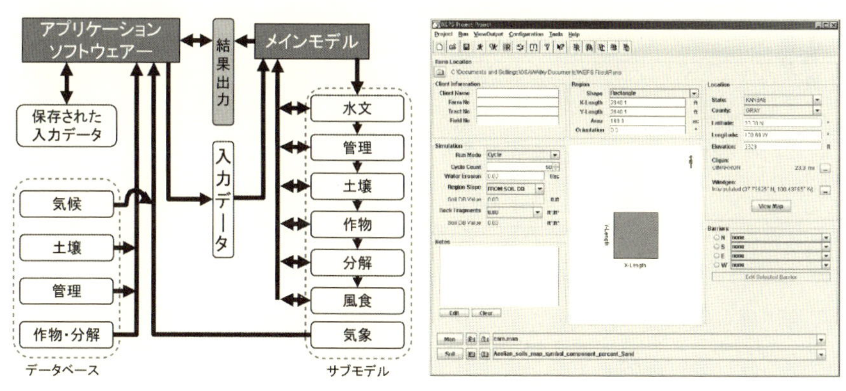

図 8.11　WEPS の計算過程（左）とパソコンでの操作画面（右）

食における転動や跳躍の形態だけではなく，微細粒子の浮遊も表現可能である．また，防風施設や営農的対策を自由に設定可能であることや GUI を有したアプリケーションとして公表されているので高い実用性を有している．　**大澤和敏**

9

数 値 解 析

移動現象を数学的に表現した式は支配方程式とよばれる．これを解く場合，数学的に厳密に解いて解析解を得る数理解析と，差分法や有限要素法などの手法を用いて離散化した空間と時間に対して近似的に解く数値解析の２つのアプローチがある．前者は限られた初期条件や境界条件においてのみ解析可能であったり，複数の成層条件では計算できなかったり，適用において制約条件が多いのに対して，後者は現実的な条件に対して柔軟に適用できるため，コンピュータの計算能力向上と相まって，通常一般的に用いられる解析手法となっている．

本章では数値解析の目的と支配方程式の基礎に触れた後，土壌中の水移動，化学物質移動，熱移動現象の解析における①支配方程式，②土壌の物理的・化学的特性の設定，③初期条件と境界条件の設定について述べる．さらに，近似計算手法と実際の適用事例を紹介する．

9.1　数値解析の目的

土壌環境を解析する場合，おもに土壌中の水移動，化学物質移動，熱移動現象の支配方程式を解くことになる．数値解析を行う目的の例としては以下の事項をあげることができる．

①実測値と計算値を比較することによって，用いた数学的表現が実際の現象を表現できるかを検証する．計算値が実測値を再現できていれば，実際の現象が計算に組み入れた物理的なメカニズムによって説明できると判断される．できなければ新たな物理的なメカニズムの導入の必要性を認識できる．

②地下深部の情報など原位置で測定することが困難な物理量や経時測定が困難な物理量の時間変動などを推定する．

③土壌の物理的特性（たとえば，土壌水分特性や熱特性など）が未知の場合，

土壌水分量や温度などの実測値と計算値が適合するような物理的特性を推定する（逆解析とよばれる）.

④目的とする土壌環境に管理するための方法（たとえば，地下水汚染防止のための灌水計画など）を設計・提案する.

⑤将来の環境条件の変化（たとえば,気候変動による降水量や気温などの変化）にともなう土壌環境の変化を予測し，その対策を模索する.

9.2　支配方程式の基礎

9.2.1　連続式

水，化学物質，熱が土壌中を移動しているとき，ある時間内に，土壌内の微小領域（$\Delta x \times \Delta y \times \Delta z$）に流入する量と流出する量の差し引きが微小領域内の当該量の変化量となる．つまり，水量，化学物質量，熱エネルギー量に対して保存則が成立する．ここで，それぞれの物理量のフラックスを q で表し，単位体積の土壌中の物理量を u とする．フラックスの定義については,2.1.2 項を参照してほしい.

図 9.1 に示すような微小領域に対して，簡単のため，x 方向のみの移動を考える．微小領域に対して左から右に向かって流入するフラックス q_x は Δx を通過する間にいくらか変化して流出フラックス $q_{x+\Delta x}$ になるが,これはテイラー(Taylor)展開により次式で表される.

$$q_{x+\Delta x} = q_x + \frac{\partial q_x}{\partial x}\Delta x + \frac{1}{2!}\frac{\partial^2 q_x}{\partial x^2}(\Delta x)^2 + \frac{1}{3!}\frac{\partial^3 q_x}{\partial x^3}(\Delta x)^3 + \cdots \tag{9.1}$$

微小区間 Δx では二次以上の項を十分小さいものとして無視できるため,

$$q_{x+\Delta x} = q_x + \frac{\partial q_x}{\partial x}\Delta x \tag{9.2}$$

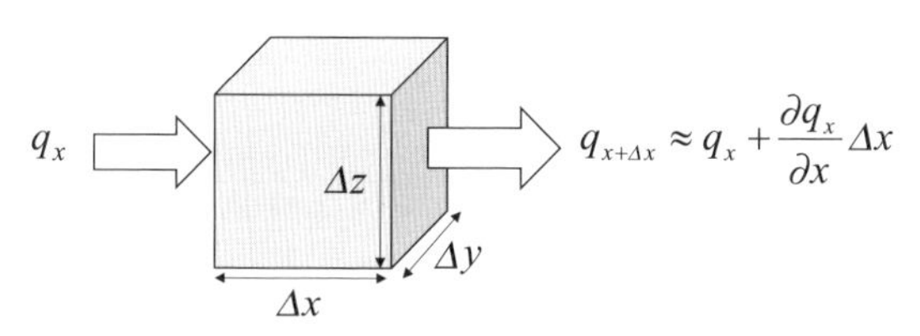

図 9.1　連続方程式を導出するための微小領域での x 方向のフラックス

となる．式(9.2)は「q_x に Δx の距離を通過する間の q_x の変化量を加えたものが $q_{x+\Delta x}$ になる」と考えると理解しやすいかもしれない．

次に，微小領域に流入する量と流出する量の差が微小領域内の単位時間内の物理量の変化量になるという保存則が成り立つため，

$$\begin{aligned}\frac{\partial u}{\partial t}\Delta x\Delta y\Delta z &= q_x\Delta y\Delta z - q_{x+\Delta x}\Delta y\Delta z \\ &= q_x\Delta y\Delta z - \left(q_x + \frac{\partial q_x}{\partial x}\Delta x\right)\Delta y\Delta z = -\frac{\partial q_x}{\partial x}\Delta x\Delta y\Delta z\end{aligned} \tag{9.3}$$

となり，次式が導かれる．

$$\frac{\partial u}{\partial t} = -\frac{\partial q_x}{\partial x} \tag{9.4}$$

これが一次元の連続式である．三次元では，y 方向と z 方向の流入・流出量の差し引きがこれに加わるため，三次元の連続方程式は，

$$\frac{\partial u}{\partial t} = -\left(\frac{\partial q_x}{\partial x} + \frac{\partial q_y}{\partial y} + \frac{\partial q_z}{\partial z}\right) \tag{9.5}$$

となる．水移動，化学物質移動，熱移動ともにこの連続式が支配方程式の基本である．水移動，化学物質移動，熱移動における u は表 9.1，9.2，9.3 に示すような物理量でそれぞれ与えられる．

さらに，根による水の吸収，微生物活動による物質の生成・消費，放射性物質の崩壊など，土壌内の物理量の生成や消費がある場合は，微小領域内での単位時間内の生成量，消費量を式(9.3)の収支式に導入して展開すると，連続式に湧き出し・吸い込み項が付加される．

$$\frac{\partial u}{\partial t} = -\left(\frac{\partial q_x}{\partial x} + \frac{\partial q_y}{\partial y} + \frac{\partial q_z}{\partial z}\right) + S \tag{9.6}$$

ここで，S は任意の地点における単位時間内，単位体積あたりの生成量である．消費する場合は負値となる．表 9.1，9.2，9.3 に湧き出し・吸い込み項の例を示す．

9.2.2 運動方程式

連続式中のフラックス（q_x，q_y，q_z）を表す式を運動方程式という．これは，それぞれの物理量がどのようなメカニズムで移動するかを表す式であり，複数の移動メカニズムを組み込むことができる．土壌中の水移動，化学物質移動，熱移動

表 9.1 土壌中の水移動の支配方程式を構築するために必要な情報

単位体積の 土壌中の物理量	運動方程式	湧き出し・ 吸い込み項	土壌の物理的特性
体積含水率 θ 水蒸気移動を考慮する場合： $\theta+\theta_{\mathrm{v}}$	液状水移動 $q_{\mathrm{w}}=-K\nabla(h+z)$ 水蒸気移動 $q_{\mathrm{v}}=-\rho_{\mathrm{w}}^{-1}D_{\mathrm{v}}\nabla\rho_{\mathrm{v}}$ $=-D_{\mathrm{v}h}\nabla h-D_{\mathrm{v}T}\nabla T$	根の吸水 $-S_{\mathrm{w}}$	水分特性曲線 $h\sim\theta$ 不飽和透水係数 $K\sim h$ 水蒸気拡散係数 D_{v}

θ：体積含水率（$\mathrm{m^3}$－液相 $\mathrm{m^{-3}}$－土）*，θ_{v}：体積水蒸気率（$\mathrm{m^3}$－液相 $\mathrm{m^{-3}}$－土），q_{w}：液状水移動フラックス（$\mathrm{m^3}$－液相 $\mathrm{m^{-2}}$－土 $\mathrm{s^{-1}=m\,s^{-1}}$），$K$：不飽和透水係数（$\mathrm{m\,s^{-1}}$），$h$：圧力水頭（m），$z$：鉛直座標（上向き正）(m)，$q_{\mathrm{v}}$：水蒸気移動フラックス（$\mathrm{m^3}$－液相 $\mathrm{m^{-2}}$－土 $\mathrm{s^{-1}=m\,s^{-1}}$），$\rho_{\mathrm{w}}$：液状水密度（$\mathrm{kg\,m^{-3}}$），$D_{\mathrm{v}}$：土壌中の水蒸気拡散係数（$\mathrm{m^2\,s^{-1}}$），$\rho_{\mathrm{v}}$：水蒸気密度（$\mathrm{kg\,m^{-3}}$），$D_{\mathrm{v}h}$：等温水蒸気拡散係数（$\mathrm{m\,s^{-1}}$），$D_{\mathrm{v}T}$：非等温水蒸気拡散係数（$\mathrm{m^2\,s^{-1}\,K^{-1}}$），$T$：温度（K），$S_{\mathrm{w}}$：根の吸水量（$\mathrm{m^3}$－液相 $\mathrm{m^{-3}}$－土 $\mathrm{s^{-1}=s^{-1}}$），∇：ナブラ（たとえば，∇h はベクトル（$\partial h/\partial x,\ \partial h/\partial y,\ \partial h/\partial z$）であり，$h$ の勾配を表す）

*単位に示した「土」とは固相，液相，気相を含めた土壌全体を表す．

表 9.2 土壌中の化学物質移動の支配方程式を構築するために必要な情報

単位体積の 土壌中の物理量	運動方程式	湧き出し・ 吸い込み項	土壌の物理的・化学的特性
化学物質量 （固相中の吸着量 $\rho_{\mathrm{b}}c_{\mathrm{s}}$，液相中の溶質量 θc_{l}，気相中のガス量 ac_{g}）	移流 $q_{\mathrm{s,conv}}=q_{\mathrm{w}}c_{\mathrm{l}}$ 溶質拡散 $q_{\mathrm{s,diff}}=-\theta D_{\mathrm{s,diff}}\nabla c_{\mathrm{l}}$ 水力学的分散 $q_{\mathrm{s,disp}}=-\theta D_{\mathrm{s,disp}}\nabla c_{\mathrm{l}}$ ガス拡散 $q_{\mathrm{g,diff}}=-aD_{\mathrm{g,diff}}\nabla c_{\mathrm{g}}$	根の溶質吸収 $-S_{\mathrm{w}}c_{\mathrm{l}}$ 一次反応による生成 $+k_{\mathrm{s}}'\rho_{\mathrm{b}}c_{\mathrm{s}}'+k_{\mathrm{l}}'\theta c_{\mathrm{l}}'+k_{\mathrm{g}}'ac_{\mathrm{g}}'$ （′ は前駆物質の濃度を表す） 一次反応による消失 $-k_{\mathrm{s}}\rho_{\mathrm{b}}c_{\mathrm{s}}-k_{\mathrm{l}}\theta c_{\mathrm{l}}-k_{\mathrm{g}}ac_{\mathrm{g}}$	溶質拡散係数 $D_{\mathrm{s,diff}}$ 水力学的分散係数 $D_{\mathrm{s,disp}}$ （分散長） ガス拡散係数 $D_{\mathrm{g,diff}}$ 乾燥密度 ρ_{b} 吸着等温線 $c_{\mathrm{l}}\sim c_{\mathrm{s}}$ ヘンリーの法則の無次元定数 $H_{\mathrm{g}}(c_{\mathrm{g}}=H_{\mathrm{g}}c_{\mathrm{l}})$ 一次反応定数 $k_{\mathrm{s}}',k_{\mathrm{l}}',k_{\mathrm{g}}',k_{\mathrm{s}},k_{\mathrm{l}},k_{\mathrm{g}}$

ρ_{b}：乾燥密度（$\mathrm{kg\,m^{-3}}$－土），c_{s}：固相中の吸着濃度（M－物質 $\mathrm{kg^{-1}}$－固相）*，c_{l}：液相中の溶質濃度（M－物質 $\mathrm{m^{-3}}$－液相），a：気相率（$\mathrm{m^3}$－気相 $\mathrm{m^{-3}}$－土），c_{g}：気相中のガス濃度（M－物質 $\mathrm{m^{-3}}$－気相），$q_{\mathrm{s,conv}}$：移流による溶質移動フラックス（M－物質 $\mathrm{m^{-2}}$－土 $\mathrm{s^{-1}}$），$q_{\mathrm{s,diff}}$：拡散による溶質移動フラックス（M－物質 $\mathrm{m^{-2}}$－土 $\mathrm{s^{-1}}$），$D_{\mathrm{s,diff}}$：液相中の溶質拡散係数（$\mathrm{m^2\,s^{-1}}$），$q_{\mathrm{s,disp}}$：水力学的分散による溶質移動フラックス（M－物質 $\mathrm{m^{-2}}$－土 $\mathrm{s^{-1}}$），$D_{\mathrm{s,disp}}$：液相中の水力学的分散係数（$\mathrm{m^2\,s^{-1}}$），$q_{\mathrm{g,diff}}$：拡散によるガス移動フラックス（M－物質 $\mathrm{m^{-2}}$－土 $\mathrm{s^{-1}}$），$D_{\mathrm{g,diff}}$：気相中のガス拡散係数（$\mathrm{m^2\,s^{-1}}$），k'：前駆物質から対象物質が生成されるときの一次反応係数（$\mathrm{s^{-1}}$），k：対象物質が消費・消失するときの一次反応係数（$\mathrm{s^{-1}}$）（下付き文字 $_{\mathrm{s,\,l,\,g}}$ はそれぞれ固相，液相，気相を表す），H_{g}：ヘンリーの法則の無次元定数（$\mathrm{m^3}$－水 $\mathrm{m^{-3}}$－気相）

*単位に示した M とは物質量，たとえば，g，mol，当量などを示す．

表 9.3 土壌中の熱移動の支配方程式を構築するために必要な情報

単位体積の土壌中の物理量	運動方程式	湧き出し・吸い込み項	土壌の物理的特性
熱量 $C_{\mathrm{T}}(T-T_0)$ 水蒸気移動を考慮する場合： $C_{\mathrm{T}}(T-T_0)+L_0\theta_{\mathrm{v}}$	熱伝導 $q_{\mathrm{h,cond}}=-\lambda\nabla T$ 潜熱輸送 $q_{\mathrm{h,latent}}=L_0 q_{\mathrm{v}}$ 熱分散 $q_{\mathrm{h,disp}}=-D_{\mathrm{h,disp}}\nabla T$ 顕熱移流（液状水） $q_{\mathrm{h,l,conv}}=C_{\mathrm{w}}q_{\mathrm{w}}(T-T_0)$ 顕熱移流（水蒸気） $q_{\mathrm{h,v,conv}}=C_{\mathrm{v}}q_{\mathrm{v}}(T-T_0)$	根の吸水による熱移動 $-S_{\mathrm{w}}C_{\mathrm{w}}(T-T_0)$ 化学反応による熱生成・熱消失 $\pm S_{\mathrm{h}}$	熱伝導率 $\lambda\sim\theta$ 熱分散係数 $D_{\mathrm{h,disp}}$（熱分散長） 土壌の体積熱容量 C_{T}

C_{T}：土壌の体積熱容量（$\mathrm{J\,m^{-3}}$－土 $\mathrm{K^{-1}}$），T_0：基準温度（K），$q_{\mathrm{h,cond}}$：熱伝導フラックス（$\mathrm{J\,m^{-2}}$－土 $\mathrm{s^{-1}}$），λ：土壌の熱伝導率（$\mathrm{J\,m^{-1}s^{-1}K^{-1}}$），$q_{\mathrm{h,latent}}$：潜熱輸送フラックス（$\mathrm{J\,m^{-2}}$－土 $\mathrm{s^{-1}}$），L_0：基準温度での蒸発潜熱（$\mathrm{J\,m^{-3}}$－液相），$q_{\mathrm{h,disp}}$：熱分散フラックス（$\mathrm{J\,m^{-2}}$－土 $\mathrm{s^{-1}}$），$D_{\mathrm{h,disp}}$：熱分散係数（$\mathrm{J\,m^{-1}s^{-1}K^{-1}}$），$q_{\mathrm{h,l,conv}}$：液状水移動による顕熱移流フラックス（$\mathrm{J\,m^{-2}}$－土 $\mathrm{s^{-1}}$），C_{w}：液状水の体積熱容量（$\mathrm{J\,m^{-3}}$－液相 $\mathrm{K^{-1}}$），$q_{\mathrm{h,v,conv}}$：水蒸気移動による顕熱移流フラックス（$\mathrm{J\,m^{-2}}$－土 $\mathrm{s^{-1}}$），C_{v}：水蒸気の体積熱容量（$\mathrm{J\,m^{-3}}$－液相 $\mathrm{K^{-1}}$），S_{h}：化学反応による熱生成・熱消失（$\mathrm{J\,m^{-3}}$－土 $\mathrm{s^{-1}}$）

に関する運動方程式の例を表 9.1，9.2，9.3 に示す．どのようなメカニズムを考慮するかに応じて適宜選択し，これを式(9.6)の連続方程式に代入することによって支配方程式が構築される．

9.3 土壌中の水移動

簡単のため，鉛直一次元の土壌中の水移動現象の解析について述べる．

9.3.1 支配方程式

a. 液状水移動の場合

飽和-不飽和土壌中の液状水による水移動を表す支配方程式の基本形は，式(9.5)に液状水移動を表すダルシー（Darcy）式（式(9.7)，表 9.1 参照）を代入することによって得られる．変数の説明は表 9.1 を参照いただきたい．2.1.1 項で述べたように土中水のポテンシャルはメカニズムによって区別すべき場合があるが，計算中は条件に応じて正負の値をとりうるため，本章では，機作の区別なく圧力水頭と表記する．

$$q_w = -K\frac{\partial(h+z)}{\partial z} = -K\left(\frac{\partial h}{\partial z}+1\right) \tag{9.7}$$

$$\frac{\partial\theta}{\partial t} = \frac{\partial}{\partial z}\left[K\left(\frac{\partial h}{\partial z}+1\right)\right] \tag{9.8}$$

式(9.8)はリチャーズ（Richards）式とよばれる．これに根の吸水を考慮する場合は，

$$\frac{\partial\theta}{\partial t} = \frac{\partial}{\partial z}\left[K\left(\frac{\partial h}{\partial z}+1\right)\right] - S_w \tag{9.9}$$

根による吸水量 S_w は，次式で表すことが多い．

$$S_w(h, z) = a(h)\,b(z)\,T_p \tag{9.10}$$

ここで，$a(h)$ は吸水量が圧力水頭に依存して変化することを表す水分ストレス応答関数である．フェデス（Feddes）モデルは，この関数を線形型モデルで表現する（図 9.2）．すなわち，飽和に近い場合（0～h_1）と h_4（永久しおれ点）以下では吸水できない（一定値 0 が与えられる）一方で，圧力水頭が h_1 と h_4 の間の h_2～h_3 領域では吸水が制限されることはない（一定値 1 が与えられる）．そして，h_1～h_2，h_3～h_4 の間を線形に補間している．$b(z)$ は正規化された吸水分布（m^{-1}）（根群域の領域での積分値が 1 となる）を表す．吸水分布は根量の割合に応じて設定することができる．T_p は蒸散位（可能蒸散速度）（$m\,s^{-1}$）であり，具体的な数値の設定の仕方については後述する．

b. 液状水移動と水蒸気移動が共存する場合

水蒸気移動を考慮する場合，水蒸気移動は表 9.1 に示すように，水蒸気密度勾

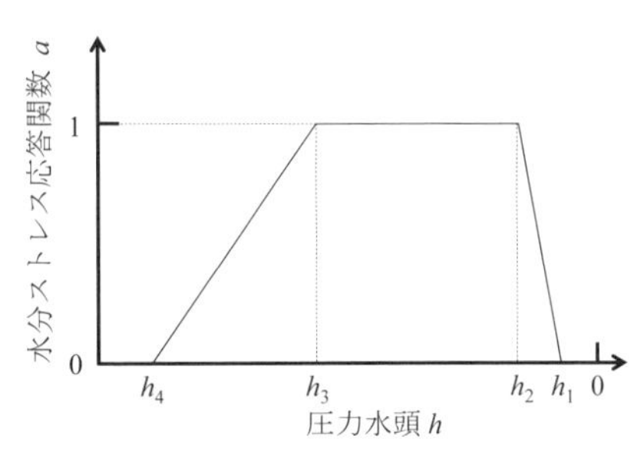

図 9.2 根の吸水における水分ストレス応答関数の例（Feddes *et al*., 1978）

配 $\nabla\rho_v$ を駆動力とした拡散によって生じる．水蒸気密度 ρ_v（$kg\,m^{-3}$）は，

$$\rho_v = \rho_v^* RH = \rho_v^* \exp\left(\frac{M_w g h}{RT}\right) \tag{9.11}$$

により表され，圧力水頭 h（m）と温度 T（K）の関数となる．ここで，ρ_v^* は温度 T での飽和水蒸気密度（$kg\,m^{-3}$），RH は相対湿度，M_w は水の分子量（$0.0180\,kg\,mol^{-1}$），g は重力加速度（$9.81\,m\,s^{-2}$），R は気体定数（$8.31\,J\,mol^{-1}\,K^{-1}$）である．水蒸気フラックス q_v（$m\,s^{-1}$）は，土壌気相中の水蒸気拡散係数を D_v（$m^2\,s^{-1}$）とすると，フィック（Fick）の拡散則により，

$$\begin{aligned} q_v &= -\rho_w{}^{-1} D_v \frac{\partial \rho_v}{\partial z} = -\rho_w{}^{-1} D_v \left(\left.\frac{\partial \rho_v}{\partial h}\right|_T \frac{\partial h}{\partial z} + \left.\frac{\partial \rho_v}{\partial T}\right|_h \frac{\partial T}{\partial z}\right) \\ &= -D_{vh}\frac{\partial h}{\partial z} - D_{vT}\frac{\partial T}{\partial z} \end{aligned} \tag{9.12}$$

となる．式(9.12)の右辺に $\partial h/\partial z$ と $\partial T/\partial z$ の2項があるのは，水蒸気密度勾配に圧力水頭と温度がともにかかわることを意味する．等温水蒸気拡散係数 D_{vh}（$m\,s^{-1}$）と非等温水蒸気拡散係数 D_{vT}（$m^2\,s^{-1}\,K^{-1}$）は，式(9.11)，(9.12)より，

$$D_{vh} = \frac{D_v}{\rho_w}\frac{M_w g}{RT}\rho_v \tag{9.13}$$

$$D_{vT} = \frac{D_v}{\rho_w}\left(RH\frac{d\rho_v^*}{dT} - \frac{M_w g h}{RT^2}\rho_v\right) \tag{9.14}$$

と与えられる．

また，土壌中の水蒸気量（体積水蒸気率 θ_v）は，

$$\theta_v = (\Phi - \theta)\frac{\rho_v}{\rho_w} \tag{9.15}$$

によって表され（Φ は間隙率），結局，液状水と水蒸気の移動支配方程式（根の吸水（S_w）を含む）は，

$$\frac{\partial(\theta + \theta_v)}{\partial t} = \frac{\partial}{\partial z}\left[K\left(\frac{\partial h}{\partial z} + 1\right)\right] + \frac{\partial}{\partial z}\left[D_{vh}\frac{\partial h}{\partial z} + D_{vT}\frac{\partial T}{\partial z}\right] - S_w \tag{9.16}$$

となる．ただし，式(9.16)では温度勾配によって引き起こされる液状水の移動は影響が小さいとして無視している．水蒸気移動の一部が温度勾配によって引き起こされるため，水蒸気移動の解析のときは，後述する熱移動解析を同時に行う必要がある．

9.3.2　土壌水分特性の設定

a.　水分特性曲線（水分保持曲線）

リチャーズ式（式(9.8)）の左辺の変数は体積含水率，右辺の変数は圧力水頭となっている．左辺を変形して，

$$C\frac{\partial h}{\partial t}=\frac{d\theta}{dh}\frac{\partial h}{\partial t}=\frac{\partial}{\partial z}\left[K\left(\frac{\partial h}{\partial z}+1\right)\right] \tag{9.17}$$

として解析することもできる．ここで，C は比水分容量（m^{-1}）で，対象土壌の水分特性曲線の傾き $d\theta/dh$ で定義される．式(9.8)，(9.16)，(9.17)のいずれの式を解析する場合においても，2.1.1 項で触れた対象土壌の水分特性曲線が必要である．

水分特性曲線の関数形には様々な定式化が提案されている．その代表的なモデルの 1 つにバン・ゲヌフテン（van Genuchten）の式がある（van Genuchten 1980）．

$$\theta(h)=\theta_r+\frac{\theta_s-\theta_r}{[1+|\alpha h|^n]^m} \tag{9.18}$$

ここで，θ_r は残留体積含水率（乾燥側において体積含水率が低下していくときの漸近値），θ_s は飽和体積含水率（間隙率にほぼ等しい），α，n，m はパラメータである．一般的には，対象土壌の圧力水頭と体積含水率の関係を実験によって得て，これに式(9.18)が適合するようなパラメータを同定する．ここで，α は長さの逆数の単位をもつことに注意が必要である．

b.　不飽和透水係数と圧力水頭の関係

不飽和透水係数は 2.1.2 項で述べたように，圧力水頭によって変化する．不飽和透水係数と圧力水頭の関係は水分特性曲線の形状と関係性があり，これに基づいて定式化されたバン・ゲヌフテンの式がよく用いられる．これを採用する利点は，式(9.18)のパラメータをそのまま利用できることにある．ただしこのとき，$m=1-1/n$ の関係がある．

$$K(h)=K_sS_e^l[1-(1-S_e^{1/m})^m]^2 \tag{9.19}$$

ここで，K_s は飽和透水係数（$m\,s^{-1}$），S_e は有効飽和度であり次式で定義される．

$$S_e=\frac{\theta-\theta_r}{\theta_s-\theta_r} \tag{9.20}$$

l は多くの土壌に対しておよそ 0.5 を与えることができる（Mualem, 1976）が，水分特性曲線とは独立して不飽和透水係数と圧力水頭の関数形状を変えることがで

きるフィッティングパラメータである（Rassam *et al.*, 2004）．飽和透水係数には実測値を与えることが多い．

c. 水蒸気拡散係数

土壌気相中の水蒸気拡散係数 D_v は大気中の水蒸気拡散係数 $D_{g,0}$（$m^2\,s^{-1}$）に気相率 a と屈曲度 τ_g（0～1の値）を掛け合わせた次式

$$D_v = \tau_g a D_{g,0} \tag{9.21}$$

や，さらに間隙率を考慮したミリントン・クォーク（Millington-Quirk）モデルなど，様々な式が提案されている．ガス拡散係数のモデルについては，2.2.1項にも説明がある．

式(9.13)，(9.14)によって，水蒸気拡散係数が表されるが，温度勾配を駆動力とする水蒸気移動量が式(9.14)の D_{vT} では過少評価されることが知られており，補正係数（水蒸気促進係数）ζ が導入される．

$$D_{vT} = \frac{D_v}{\rho_w}\zeta\left(RH\frac{d\rho_v^*}{dT} - \frac{M_w gh}{RT^2}\rho_v\right) \tag{9.22}$$

この係数の物理的意味としては，局所的に間隙内に存在する液状水を介して水蒸気が移動する液島現象，実際の水蒸気移動の駆動力となる気相中の局所的温度勾配が土壌中の平均的温度勾配よりも大きくなる現象（Philip and de Vries, 1957）などがある．水蒸気促進係数の物理的意味については，7.5節でも触れている．

9.3.3 初期条件と境界条件

a. 初期条件

初期条件は圧力水頭もしくは体積含水率で与えられる．設定方法としては，①測定値を補間する，②地下水位が既知の場合は地下水面を圧力水頭0とする平衡状態を仮定する，③現場土壌の場合は，地表面にたとえば1年間の平均的な水フラックス（降水量－蒸発散量）を与え，定常になったときの土壌水分状態を初期値とするといった方法がある．

b. 既知圧力水頭条件

上端境界である地表面に既知水深の湛水がある場合，下端境界が地下水面である場合などでは，境界に既知圧力水頭値を与えることができる．

$$h(z,t) = h_0(t) \qquad z=0 \text{ もしくは } z=-L \tag{9.23}$$

ここで，h_0 は既知圧力水頭，$z=0$ は上端境界座標，$z=-L$ は下端境界座標である．

c. 既知フラックス条件

上端，下端のフラックスが既知の場合に採用される．

$$-K\left(\frac{\partial h}{\partial z}+1\right)=q_{w0}(t) \qquad z=0 \text{ もしくは } z=-L \tag{9.24}$$

ここで，$q_{w0}(t)$ は境界での既知フラックスの経時変化である．

地下水面が対象領域よりも十分深くに存在し，下端境界において圧力水頭が深さ方向に変化しない（$dh/dz=0$）場合，境界でのフラックスは重力勾配のみによる下向きのフラックス $-K(h)$ となり，下端での圧力水頭の時間変化に依存する．この条件は自由排水（重力排水）条件とよばれる．

d. 浸出面条件

カラム実験や秤量式ライシメータ実験における下端境界や堤体の断面を二次元で解析するときの堤体法面下部の地表面境界では，飽和状態になると水が浸出するが，不飽和状態では浸出しない．このような境界には，飽和状態では圧力水頭ゼロの既知圧力水頭条件，不飽和状態ではフラックスゼロの既知フラックス条件に切り替えることで対応できる．

e. 大気境界条件

地表面への降水量や灌水量が与えられるとき，その水フラックスが土壌に浸入できる間は式(9.24)の既知フラックス条件が適用されるが，地表面が飽和状態となると与えられた降水量や灌水量が浸入能よりも大きくなることがあるため，地表面が飽和状態となった時点で，地表面境界条件は式(9.23)の既知圧力水頭条件に切り替えられる．既知圧力水頭をゼロに設定すると，浸入できない水量は地表流出となり，ゼロより大きい正値に設定すると，湛水が許容される条件となる(Šimůnek *et al.*, 2013)．

一方，蒸発量については，ペンマン・モンテース（Penman-Monteith）式（7.3.3項参照）などを用いて推定される蒸発散位（ET_p）から設定される蒸発位 E_p が境界条件として与えられる．ET_p から蒸発位 E_p を分離する方法として，植生による日射遮断の考え方に基づいた以下の葉面積指数（LAI：leaf area index）を用いた式が利用される．

$$E_p=ET_p\exp(-\mu\times\mathrm{LAI}) \tag{9.25}$$

μ は係数である．μ はたとえば 0.82（キャンベル，1987）などが用いられる．蒸発位分の水フラックスを土壌が供給できる間は既知フラックス条件となるが，地表面付近の土壌が乾燥して蒸発位分の水フラックスを供給できなくなると，所定の圧力水頭値（つまり，圧力水頭がとりうる最小値）で既知圧力水頭条件に切り替える必要がある（Šimůnek *et al.*, 2013）．この地表面の圧力水頭 h_{min} は，地表面付近の大気の相対湿度 RH から次式を用いて計算できる（式(9.11)参照）．

$$h_{\mathrm{min}}=\frac{RT}{M_{\mathrm{w}}g}\ln(RH) \tag{9.26}$$

なお，ET_{p} から E_{p} を差し引いた以下の蒸散位 T_{p} は式(9.10)に代入されて吸水項として計算される．

$$T_{\mathrm{p}}=ET_{\mathrm{p}}-E_{\mathrm{p}}=ET_{\mathrm{p}}[1-\exp(-\mu\times\mathrm{LAI})] \tag{9.27}$$

9.4 土壌中の化学物質移動

水移動と同様に鉛直一次元の化学物質移動について述べる．

9.4.1 支配方程式

土壌中の化学物質には，固相に吸着する形態，液相に溶解する形態，気相にガスとして存在する形態の3種の存在形態がありうる．3種の形態で存在するとき，単位体積の土壌に存在する化学物質質量（質量の代わりにモルや当量でもよい）は，

$$\rho_{\mathrm{b}}c_{\mathrm{s}}+\theta c_{\mathrm{l}}+ac_{\mathrm{g}} \tag{9.28}$$

によって表される（変数は表 9.2 を参照）．これが連続式(9.4)の物理量 u に相当する．化学物質の移動メカニズムとして，固相自体の移動は考慮せず，2.2 節にあるように，液相中の化学物質の移流，拡散，水力学的分散，気相中のガス拡散を考慮し，これらの運動方程式を連続方程式に代入すると，支配方程式は以下のようになる．

$$\begin{aligned}&\frac{\partial\rho_{\mathrm{b}}c_{\mathrm{s}}}{\partial t}+\frac{\partial\theta c_{\mathrm{l}}}{\partial t}+\frac{\partial ac_{\mathrm{g}}}{\partial t}\\&=-\frac{\partial q_{\mathrm{w}}c_{\mathrm{l}}}{\partial z}+\frac{\partial}{\partial z}\left(\theta D_{\mathrm{s,diff}}\frac{\partial c_{\mathrm{l}}}{\partial z}\right)+\frac{\partial}{\partial z}\left(\theta D_{\mathrm{s,disp}}\frac{\partial c_{\mathrm{l}}}{\partial z}\right)+\frac{\partial}{\partial z}\left(aD_{\mathrm{g,diff}}\frac{\partial c_{\mathrm{g}}}{\partial z}\right)\end{aligned} \tag{9.29}$$

拡散項と水力学的分散項を統合すると，

$$\frac{\partial \rho_b c_s}{\partial t}+\frac{\partial \theta c_l}{\partial t}+\frac{\partial a c_g}{\partial t}=-\frac{\partial q_w c_l}{\partial z}+\frac{\partial}{\partial z}\left(\theta D_s \frac{\partial c_l}{\partial z}\right)+\frac{\partial}{\partial z}\left(a D_{g,\mathrm{diff}} \frac{\partial c_g}{\partial z}\right) \quad (9.30)$$

となる．ここで，D_s は分散係数（$m^2\,s^{-1}$）とよばれる．

固相への吸着がなく，ガス態にもならない物質（たとえば，Cl（塩素）イオンなど）の場合には，

$$\frac{\partial \theta c_l}{\partial t}=-\frac{\partial q_w c_l}{\partial z}+\frac{\partial}{\partial z}\left(\theta D_s \frac{\partial c_l}{\partial z}\right) \quad (9.31)$$

Na（ナトリウム）イオンなどガス態にならず，固相と液相に存在する場合には，

$$\frac{\partial \rho_b c_s}{\partial t}+\frac{\partial \theta c_l}{\partial t}=-\frac{\partial q_w c_l}{\partial z}+\frac{\partial}{\partial z}\left(\theta D_s \frac{\partial c_l}{\partial z}\right) \quad (9.32)$$

によって表される．式(9.31)，(9.32)のように移流と分散で表される支配方程式は移流分散方程式とよばれる．

根による化学物質の吸収を考慮する場合は，液相中に溶解している化学物質が式(9.9)における吸水量 S_w に従って吸収されるとすると，

$$\begin{aligned}&\frac{\partial \rho_b c_s}{\partial t}+\frac{\partial \theta c_l}{\partial t}+\frac{\partial a c_g}{\partial t}\\&=-\frac{\partial q_w c_l}{\partial z}+\frac{\partial}{\partial z}\left(\theta D_s \frac{\partial c_l}{\partial z}\right)+\frac{\partial}{\partial z}\left(a D_{g,\mathrm{diff}} \frac{\partial c_g}{\partial z}\right)-S_w c_l\end{aligned} \quad (9.33)$$

となる．

9.4.2 化学物質の形態変化を考慮した支配方程式

窒素の形態変化，放射性物質の崩壊，揮発性有機化合物の分解など化学物質に形態変化がともなう場合について述べる．ある物質Aからある物質Bに形態が変化するときの化学反応を表す式として反応速度式が用いられる．物質Aの濃度を C_A とすると，その変化速度は次式で表される．

$$\frac{dC_A}{dt}=-kC_A^n \quad (9.34)$$

ここで，k は反応速度定数，n は反応次数である．反応次数は化学反応に依存するが，微生物活動にともなう形態変化や放射性物質の崩壊など多くの反応は一次反応（first-order reaction）で表される（$n=1$）ことがわかっており，ここでは

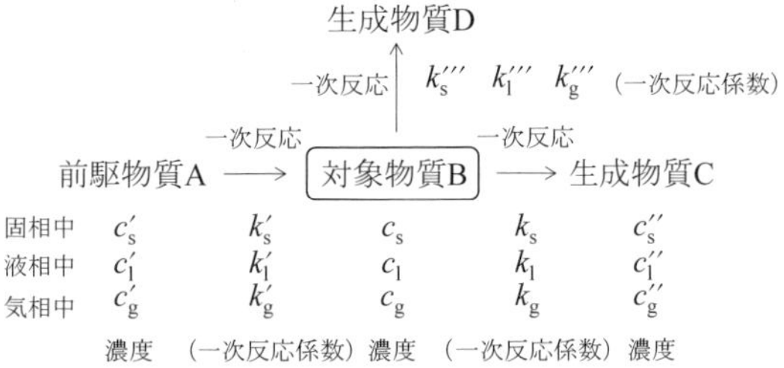

生成物質D

↑ 一次反応　k_s'''　k_l'''　k_g'''　（一次反応係数）

前駆物質A —一次反応→ 対象物質B —一次反応→ 生成物質C

	前駆物質A		対象物質B		生成物質C
固相中	c_s'	k_s'	c_s	k_s	c_s''
液相中	c_l'	k_l'	c_l	k_l	c_l''
気相中	c_g'	k_g'	c_g	k_g	c_g''
	濃度	（一次反応係数）	濃度	（一次反応係数）	濃度

図 9.3　化学物質の形態変化

一次反応に従う化学反応を組む込む例を示す．

一次反応が固相，液相，気相中に存在する化学物質に対してそれぞれ生じると仮定する．図 9.3 に示すように，対象物質 B が前駆物質 A からの一次反応によって生成し，対象物質 B が一次反応によって消失して生成物質 C に変化するとき，対象物質 B の支配方程式は以下となる．

$$\begin{aligned}&\frac{\partial \rho_b c_s}{\partial t}+\frac{\partial \theta c_l}{\partial t}+\frac{\partial a c_g}{\partial t}\\&=-\frac{\partial q_w c_l}{\partial z}+\frac{\partial}{\partial z}\left(\theta D_s \frac{\partial c_l}{\partial z}\right)+\frac{\partial}{\partial z}\left(a D_{g,\mathrm{diff}} \frac{\partial c_g}{\partial z}\right)-S_w c_l\\&\quad+k_s'\rho_b c_s'+k_l'\theta c_l'+k_g' a c_g'-k_s\rho_b c_s-k_l\theta c_l-k_g a c_g\end{aligned}\tag{9.35}$$

ここで，各相での反応速度係数を個別に与えている．前駆物質の各相の濃度および前駆物質から対象物質への反応速度係数に $'$ を付している．もし，対象物質 B が他の化学反応（次式において反応速度係数に $'''$ を付している）によって別の生成物質 D に変化する場合は（図 9.3），

$$\begin{aligned}&\frac{\partial \rho_b c_s}{\partial t}+\frac{\partial \theta c_l}{\partial t}+\frac{\partial a c_g}{\partial t}\\&=-\frac{\partial q_w c_l}{\partial z}+\frac{\partial}{\partial z}\left(\theta D_s \frac{\partial c_l}{\partial z}\right)+\frac{\partial}{\partial z}\left(a D_{g,\mathrm{diff}} \frac{\partial c_g}{\partial z}\right)\\&\quad-S_w c_l+k_s'\rho_b c_s'+k_l'\theta c_l'+k_g' a c_g'-k_s\rho_b c_s-k_l\theta c_l-k_g a c_g\\&\quad-k_s'''\rho_b c_s-k_l'''\theta c_l-k_g''' a c_g\end{aligned}\tag{9.36}$$

なお，前駆物質 A の支配方程式は，

$$\frac{\partial \rho_b c_s'}{\partial t}+\frac{\partial \theta c_l'}{\partial t}+\frac{\partial a c_g'}{\partial t}$$

$$=-\frac{\partial q_w c_l'}{\partial z}+\frac{\partial}{\partial z}\left(\theta D_s \frac{\partial c_l'}{\partial z}\right)+\frac{\partial}{\partial z}\left(a D_{g,\mathrm{diff}} \frac{\partial c_g'}{\partial z}\right) \tag{9.37}$$

$$-S_w c_l'-k_s' \rho_b c_s'-k_l' \theta c_l'-k_g' a c_g'$$

生成物質 C の支配方程式は,

$$\frac{\partial \rho_b c_s''}{\partial t}+\frac{\partial \theta c_l''}{\partial t}+\frac{\partial a c_g''}{\partial t}$$

$$=-\frac{\partial q_w c_l''}{\partial z}+\frac{\partial}{\partial z}\left(\theta D_s \frac{\partial c_l''}{\partial z}\right)+\frac{\partial}{\partial z}\left(a D_{g,\mathrm{diff}} \frac{\partial c_g''}{\partial z}\right) \tag{9.38}$$

$$-S_w c_l''+k_s \rho_b c_s+k_l \theta c_l+k_g a c_g$$

式(9.36)～(9.38)を解くことによって，図 9.3 に示す反応系の物質 A，B，C の各相における濃度変化を得ることができる.

9.4.3　吸着等温線とヘンリーの法則

化学物質移動の支配方程式の中には変数として，各相の濃度 c_s，c_l，c_g が含まれており，このままでは解くことができない．したがって，各相の濃度の関係性を導入する必要がある．各相の濃度がすみやかに平衡状態に達する場合，固相中の吸着濃度 c_s と液相中の溶質濃度 c_l の関係は吸着等温線（adsorption isotherm）によって表現される．これについては 2.2.3 項にすでに述べられている．吸着等温線が線形で表される場合,

$$c_s=K_d c_l \tag{9.39}$$

となる．K_d (m^3 kg^{-1}) は分配係数である．これを式(9.32)に代入すると,

$$(\rho_b K_d+\theta)\frac{\partial c_l}{\partial t}=-\frac{\partial q_w c_l}{\partial z}+\frac{\partial}{\partial z}\left(\theta D_s \frac{\partial c_l}{\partial z}\right) \tag{9.40}$$

両辺を θ で除すと,

$$\left(\frac{\rho_b K_d}{\theta}+1\right)\frac{\partial c_l}{\partial t}=R\frac{\partial c_l}{\partial t}=-\frac{\partial (q_w/\theta) c_l}{\partial z}+\frac{\partial}{\partial z}\left(D_s \frac{\partial c_l}{\partial z}\right) \tag{9.41}$$

ここで，R は $1+\rho_b K_d/\theta$ で表され，遅延係数（retardation factor）とよばれ，水の移動に対する化学物質の移動の遅れを表す指標となる.

また，液相中の溶質濃度 c_l と気相中のガス濃度 c_g の関係はヘンリー（Henry）

の法則を用いて表される．ヘンリーの法則は，揮発性の溶質を含む希薄溶液の濃度 c はこれと平衡にある気相内の溶質物質の分圧 p に比例する（$c=K_{\mathrm{H}}p$）というもので，その比例定数 K_{H} は溶質，溶媒，温度に依存し，既知の値として与えられる．K_{H} が $\mathrm{mol\,m^{-3}\,atm^{-1}}$ で与えられるとき，液相中の溶質濃度 c_{l}（$\mathrm{g\,m^{-3}}$）と気相中のガス濃度 c_{g}（$\mathrm{g\,m^{-3}}$）の関係は，

$$c_{\mathrm{g}}=\frac{1}{K_{\mathrm{H}}RT}c_{\mathrm{l}}=H_{\mathrm{g}}c_{\mathrm{l}} \tag{9.42}$$

ここで，H_{g} は無次元定数，R は気体定数（$8.2\times10^{-5}\,\mathrm{m^3\,atm\,K^{-1}\,mol^{-1}}$），$T$ は絶対温度（K）である．

固相と液相の物質濃度がただちに平衡に達すると仮定できない場合は，非平衡過程を組み込むことも可能である（たとえば，van Genuchten and Wagenet, 1989）.

9.4.4 化学物質移動特性の設定

a. 分散係数とガス拡散係数

2.2.2 項で述べたように，分散係数 D_{s} は液相中の溶質拡散係数 $D_{\mathrm{s,diff}}$ と水力学的分散係数 $D_{\mathrm{s,disp}}$ を加算したものである．土壌中のガス拡散係数 $D_{\mathrm{g,diff}}$ は水蒸気拡散係数 D_{v}（式(9.21)）と同様の形式で与えることができる．

b. 反応速度係数

化学物質反応を表現するための反応速度係数については，微生物反応の場合は培養試験などから実験的に求めて与えることができる．微生物反応は土壌水分量や温度に依存するため，反応速度係数の土壌水分依存性，温度依存性を考慮する場合がある．

放射性物質のように半減期 $t_{1/2}$(s) が既知の場合には，次式から一次反応速度係数 k($\mathrm{s^{-1}}$) を求められる．

$$k=-\frac{\ln(1/2)}{t_{1/2}} \tag{9.43}$$

9.4.5 初期条件と境界条件

a. 初期条件

計算領域の初期状態の溶質濃度 c_{l} が一般に与えられる．c_{l} が与えられると，吸

着等温線とヘンリーの法則によって，固相中の吸着濃度 c_s と気相中のガス濃度 c_g の初期値も同時に設定される．もしくは，初期状態の土壌中に含まれる化学物質の総量を与えれば，吸着等温線とヘンリーの法則を用いて，乾燥密度，体積含水率，気相率から固相，液相，気相に配分されるそれぞれの初期濃度を設定することができる．

b.　既知濃度条件

上端境界や下端境界において液相中の溶質濃度が既知の場合に適用される．

$$c_l(z,t)=c_0(t) \qquad z=0 \text{ もしくは } z=-L \tag{9.44}$$

ここで，c_0 は既知溶質濃度である．

c.　濃度フラックス条件

上端境界や下端境界において移動する液状水の溶質濃度 c_{l0} が既知として，境界での液状水フラックス q_{w0} に溶質濃度を乗じた値（濃度フラックスとよばれる）を境界条件として与えることができる．

$$-\theta D_s\frac{\partial c_l}{\partial z}+q_w c_l=q_{w0}c_{l0} \qquad z=0 \text{ もしくは } z=-L \tag{9.45}$$

d.　濃度勾配ゼロ条件

下端境界において溶質濃度の深さ方向の変化がなくなるような場合，濃度勾配がゼロの条件を与えることができる．

$$-\theta D_s\frac{\partial c_l}{\partial z}=0 \qquad z=-L \tag{9.46}$$

9.5　土壌中の熱移動

温度環境の計算のためには熱移動解析が行われるが，一次元の熱移動現象の解析について，水蒸気移動のない場合とある場合に分けて述べる．

9.5.1　支配方程式

a.　液状水移動のみの場合

水蒸気移動をともなわず液状水のみを考慮する場合，単位体積の土壌が有する熱量 Q（$\mathrm{J\,m^{-3}}$）は，

$$Q=C_T(T-T_0) \tag{9.47}$$

となる．ここで，C_T は土壌の体積熱容量（$\mathrm{J\,m^{-3}\,K^{-1}}$），$T_0$ は基準温度（K）であ

る．

一方, 7.5 節で一部触れたように土壌中の熱移動は温度勾配を駆動力とする熱伝導，液状水移動にともなう熱分散と顕熱移流，根の吸水による熱吸収，化学反応による熱生成・熱消失からなる（表 9.3 参照）．熱伝導は 7.1 節で示したようにフーリエ（Fourier）の法則によって表される．

$$q_{\mathrm{h,cond}} = -\lambda \frac{\partial T}{\partial z} \tag{9.48}$$

ここで，$q_{\mathrm{h,cond}}$ は熱伝導フラックス（$\mathrm{J\,m^{-2}\,s^{-1}}$），$\lambda$ は土壌の熱伝導率（$\mathrm{J\,m^{-1}\,s^{-1}\,K^{-1}}$）である．

熱分散は液相中の溶質移動現象における水力学的分散と同様の移動現象であり，

$$q_{\mathrm{h,disp}} = -D_{\mathrm{h,disp}} \frac{\partial T}{\partial z} \tag{9.49}$$

によって表現される．ここで，$q_{\mathrm{h,disp}}$ は熱分散フラックス（$\mathrm{J\,m^{-2}\,s^{-1}}$），$D_{\mathrm{h,disp}}$ は熱分散係数（$\mathrm{J\,m^{-1}\,s^{-1}\,K^{-1}}$）である．熱分散係数は水力学的分散係数と同様に表すことができる．

$$\frac{D_{\mathrm{h,disp}}}{C_{\mathrm{w}}} = \alpha_{\mathrm{h}} \frac{|q_{\mathrm{w}}|}{\theta} \tag{9.50}$$

ここで，α_{h} は熱分散長（m），C_{w}（$\mathrm{J\,m^{-3}\,K^{-1}}$）は水の体積熱容量である．流動地下水の場合, 溶質移動とほぼ等しいスケールで熱分散が生じている（藤縄, 2010）．

液状水移動による顕熱移流フラックス $q_{\mathrm{h,l,conv}}$（$\mathrm{J\,m^{-2}\,s^{-1}}$）は，

$$q_{\mathrm{h,l,conv}} = C_{\mathrm{w}} q_{\mathrm{w}} (T - T_0) \tag{9.51}$$

である．

熱移動の支配方程式は，連続式(9.6)と運動方程式をもとにして導くことができる．

$$\frac{\partial C_{\mathrm{T}} T}{\partial t} = \frac{\partial}{\partial z}\left[(\lambda + D_{\mathrm{h,disp}})\frac{\partial T}{\partial z}\right] - C_{\mathrm{w}} q_{\mathrm{w}} \frac{\partial T}{\partial z} - S_{\mathrm{w}} C_{\mathrm{w}} (T - T_0) \pm S_{\mathrm{h}} \tag{9.52}$$

ここで，右辺第 3 項は根の吸水による熱移動，S_{h} は化学反応による熱生成・熱消失（$\mathrm{J\,m^{-3}\,s^{-1}}$）である．

b. 液状水移動と水蒸気移動が共存する場合

水蒸気移動が生じる場合の土壌中の熱量は，

$$Q = C_{\mathrm{T}}(T - T_0) + L_0\theta_{\mathrm{v}} \tag{9.53}$$

となる（de Vries, 1958）．L_0 は基準温度 T_0 のときに単位体積の水を蒸発させるのに必要な熱量，つまり蒸発潜熱（$\mathrm{J\,m^{-3}}$）である．また，水蒸気移動の存在によって，上記の熱移動メカニズムに加えて，潜熱輸送と水蒸気移動による顕熱移流を考慮する必要がある．潜熱輸送フラックス $q_{\mathrm{h,latent}}$（$\mathrm{J\,m^{-2}\,s^{-1}}$）は，

$$q_{\mathrm{h,latent}} = L_0 q_{\mathrm{v}} \tag{9.54}$$

水蒸気移動による顕熱移流フラックス $q_{\mathrm{h,v,conv}}$（$\mathrm{J\,m^{-2}\,s^{-1}}$）は，$C_{\mathrm{v}}$ を水蒸気の体積熱容量（$\mathrm{J\,m^{-3}\,K^{-1}}$）とすると，

$$q_{\mathrm{h,v,conv}} = C_{\mathrm{v}} q_{\mathrm{v}}(T - T_0) \tag{9.55}$$

根の吸水による熱移動，熱生成・熱消失を省略すると支配方程式は，

$$\begin{aligned}\frac{\partial C_{\mathrm{T}} T}{\partial t} + L_0 \frac{\partial \theta_{\mathrm{v}}}{\partial t} &= \frac{\partial}{\partial z}\left[(\lambda + D_{\mathrm{h,disp}})\frac{\partial T}{\partial z}\right] \\ &\quad - C_{\mathrm{w}} q_{\mathrm{w}} \frac{\partial T}{\partial z} - C_{\mathrm{v}} q_{\mathrm{v}} \frac{\partial T}{\partial z} - L_0 \frac{\partial q_{\mathrm{v}}}{\partial z}\end{aligned} \tag{9.56}$$

となる．水蒸気フラックス q_{v} は式(9.12)に示したように，圧力水頭勾配による成分と温度勾配による成分に分離できるため，

$$\begin{aligned}\frac{\partial C_{\mathrm{T}} T}{\partial t} + L_0 \frac{\partial \theta_{\mathrm{v}}}{\partial t} &= \frac{\partial}{\partial z}\left[(\lambda + D_{\mathrm{h,disp}} + L_0 D_{\mathrm{v}T})\frac{\partial T}{\partial z}\right] \\ &\quad + \frac{\partial}{\partial z}\left(L_0 D_{\mathrm{v}h} \frac{\partial h}{\partial z}\right) - C_{\mathrm{w}} q_{\mathrm{w}} \frac{\partial T}{\partial z} - C_{\mathrm{v}} q_{\mathrm{v}} \frac{\partial T}{\partial z}\end{aligned} \tag{9.57}$$

と表すことができる．右辺第1項中の係数は，

$$\lambda_{\mathrm{a}} = \lambda + D_{\mathrm{h,disp}} + L_0 D_{\mathrm{v}T} \tag{9.58}$$

とまとめられ，λ_{a} は熱伝導，熱分散，温度勾配による潜熱輸送を考慮した土壌の見かけの熱伝導率と捉えることができる．

土壌の熱的特性（体積熱容量，熱伝導率）については7.2節を参照されたい．

9.5.2 初期条件と境界条件

a. 初期条件

初期条件は，計算領域における初期状態の温度が設定される．

b. 既知温度条件

上端境界や下端境界において温度を既知 T_{b} として与える条件である．

$$T(z,t)=T_{\mathrm{b}}(t) \qquad z=0 \text{ もしくは } z=-L \tag{9.59}$$

地表面温度の日変化や季節変化は周期的であるため, sin カーブによって近似して与える場合がある.

c. 既知熱フラックス条件

上端境界, 場合によっては下端境界において, 熱フラックスが既知 q_{h0} である場合の条件である.

$$-(\lambda+D_{\mathrm{h,disp}})\frac{\partial T}{\partial z}+C_{\mathrm{w}}q_{\mathrm{w}}T=q_{\mathrm{h0}}(t) \qquad z=0 \text{ もしくは } z=-L \tag{9.60}$$

d. 既知流入水温度・流出水温度条件

上端境界からの流入水あるいは下端境界からの流出水の温度が既知 T_{b} の場合の条件である.

$$-(\lambda+D_{\mathrm{h,disp}})\frac{\partial T}{\partial z}+C_{\mathrm{w}}q_{\mathrm{w}}T=C_{\mathrm{w}}q_{\mathrm{w0}}(t)\,T_{\mathrm{b}}(t) \qquad z=0 \text{ もしくは } z=-L \tag{9.61}$$

e. 温度勾配ゼロ勾配条件

下端において深さ方向に温度が一定になるときに適用される条件である.

$$\frac{\partial T}{\partial z}=0 \tag{9.62}$$

9.6 近似計算手法

支配方程式は非定常偏微分方程式となり, これを解くために用いられる代表的な近似計算手法が差分法 (finite difference method) や有限要素法 (finite element method) である. これらの近似計算手法では, まず空間に節点を設けて部分領域に分割し (離散化とよばれる), 各部分領域において支配方程式が成り立つとして近似式をあてはめ, これらを対象領域全体にわたって組み立てることによって解く.

以下に, キャンベル (1987) を参考に, 差分法を一次元の熱伝導による熱移動と液状水移動に適用した例を簡単に紹介する.

ここで解く支配方程式は, 式(9.52)を簡略化した熱伝導方程式,

$$C_{\mathrm{T}}\frac{\partial T}{\partial t}=\frac{\partial}{\partial z}\left(\lambda\frac{\partial T}{\partial z}\right) \tag{9.63}$$

と式(9.8)で表される水移動方程式である．

$$\frac{\partial \theta}{\partial t}=\frac{\partial}{\partial z}\left[K\left(\frac{\partial h}{\partial z}+1\right)\right] \quad (9.8 \text{ 再掲})$$

9.6.1 差分近似

計算対象領域に図9.4のような節点（node）を設定する．節点数は下端境界から上端境界までN個とする．ここでは，上向きを正としている．節点が支配する領域は要素（element）とよばれる．i番目の節点が支配する領域を要素iとし，その要素での熱収支，水収支を考える．ある時間間隔Δtにおける，要素$i-1$から要素iへの熱あるいは水の流入量と要素iから要素$i+1$への流出量の差が，Δtの間に生じた要素iでの熱量あるいは土壌水分量の変化量に等しい．たとえば，要素$i-1$から要素iにおける水の流入量は，ダルシー式の差分近似によって，

$$q_{\mathrm{w}i-1/2}=-\left(K_{i-1/2}\frac{h_i-h_{i-1}}{z_i-z_{i-1}}+K_{i-1/2}\right) \quad (9.64)$$

と表すことができる．ここで，下付き文字iは節点の位置を表す．要素$i-1$から要素iへの流れを規定する$K_{i-1/2}$は節点$i-1$のK_{i-1}と節点iのK_iの平均値とする（λについても同様）．熱収支式，水収支式は以下のようになる．

$$\frac{C_{\mathrm{T}i}(T_i^{\,j+1}-T_i^{\,j})}{\Delta t}=\frac{\left(-\lambda_{i-1/2}\frac{\overline{T}_i-\overline{T}_{i-1}}{z_i-z_{i-1}}\right)-\left(-\lambda_{i+1/2}\frac{\overline{T}_{i+1}-\overline{T}_i}{z_{i+1}-z_i}\right)}{\frac{z_{i+1}-z_{i-1}}{2}} \quad (9.65)$$

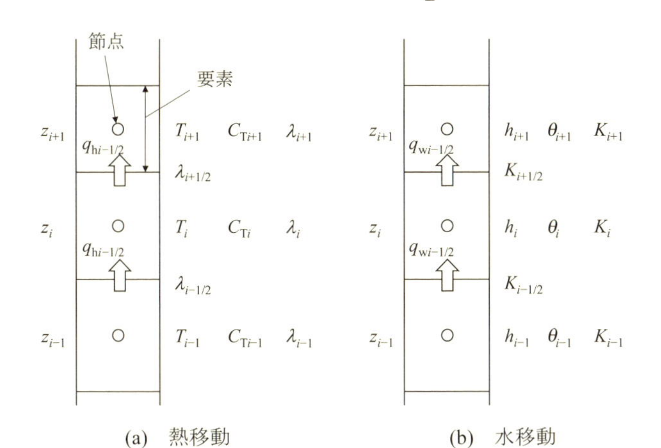

図 9.4 一次元計算領域の離散化

$$\frac{\theta_i^{j+1}-\theta_i^j}{\Delta t}=\frac{\left[-\left(\bar{K}_{i-1/2}\frac{\bar{h}_i-\bar{h}_{i-1}}{z_i-z_{i-1}}+\bar{K}_{i-1/2}\right)\right]-\left[-\left(\bar{K}_{i+1/2}\frac{\bar{h}_{i+1}-\bar{h}_i}{z_{i+1}-z_i}+\bar{K}_{i+1/2}\right)\right]}{\frac{z_{i+1}-z_{i-1}}{2}} \tag{9.66}$$

ここで，右辺の分母は要素 i の長さ（意味としては要素の体積と捉えることができるが，一次元のため，長さとなる）である．上付き文字 j は時間ステップを表しており，$j+1$ 番目の時間と j 番目の時間の差が Δt である．この式は，式(9.63)，(9.8)を差分近似した1つの表現にほかならない．ここで，温度 T と圧力水頭 h にバーがついているのは，右辺の T と h は時間 j と $j+1$ の間で平均化したものであることを示している．さらに，不飽和透水係数 K にもバーがついているのは，K が平均化された $\bar{h}$ の関数となるためである．

ここで重要なことは，水移動解析では，計算で必要となるパラメータ K が h の関数であり，K を決定するためには，解析によって求めたい未知の h が必要となるということである．こうした問題のない熱移動解析（ここでは，熱伝導率 λ は温度に依存しない定数としている）とは異なる解析手法を用いなければならない．

9.6.2　熱移動解析の場合

時間ステップ間の平均温度は次式で表すことができる．

$$\bar{T}_i=\eta T_i^{j+1}+(1-\eta)T_i^j \tag{9.67}$$

ここで，η は時間ステップの前か後かどちらに重みをつけるかを決める0〜1の係数である．$\eta=0.5$ とすれば平均値となる．これを式(9.65)に代入して展開すると，

$$-\eta L_{i-1}T_{i-1}^{j+1}+\left[\eta(L_i+L_{i-1})+\frac{C_{\mathrm{T}i}(z_{i+1}-z_{i-1})}{2\Delta t}\right]T_i^{j+1}-\eta L_iT_{i+1}^{j+1}$$
$$=(1-\eta)L_{i-1}T_{i-1}^j+\left[\frac{C_{\mathrm{T}i}(z_{i+1}-z_{i-1})}{2\Delta t}-(1-\eta)(L_i+L_{i-1})\right]T_i^j+(1-\eta)L_iT_{i+1}^j \tag{9.68}$$

となる．ここで，L_i は，

$$L_i=\frac{\lambda_i}{z_{i+1}-z_i} \tag{9.69}$$

である．左辺の未知数 T_{i-1}^{j+1}，T_i^{j+1}，T_{i+1}^{j+1} にかかる係数（それぞれ A_i，B_i，C_i とする）は既知である．時間 j の温度は既知であるため（計算開始時は初期値が用

いられる)，式(9.68)の右辺は既知となる（D_i とする）．式(9.68)から得られる式は，i が 2～$N-1$ 番目までの節点に対して，

$$
\begin{aligned}
&A_2 T_1^{j+1} + B_2 T_2^{j+1} + C_2 T_3^{j+1} = D_2 \\
&\vdots \\
&A_i T_{i-1}^{j+1} + B_i T_i^{j+1} + C_i T_{i+1}^{j+1} = D_i \\
&\vdots \\
&A_{N-1} T_{N-2}^{j+1} + B_{N-1} T_{N-1}^{j+1} + C_{N-1} T_N^{j+1} = D_{N-1}
\end{aligned}
\tag{9.70}
$$

となる．式(9.70)の未知数が N 個の T^{j+1} であるのに対して，式の数は $N-2$ 個であるため，このままでは解くことができず，よって境界条件が導入される．つまり，既知温度境界条件の場合であれば，T_1 と T_N が既知となるため，

$$
\begin{aligned}
D_2 &= D_2 - A_2 T_1^{j+1} \\
D_{N-1} &= D_{N-1} - C_{N-1} T_N^{j+1}
\end{aligned}
\tag{9.71}
$$

によって D_2 と D_{N-1} が新しく置き換えられる．最終的に以下の行列で表される連立一次方程式を解くことに帰着する．O は成分が 0 であることを示す．

$$
\begin{pmatrix}
B_2 & C_2 & & & & & O \\
A_3 & B_3 & C_2 & & & & \\
 & \ddots & \ddots & \ddots & & & \\
 & & A_i & B_i & C_i & & \\
 & & & \ddots & \ddots & \ddots & \\
 & & & & A_{N-2} & B_{N-2} & C_{N-2} \\
O & & & & & A_{N-1} & B_{N-1}
\end{pmatrix}
\begin{pmatrix}
T_2^{j+1} \\ T_3^{j+1} \\ \vdots \\ T_i^{j+1} \\ \vdots \\ T_{N-2}^{j+1} \\ T_{N-1}^{j+1}
\end{pmatrix}
=
\begin{pmatrix}
D_2 \\ D_3 \\ \vdots \\ D_i \\ \vdots \\ D_{N-2} \\ D_{N-1}
\end{pmatrix}
\tag{9.72}
$$

左辺の係数行列は三重対角行列となる．トーマス（Thomas）のアルゴリズムやガウス（Gauss）の消去法などの適用により解が得られる．この一連の計算が所定の計算期間繰り返される．

9.6.3 水移動解析の場合

入力値として必要な不飽和透水係数 K に加えて，解析過程で計算が必要となる体積含水率 θ も圧力水頭 h の関数である．とくに，K は h について非常に非線性が強い．このような非線形方程式の解を得るためには，ある時間ステップにおいて，計算される h に応じて K と θ を更新しながら計算を繰り返し，繰り返しによる h と θ の計算結果の変化量がある許容範囲内（ε_h, ε_θ）になるまで反復するとい

う処理がなされる．

$$|h_i^{j+1,p+1}-h_i^{j+1,p}|\leq\varepsilon_h,\ \ |\theta_i^{j+1,p+1}-\theta_i^{j+1,p}|\leq\varepsilon_\theta \tag{9.73}$$

上付き文字pは繰り返しを表す．Kとθの計算には，はじめは時間jにおけるhを用いるが，2回目以降の反復では，時間jにおけるhと繰り返しによって計算されるp回目の時間$j+1$におけるhとの平均値が用いられたりする．$\bar{h}$の取り扱いについては，式(9.67)と同様に扱えるが，安定した計算を行うため，

$$\bar{h}_i=h_i^{j+1} \tag{9.74}$$

とすることが多い（$\eta=1$）．式(9.66)は反復を考慮すると，

$$\frac{\theta_i^{j+1,p}-\theta_i^j}{\Delta t}$$

$$=\frac{\left[-\left(K_{i-1/2}^{j+1,p}\dfrac{h_i^{j+1,p+1}-h_{i-1}^{j+1,p+1}}{z_i-z_{i-1}}+K_{i-1/2}^{j+1,p}\right)\right]-\left[-\left(K_{i+1/2}^{j+1,p}\dfrac{h_{i+1}^{j+1,p+1}-h_i^{j+1,p+1}}{z_{i+1}-z_i}+K_{i+1/2}^{j+1,p}\right)\right]}{\dfrac{z_{i+1}-z_{i-1}}{2}} \tag{9.75}$$

となる．境界条件を組み込み，最終的にこの式は熱移動解析と同様に連立一次方程式に変形され，解くことができる．

9.6.4 有限要素法

差分法以外の離散化手法として，有限要素法が一般によく用いられている．有限要素法では任意に配置された節点を用いることができるため，たとえば二次元解析においては任意形状の三角形要素を設定することができ，正方格子が前提となる差分法に比べて，複雑な形状の領域に対する計算が可能になるというメリットを有する．有限要素法については，たとえば，Pinder and Gray（1977）を参照されたい．

9.7 数値シミュレーションの例

水移動解析は畑地灌漑の計画と評価や堤体・山体内の浸透流解析などで行われるほか，広域の水循環解析での不飽和浸透流の計算において利用することもできる．化学物質移動解析は汚染物質の移動予測，熱移動解析は温度勾配が大きくなる地表面付近の厳密な解析や地中熱利用や帯水層熱エネルギー貯留の設計などで

行われる．解析の適用分野は幅広いが，ここでは，水移動と化学物質移動の適用例をそれぞれ示す．また，数値シミュレーションにおいて必要とされることが多い逆解析について触れる．

9.7.1 地下水涵養量推定への適用

地下水流動解析においては，境界条件として地下水面への涵養量を与える必要がある．涵養量は，地表面から地下水面までの土層条件と土地利用に応じて，降雨量や灌水量，蒸発散量の影響を複雑に受け，時間的に変化する．地下水流動解析は一般的に三次元で行われるが，地下水面までの水移動は鉛直であると仮定して，地下水流動解析の計算格子ごとに鉛直土層を設定し，土層条件と土地利用ごとに鉛直一次元水移動解析を行うことによって，下端からの水のフラックスを地下水涵養量として与えることができる．図9.5にIwasaki *et al.* (2014) が行った石川県手取川扇状地での解析の概要を示した．水稲作付け水田，転作田，畑，市街地に応じて上端境界条件を変えて地下水涵養量を推定している．水移動解析にはHYDRUS-1D（Šimůnek *et al.*, 2013），地下水流動解析にはMODFLOW（Harbaugh, 2016）を用いた．

HYDRUS-1Dは，水・化学物質・熱移動解析が可能な汎用プログラムの1つで，研究，教育，実務の分野で広く使用されている．本章で述べた移動現象の解析のほぼすべてを行うことができる．なお，MODFLOWとHYDRUS-1Dを組み合わせるパッケージがTwarakavi *et al.* (2008) によって提案されている．

9.7.2 窒素施肥管理への適用

硝酸態窒素による地下水汚染がとくに畑作を主とする農業地域で問題となるが，土壌中の水と窒素の移動解析を用いて施肥管理の提案につなげることが可能である．たとえば，実際の気象条件下において，畑地用水計画に基づいた理想的な灌漑がなされたとき，基肥一括施肥のケースと同量の肥料を2，3，6回に分けて施肥する分施のケースの計算を行って，下方への窒素溶脱量の比較を行った例（Nakamura *et al.*, 2004）を示す．このとき，窒素の移動方程式では，アンモニア態窒素と硝酸態窒素を考慮し，形態変化としては硝化過程のみを組み込んでおり，次式でそれぞれ表している．

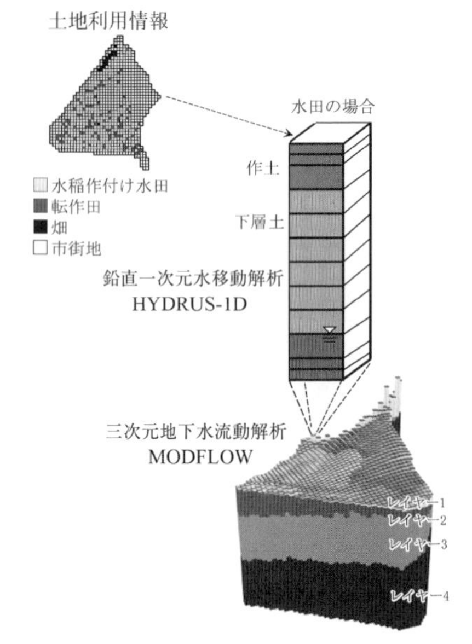

図 9.5　涵養量推定のための鉛直一次元水移動解析と地下水流動解析（Iwasaki *et al.*, 2014 を改変）

$$\frac{\partial \rho_{\mathrm{b}} c_{\mathrm{s1}}}{\partial t}+\frac{\partial \theta c_{\mathrm{l1}}}{\partial t} = -\frac{\partial q_{\mathrm{w}} c_{\mathrm{l1}}}{\partial z}+\frac{\partial}{\partial z}\left(\theta D_{\mathrm{s1}} \frac{\partial c_{\mathrm{l1}}}{\partial z}\right)-S_{\mathrm{w}} c_{\mathrm{l1}}-k_{\mathrm{nit}}\, \rho_{\mathrm{b}} c_{\mathrm{s1}}-k_{\mathrm{nit}}\, \theta c_{\mathrm{l1}} \tag{9.76}$$

$$\frac{\partial \theta c_{\mathrm{l2}}}{\partial t}=-\frac{\partial q_{\mathrm{w}} c_{\mathrm{l2}}}{\partial z}+\frac{\partial}{\partial z}\left(\theta D_{\mathrm{s2}} \frac{\partial c_{\mathrm{l2}}}{\partial z}\right)-S_{\mathrm{w}} c_{\mathrm{l2}}+k_{\mathrm{nit}}\, \rho_{\mathrm{b}} c_{\mathrm{s1}}+k_{\mathrm{nit}}\, \theta c_{\mathrm{l1}} \tag{9.77}$$

下付き文字 $_{1,\,2}$ はそれぞれアンモニア態窒素，硝酸態窒素を表す．アンモニア態窒素は吸着しやすいため c_{s} と c_{l} を，硝酸態窒素は吸着しにくいため c_{l} のみを考慮している．k_{nit} は硝化の反応速度係数で，固相と液相で同じ値とした．作物は 100 日間のスイカ栽培に続いて，100 日間のトマト栽培が行われるとし，1 年間にわたって深さ 30 cm の根群域からの窒素溶脱量（アンモニア態窒素と硝酸態窒素の合計）を計算した．例として黒ボク土における 1995 年の積算窒素溶脱量の結果を図 9.6 に示す．また，施肥方法の違いによる窒素溶脱割合（施肥窒素量に対する窒素溶脱量の比）を 9 カ年について計算した結果を図 9.7 に示す．窒素溶脱量の抑制

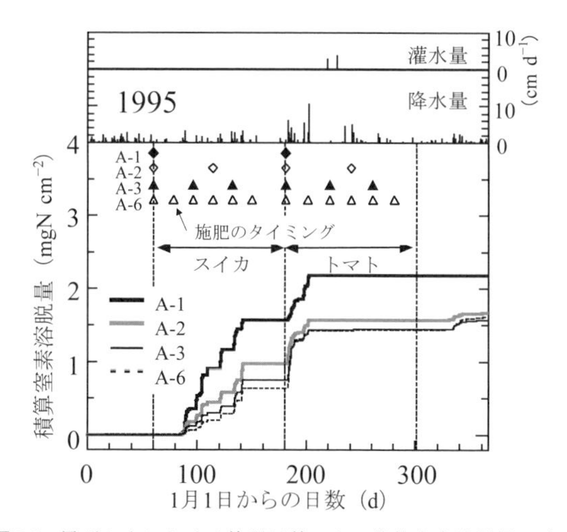

図 9.6　黒ボク土における施肥回数による積算窒素溶脱量の違い（1995 年）（Nakamura *et al*., 2004 を改変）

A-1：一括施肥，A-2：2 回分施，A-3：3 回分施，A-6：6 回分施.

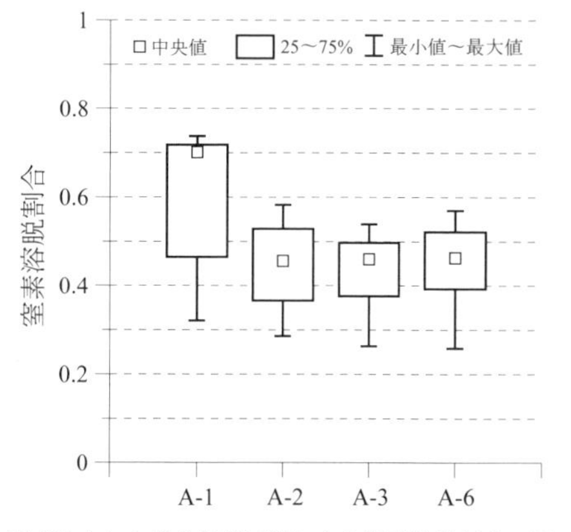

図 9.7　黒ボク土における施肥回数による窒素溶脱割合の違い（9 カ年分）（Nakamura *et al*., 2004 を改変）

A-1：一括施肥，A-2：2 回分施，A-3：3 回分施，A-6：6 回分施.

のためには基肥一括施肥に比べて分施が有効であるが，3 回以上の分施効果は小さく，2 回分施で十分であることがわかる．作物の窒素吸収量も計算できるため，作物にとって必要な窒素量がまかなわれ，窒素溶脱量を最小にするような施肥量についても検討できる.

9.7.3 土壌特性の逆解析

たとえば，土壌水分特性を表すバン・ゲヌフテン式（式(9.18)，(9.19)）を規定するパラメータ θ_r，θ_s，α，n，m，l，K_s や化学物質移動特性を規定する分散長や反応速度係数などは，別途室内試験などを実施して値を求め，これを入力値として与えることができるが，とくに実際の現場土壌に適用した場合，高い再現性が得られないことがある．これは，現場土壌が一般的に不均一性を有しており，必ずしも室内試験用に採取した土壌サンプルが現場を代表したものになっていないことが理由として考えられる．このような場合，現場土壌で実測した土壌水分量や化学物質濃度，温度などに対して，計算によって再現性が得られるように，各種パラメータを逆に求める方法がある．これは逆解析とよばれ，一般に計算値と実測値の差の二乗和で表される目的関数が最小になるようなパラメータをレーベンバーグ・マーカット（Levenberg-Marquardt）法（Marquardt, 1963）やパウエル（Powell）の共役勾配法（堀野，1992）など様々な手法によって探索することができる．このように，適切な数値解析のためには，より適切なパラメータを設定することが重要であり，そのためには，逆解析が可能となるような実測値をある期間得ておくことが望ましい．

中村公人

引　用　文　献

本書引用文献・参考文献の書誌情報は，朝倉書店ウェブサイト（https://www.asakura.co.jp/）よりダウンロードできます．検索の際にご活用ください．

第1章

石黒宗秀・溝口　勝：古典を読む 岩田進午著「土壌水に関する熱力学的考察」．土壌の物理性，**112**，27-35，2009.

岩田進午・足立泰久編：土のコロイド現象，東京化学同人，2004.

久馬一剛編：最新土壌学，朝倉書店，1997.

地盤工学会室内試験規格・基準委員会編：地盤材料の工学的分類．地盤材料試験の方法と解説，社団法人地盤工学会，pp.53-80，2009.

山根一郎他：土壌学，文永堂，1998.

和田光史：土壌粘土鉱物学のすすめ．粘土科学，**26**(1)，1-11，1986.

和穎朗太他：土壌団粒構造と土壌プロセス．日本土壌肥料学雑誌，**85**(3)，285-290，2014.

Gapon E. N.：On the theory of exchange adsorption in soils. *J. General Chemistry USSR*, **3**, 144-152 (147-156 in English translation), 1933 (*Zhurnal Obshchei Khimii*, **3**, 144-152 1933.)

Parfitt R. L.：GEORGE BROWN LECTURE 2008, Allophane and imogolite：Role in soil biogeochemical processes. *Clay Miner.*, **44**, 135-155, 2009.

Schaap, M. G. *et al.*：Rosetta：A computer program for estimating soil hydraulic parameters with hierarchical pedotransfer functions. *J. Hydrol.*, **251** (3-4), 163-176, 2001.

Six, J. *et al.*：Soil structure and organic matter：I. Distribution of aggregate-size classes and aggregate-associated carbon. *Soil Sci. Soc. Am. J.*, **64**, 681-689, 2000.

United States Salinity Laboratory Staff：*Diagnosis and Improvement of Saline and Alkali Soils*, Agricultural Handbook No. 60 (Richards, L. A. ed.), United States Department of Agriculture, 1954.

第2章

長谷川周一：土と農地—土が持つ様々な機能—，養賢堂，2013.

Hamamoto, S. *et al.*：Maxwell's law based models for liquid and gas phase diffusivities in variably-saturated soil. *Soil Sci. Soc. Am. J.*, **76**, 1509-1517, 2012.

Millington, R. J. and J. M. Quirk：Permeability of porous solids. *Trans. Faraday Soc.*, **57**, 1200-1207, 1961.

Taylor, G. I.：Dispersion of soluble matter in solvent flowing slowly through a tube. *Proc. R. Soc. A*, **219** (1173), 186-203, 1953.

Topp, G. C. *et al.*：Electromagnetic determination of soil water content：Measurements in coaxial transmission lines. *Water Resour. Res.*, **16**, 574-582, 1980.

第3章

足立格一郎：土質力学，共立出版，2002.

佐藤泰一郎：ダイズ主根の生育に寄与する土壌の三相および硬度に関する研究．高知大学農学部紀要，**66**，1-90，1998.

佐藤雄夫・湯村義男：耕耘の立場からみた重粘性土壌の物理性に関する研究．東海近畿農業試験場研究報告，**19**，127-149，1970.

農林水産省：地力増進基本指針，2008. http://www.maff.go.jp/j/seisan/kankyo/hozen_type/h_dozyo/pdf/chi4.pdf

Bengough, G. *et al.*：Root elongation, water stress, and mechanical impedance：A review of limiting stresses and beneficial root tip traits. *J. Exp. Bot.*, **62**(1), 59-68, 2011.

Dexter, A.R.：Uniaxial compression of ideal brittle tilths. *Journal of Terramechanics*, **12**(1), 3-14, 1975.

Ehlers, W. *et al.*：Penetration resistance and root growth of oats in tilled and untilled loess soil, *Soil and Tillage Research*, **3**, 261-275, 1983.

McGarry, D. and K.W.J. Malafant：The analysis of volume change in unconfined units of soil. *Soil Sci. Soc. Am. J.*, **51**, 290-297, 1987.

Peng, X. and R. Horn：Modeling soil shrinkage curve across a wide ramge of soil type. *Soil Sci. Soc. Am. J.*, **69**, 584-592, 2005.

Peth, S. and R. Horn：The mechanical behavior of structured and homogenized soil under repeated loading. *J. Plant Nutr. Soil Sci.*, **169**, 401-410, 2006.

Stenitzer, E. and E. Murer：Impact of soil compaction upon soil water balance and maize yield estimated by the SIMWATER model. *Soil and Tillage Research*, **73**, 46-56, 2003.

Utomo, W.H. and A.R. Dexter：Soil friability. *Journal of Soil Science*, **32**, 203-213, 1981.

第4章

Bricker, O.：Some stability relations in the system Mn-O_2-H_2O at 25° and one atmosphere total pressure. *Am. Mineral.*, **50**, 1296-1354, 1965.

Butterbach-Bahl, K. *et al.*：Nitrous oxide emissions from soils：How well do we understand the processes and their controls? *Phil. Trans. R. Soc. B*, **368**, 20130122, 2013.

Davidson, E.A. and L.V. Verchot：Testing the Hole-in-the-Pipe model of nitric and nitrous oxide emissions from soils using the TRAGNET database. *Glob. Biogeochem. Cy.*, **14**, 1035-1043, 2000.

Gao, S. *et al.*：Comparison of redox indicators in a paddy soil during rice-growing season. *Soil Sci. Soc. Am. J.*, **66**, 805-817, 2002.

Hayashi, K. *et al.*：Cropland soil-plant systems control production and consumption of methane and nitrous oxide and their emissions to the atmosphere. *Soil Sci. Plant Nutr.*, **61**, 29-33, 2015.

Hiemstra, T.：Formation, stability, and solubility of metal oxide nanoparticles：Surface entropy, enthalpy, and free energy of ferrihydrite. *Geochim. Cosmochim. Acta*, **158**, 179-198, 2015.

IPCC：*Climate change 2013：The physical science basis, Contribution of Working Group I to the Fifth Assessment Report of the Intergovernmental Panel on Climate Change* (Stocker, T. F. *et al.* eds.), Cambridge University Press, 2013.

de Klein, C. *et al.*：N_2O emissions from managed soils, and CO_2 emissions from lime and urea application. In：*2006 IPCC guidelines for national greenhouse gas inventories* (Eggleston, H. S. *et al.* eds.), Institute for Global Environmental Strategies, pp.1–54, 2006.

Kuypers, M. M. M. *et al.*：The microbial nitrogen-cycling network. *Nat. Rev. Microbiol.*, **16**, 263–276, 2018.

Lovley, D. R.：Happy together：Microbial communities that hook up to swap electrons. *ISME J.*, **11**, 327–336, 2017.

Majzlan, J. *et al.*：Thermodynamics of iron oxides：Part III. Enthalpies of formation and stability of ferrihydrite (~$Fe(OH)_3$), schwertmannite (~$FeO(OH)_{3/4}(SO_4)_{1/8}$), and ε-$Fe_2O_3$. *Geochim. Cosmochim. Acta*, **68**, 1049–1059, 2004.

Smith, K. *et al.*：Exchange of greenhouse gases between soil and atmosphere：Interactions of soil physical factors and biological processes. *Eur. J. Soil Sci.*, **54**, 779–791, 2003.

Thauer, R. K. *et al.*：Energy conservation in chemotrophic anaerobic bacteria. *Bacteriol. Rev.*, **41**, 100–180, 1977.

Tokida, T. *et al.*：Fully automated, high-throughput instrumentation for measuring the δ13C value of methane and application of the instrumentation to rice paddy samples. *Rapid Commun. Mass Spectrom.*, **28**, 2315–2324, 2014.

Totsche, K. U. *et al.*：Microaggregates in soils. *J. Plant Nutr. Soil Sci.*, **181**, 104–136, 2018.

Yanai, Y. *et al.*：Accumulation of nitrous oxide and depletion of oxygen in seasonally frozen soils in northern Japan：Snow cover manipulation experiments. *Soil Biol. Biochem.*, **43**, 1779–1786, 2011.

Yanai, Y. *et al.*：Snow cover manipulation in agricultural fields：As an option for mitigating greenhouse gas emissions. *Ecol. Res.*, **29**, 535–545, 2014.

第5章

山本太平・藤巻晴行：塩類集積対策．乾燥地の土壌劣化とその対策（山本太平編），古今書院，pp.187–205, 2008.

Ayers, R. S. and D. W. Westcot：Water quality for agriculture. FAO Irrigation and Drainage Paper, 29 Rev. 1, Rome, 1985.

United Nations University：World Losing 2,000 Hectares of Farm Soil Daily to Salt-Induced Degradation, 2014. http://unu.edu/media-relations/releases/world-losing-2000-hectares-of-farm-soil-daily-to-salt-induced-degradation.html（2018.11.26 閲覧）

United State Salinity Laboratory Staff：*Diagnosis and Improvement of Saline and Alkali Soils*, Agricultural Handbook No. 60 (Richards, L. A. ed.), United States Department of Agriculture, 1954.

第6章

阿部　薫他：台地畑—谷津田連鎖系における水田・湿地の窒素浄化機能—．平成 10 年度研究成果情報総合農業，272-273，1998.

大脇良成・藤原伸介：植物体内細菌（エンドファイト）による作物の窒素固定—パイオニア特別研究の成果から—．農業技術，**57**，399-403，2002.

尾崎保夫他：有用植物を用いた生活排水の資源循環型浄化システムの開発—排水中の窒素，リンを資源とした新たな取組み—．用水と廃水，**38**(12)，48-53，1996.

加藤邦彦他：有機排水を冬期も含めて長期間安定して浄化できる多段型の伏流式人工湿地ろ過システム．日本土壌肥料学雑誌，**87**(6)，467-471，2016.

金澤健二：都道府県の施肥基準値及び堆肥の施用基準値のデータベース並びに作物の収穫物の養分含有率のデータベースとその利用法．中央農業総合研究センター研究報告，**12**，27-50，2009.

倉島健次：施用基準．昭和58年度家畜ふん尿利用研究会会議資料，農林水産省草地試験場，45-61，1983.

佐藤邦明他：多段土壌層法による汚濁河川の直接浄化を目的とした高速処理技術の開発．日本土壌肥料学会誌，**76**(4)，449-458，2005.

佐藤邦明他：多段土壌層法における地域資源の活用による土壌の通水性改良と水質浄化能との関係．水環境学会誌，**38**，127-137，2015.

竹内重吉：畜産環境問題の現状と本書の分析視点．大規模干拓地における涵養保全型畜産経営，農林統計出版，pp.7-23，2010.

田淵俊雄・高村義親：集水域からの窒素・リンの流出，東京大学出版会，1985.

田渕俊雄他：農林地からの流出水の硝酸態窒素濃度と土地利用との関係．農業土木学会論文集，**178**，529-535，1995.

長谷川浩：圃場試験における土壌 作物系包括的シミュレーションモデル（10）—その意義・問題点・将来展望—，農業および園芸，**74**，915-920，1999.

平田健正：わが国における硝酸性窒素による地下水汚染の現状と問題点．水環境学会誌，**19**，950-955，1996.

前田守弘他：化学肥料および豚ぷん堆肥を連用した黒ボク土畑における硝酸性窒素の溶脱．平成14年度共通基盤研究成果情報，中央農業総合研究センター，100-101，2003.

前田守弘他：土壌pHおよび共存陰イオンが異なる黒ボク土における硝酸イオンの吸着と移動遅延．日本土壌肥料学雑誌，**79**(4)，353-357，2008.

前田守弘他：笠岡湾干拓地における水質汚濁の現状と安定同位体自然存在比を用いた汚濁機構解析．土木学会論文集G（環境），**67**(7)，III_213- III_221，2011.

前田守弘他：クリーニングクロップ導入によるナス施設栽培休閑期における栄養塩溶脱負荷の削減．土木学会論文集G（環境），**68**(7)，III_103-III_111，2012.

三島慎一郎他：家畜ふん尿堆肥に含まれる肥料成分の傾向と堆肥化に伴う窒素消失量の推定．日本土壌肥料学雑誌，**79**(4)，370-375，2008.

三島慎一郎他：国・都道府県に存在する有機性廃棄物資源量と農耕地の有機物受入れ量の推計．日本土壌肥料学雑誌，**80**(3)，226-232，2009.

Abe, K. *et al.*：Evaluation of useful plants for the treatment of polluted pond water with low N and P concentrations. *Soil Sci. Plant Nutr.*, **45**(2), 409-417, 1999.

Bergström, L. *et al.*：Simulation of soil nitrogen dynamics using the SOILN model. *Fert. Res.*, **27**, 181-

188, 1991.

Beutel, M. W. *et al.*：Effects of oxygen and nitrate on nutrient release from profundal sediments of a large, oligo-mesotrophic reservoir, Lake Mathews, California. *Lake Reserv. Manag.*, **24**(1), 18–29, 2008.

FAOSTAT, http://www.fao.org/faostat/en/#home

Galloway, J. N. and E. B. Cowling：Reactive nitrogen and the world：200 Years of change. *AMBIO*, **31**(2), 64–71, 2002.

Maeda, M. *et al.*：Nitrate leaching in an Andisol treated with different types of fertilizers. *Environ. Pollut.*, **121**, 477–487, 2003.

Maeda, M. *et al.*：Deep-soil adsorption of nitrate in a Japanese Andisol in response to different nitrogen sources. *Soil Sci. Soc. Am. J.*, **72**(3), 702–710, 2008.

Myrold, D. D.：Transformations of nitrogen. In：*Principles and Applications of Soil Microbiology* (Sylvia, D. M. *et al.* eds.), Prentice Hall, pp.333–372, 1999.

Nguyen, H. V. and M. Maeda：Effects of pH and oxygen on phosphorus release from agricultural drainage ditch sediment in reclaimed land, Kasaoka Bay, Japan. *J. Water Environ. Tech.*, **14**(4), 228–235, 2016a.

Nguyen, H. V. and M. Maeda：Phosphorus sorption kinetics and sorption capacity in agricultural drainage ditch sediments in reclaimed land, Kasaoka Bay, Japan. *Water Qual. Res. J. Can.*, **51**(4), 388–398, 2016b.

OECD：*Environmental Indicators for Agriculture, Volume 2：Issues and Design, —The York Workshop—*, OECD Publications, 1999.

Vinten, A. J. A. and K. A. Smith：Nitrogen cycling in agricultural soils. In：*Nitrate：Processes, Patterns and Management* (Burt, T. P. *et al.* eds.), John Wiley and Sons, pp.39–74, 1993.

第 7 章

内島立郎：冷温条件と水稲の不稔発生との関係についての一考察．農業気象，**31**，199–202，1976.

卜藏建治：ヤマセと冷害：東北稲作のあゆみ，成山堂書店，2001.

落合博之他：熱水土壌消毒時及びその後の土壌中における溶質動態．土壌の物理性，**112**，9–12，2009.

工藤　明：青森県西津軽における 1993 年冷害の実態と水管理．農業土木学会誌，**62**(8)，769–774，1994.

ジュリー，W.・R. ホートン著，取出伸夫監訳：土壌物理学—土中の水・熱・ガス・化学物質移動の基礎と応用—，築地書館，2006.

寺島一男他：1999 年の夏期高温が水稲の登熟と米品質に及ぼした影響．日本作物学会紀事，**70**，449–458，2001.

友正達美・山下　正：水稲の高温障害対策における用水管理の課題と対応の方向．農村工学研究所技報，**209**，131–138，2009.

鳥山国士：水稲冷害と栽培技術．農業土木学会誌，**49**(4)，297–301，1981.

西　和文：熱水土壌消毒—その原理と実践の記録—，日本施設園芸協会，2002.

西田和弘他：夜間掛流し灌漑下の灌漑水量・水温と水田水温分布の関係．農業農村工学会論文集，**84**(3)，I_391–I_401，2016.

登尾浩助：熱の伝わりやすさと温度変化のしやすさを測る—熱伝導率と熱拡散係数—．土壌物理実験法（宮﨑 毅・西村 拓編），東京大学出版会，pp.156-167，2011.

登尾浩助他：双子プローブ熱パルス法による土壌の熱的性質測定の比較．土壌の物理性，**90**，3-9，2002.

登尾浩助他：飯舘村各地区における土壌凍結日の推定．農業農村工学会全国大会講演要旨集，106-107，2014.

堀口郁夫：1993年の冷害について．自然災害科学，**13**(2)，81-89，1994.

宮﨑 毅他：土壌物理学，朝倉書店，2005.

望月秀俊他：豊浦砂の熱伝導率の塩類依存性．農業土木学会論文集，**1998**(198)，939-944，1998.

百瀬年彦・粕淵辰昭：サーモモジュールを利用した土壌中の熱フラックス測定．土壌の物理性，**108**，91-98，2008.

森田 敏：水稲高温登熟障害の生理生態学的解析．九州沖縄農業研究センター報告，**52**，1-78，2009.

矢崎友嗣・登尾浩助：水田における生育ステージごとのエネルギー・水収支の変化．農業農村工学会全国大会講演要旨集，388-389，2008.

矢崎友嗣他：北海道の気候条件からみた土壌凍結深制御による野良イモ防除の作業日程の検討，生物と気象，**12**，12-20，2012.

Angus, J. F. *et al.*：Phasic development in field crops I. Thermal response in the seedling phase. *Field Crops Research*, **3**, 365-378, 1980.

Bristow, K. L. *et al.*：Measurement of soil thermal properties with a dual-probe heat-pulse technique. *Soil Sci. Soc. Am. J.*, **58**(5), 1288-1294, 1994.

Campbell, G. S.：*Soil Physics with BASIC*, Elsevier, 1985.

Campbell, G. S. and J. L. Norman：*An Introduction to Environmental Biophysics* 2nd ed., Springer, 1998.

Carslaw, H. S. and J. C. Jaeger：*Heat in Solids*, Clarendon Press, 1959.

Foken, T.：The energy balance closure problem：An overview. *Ecol. Appl.*, **18**(6), 1351-1367, 2008.

Goh, E. G. and K. Noborio：An improved heat flux theory and mathematical equation to estimate water vapor advection as an alternative to mechanistic enhancement factor. *Transp. Porous Med.*, **111**(2), 331-346, 2016.

Heilman, J. L. *et al.*：Fetch requirements for Bowen ratio measurements of latent and sensible heat fluxes. *Agric. For. Meteorol.*, **44**, 261-273, 1989.

Hiraiwa, Y. and T. Kasubuchi：Temperature dependence of thermal conductivity of soil over a wide range of temperature (5-75 C). *Eur. J. Soil Sci.*, **51**(2), 211-218, 2000.

Horie, T. *et al.*：Effects of elevated CO_2 and global climate change on rice yield in Japan. In：*Climate Change and Plants in East Asia* (Omasa, K. *et al.* eds.), Springer Japan, pp.39-56, 1996.

Horton, R. *et al.*：Evaluation of methods for determining the apparent thermal diffusivity of soil near the surface. *Soil Sci. Soc. Am. J.*, **47**(1), 25-32, 1983.

Jagadish, S. V. K. *et al.*：High temperature stress and spikelet fertility in rice (*Oryza sativa* L.). *J. Exp. Bot.*, **58**(7), 1627-1635, 2007.

Knight, J. H. and G. J. Kluitenberg：Simplified computational approach for dual-probe heat-pulse method. *Soil Sci. Soc. Am. J.*, **68**(2), 447-449, 2004.

Kojima, Y. *et al.*：Sensible heat balance estimates of transient soil ice contents. *Vadose Zone J.*, **15**(5), 2016. doi：10.2136/vzj2015.10.0134

Lunardini, V. J.：*Heat Transfer in Cold Climates*, Van Nostrand Reinhold Company, 1981.

Mizoguchi, M.：Remediation of paddy soil contaminated by radiocesium in Iitate Village in Fukushima prefecture. In：*Agricultural Implications of the Fukushima Nuclear Accident* (Nakanishi, T. and K. Tanoi eds.), Springer, pp.131–142, 2013.

Monteith, J. L. and M. H. Unsworth：*Principles of Environmental Physics* 4th ed., Academic Press, 2008.

Noborio, K. and K. J. McInnes：Thermal conductivity of salt-affected soils. *Soil Sci. Soc. Am. J.*, **57**(2), 329–334, 1993.

Noborio, K. *et al.*：Two-dimensional model for water, heat, and solute transport in furrow irrigated soil：I. Theory. *Soil Sci. Soc. Am. J.*, **60**(4), 1001–1009, 1996.

Noborio, K. *et al.*：Evaluation of energy-balance-based evapotranspiration in a grass field. 土壌の物理性 (*J. Jpn. Soc. Soil Phys.*), **122**, 15–21, 2012.

Philip, J. R. and D. A. de Vries.：Moisture movement in porous materials under temperature gradients. *Eos, Trans. Am. Geophys. Union*, **38**(2), 222–232, 1957.

Schuur, E. A. G. *et al.*：Expert assessment of vulnerability of permafrost carbon to climate change. *Clim. Change*, **119**(2), 359–374, 2013.

Spaans, E. J. A. and J. M. Baker：Examining the use of time domain reflectometry for measuring liquid water content in frozen soil. *Water Resour. Res.*, **31**, 2917–2925, 1995.

Tokumoto, I. *et al.*：Coupled water and heat flow in a grass field with aggregated Andisol during soil-freezing periods. *Cold Reg. Sci. Technol.*, **62**(2), 98–106, 2010.

Yanai, Y. *et al.*：Response of denitrifying communities to successive soil freeze-thaw cycles. *Biol. Fertil. Soils*, **44**(1), 113–119, 2007.

第8章

大澤和敏他：農業流域から河川へ流入する微細土砂の抑制対策試験および解析．河川技術論文集, **11**, 309–314, 2005.

農林水産省構造改善局計画部：土地改良事業計画指針 農地開発（改良山成畑工），農業土木学会，1992.

藤原輝男他：降雨エネルギの算定式に関する研究．農業土木学会論文集，**114**，7–13，1984.

GeoWEPP, http://geowepp.geog.buffalo.edu（2019.2.27 閲覧）

Morgan, R. P. C. *et al.*：*EUROSEM*：*Documentation Manual, Silsoe Collage*, Cranfield university, 1992.

Nearing M. A. *et al.*：A process-based soil erosion model for USDA-water erosion prediction project technology. *Trans. ASAE.*, **32**(5), 1587–1593, 1989.

Renard, K. G. *et al.*：*Predicting Rainfall Erosion Losses*：*A Guide to Conservation Planning with the Revised Universal Soil Loss Equation* (*RUSLE*), Agricultural Handbook No. 703, United States Department of Agriculture, 2000.

USDA：CREAMS：A Field-Scale Model for Chemical Study, Geography Department Systems. *U. S. Department of Agriculture Conservation Research Report No. 26*, 1980.

WEPP, https://www.ars.usda.gov/midwest-area/west-lafayette-in/national-soil-erosion-research/docs/wepp/（2019.2.27 閲覧）

WEPS, https://infosys.ars.usda.gov/WindErosion/weps/wepshome.html（2019.2.27 閲覧）

Wischmeier, W. H. and D. D. Smith：*Predicting Rainfall-erosion Losses*, Agricultural Handbook No. 537, United States Department of Agriculture, 1978.

Woodruff, N. P. and F. H. Siddoway：A wind erosion equation. *Soil Science Society of America Proceedings*, **29**, 602-608, 1965.

Woolhiser, D. A. *et al.*：*KINEROS, A Kinematic Runoff and Erosion Model, Documentation and Use Manual*, United States Department of Agriculture, ARS-77, 1989.

Young, A. *et al.*：AGNPS：A nonpoint-source pollution model for evaluating agricultural watersheds, *J. Soil Water Conserv.*, **44**(2), 121-132, 1989.

第 9 章

キャンベル，G. S. 著，中野政詩・東山　勇監訳：パソコンで学ぶ土の物理学―自然環境管理の基礎―，鹿島出版会，1987.

藤縄克之：環境地下水学，共立出版，2010.

堀野治彦：地下水数値計算法（15）3-2. パウエル法によるパラメータ同定問題．地下水学会誌，**34**，31-40，1992.

Feddes, R. A. *et al.*：*Simulation of field water use and crop yield*, Center for Agricultural Publishing and documentation, 1978.

van Genuchten, M.Th.：A closed-form equation for predicting the hydraulic conductivity of unsaturated soil. *Soil Sci. Soc. Am. J.*, **44**, 892-898, 1980.

van Genuchten, M. Th. and R. J. Wagenet：Two-site/two-region models for pesticide transport and degradation：Theoretical development and analytical solutions. *Soil Sci. Soc. Am. J.*, **53**, 1303-1310, 1989.

Harbaugh, A. W.：MODFLOW-2005, The U.S. Geological Survey Modular Ground-Water Model—the Ground-Water Flow Process, U.S. Geological Survey Techniques and Methods 6-A16, 2016. https://pubs.usgs.gov/tm/2005/tm6A16/PDF.htm（2018.12.13. 閲覧）

Iwasaki, Y. *et al.*：Assessment of factors influencing groundwater-level change using groundwater flow simulation, considering vertical infiltration from rice-planted and crop-rotated paddy fields in Japan. *Hydrogeol. J.*, **22**(8), 1841-1855, 2014.

Marquardt, D. W.：An algorithm for least-squares estimation of nonlinear parameters. *J. Soc. Indust. Appl. Math.*, **11**, 431-441, 1963.

Mualem, Y.：A new model for predicting the hydraulic conductivity of unsaturated porous media. *Water Resour. Res.*, **12**(3), 513-522, 1976.

Nakamura, K. *et al.*：Assessment of root zone nitrogen leaching as affected by irrigation and nutrient management practices. *Vadose Zone J.*, **3**, 1353-1366, 2004.

Philip, J. R. and D. A. de Vries：Moisture movement in porous materials under temperature gradients. *Eos, Trans. Am. Geophys. Union*, **38**(2), 222-232, 1957.

Pinder, G. F. and W. G. Gray：*Finite Element Simulation in Surface and Subsurface Hydrology*, Academic Press, 1977.

Rassam, D. *et al.* 著，取出伸夫・井上光弘監訳：HYDRUS-2D による土中の不飽和流れ計算，農業土木学会土壌物理研究部会 HYDRUS グループ，2004.

Šimůnek, J. *et al.*：The HYDRUS-1D Software Package for Simulating the One-dimensional Movement of Water, Heat, and Multiple Solutes in Variably-saturated Media. Version 4.17., Department of Environmental Sciences, University of California Riverside, 2013.

Twarakavi, N. K. C. *et al.*：Evaluating interactions between groundwater and vadose zone using HYDRUS-based flow package for MODFLOW. *Vadose Zone J.*, **7**(2), 757–768, 2008.

de Vries, D. A.：Simultaneous transfer of heat and moisture in porous media. *Eos, Trans. Am. Geophys. Union*, **39**(5), 909–916, 1958.

参考文献

本書引用文献・参考文献の書誌情報は，朝倉書店ウェブサイト（https://www.asakura.co.jp/）よりダウンロードできます．検索の際にご活用ください．

足立格一郎：土質力学，共立出版，2002.
犬伏和之・安西徹郎編：土壌学概論，朝倉書店，2001.
久馬一剛編：最新土壌学，朝倉書店，1997.
ジュリー，W.・R. ホートン著，取出伸夫監訳：土壌物理学—土中の水・熱・ガス・化学物質移動の基礎と応用—，築地書館，2006.
日本ペドロジー学会の日本土壌分類体系，http://pedology.jp/img/Soil Classification System of Japan.pdf（2019.3.3. 閲覧）
包括的土壌分類第 1 次試案（農業環境技術研究所，2011 年当時），http://www.naro.affrc.go.jp/archive/niaes/sinfo/publish/bulletin/niaes29.pdf（2019.3.3. 閲覧）
宮﨑　毅他：土壌物理学，朝倉書店，2005.

第 1 章

青山正和：（自然と科学技術シリーズ）土壌団粒—形成・崩壊のドラマと有機物利用—，農山漁村文化協会，2010.
岩田進午・足立泰久編著：土のコロイド現象，学会出版センター，2004.
久馬一剛編：最新土壌学，朝倉書店，1997.
ジュリー，W.・R. ホートン著，取出伸夫監訳：土壌物理学—土中の水・熱・ガス・化学物質移動の基礎と応用—，築地書館，2006.

第 2 章

ジュリー，W.・R. ホートン著，取出伸夫監訳：土壌物理学—土中の水・熱・ガス・化学物質移動の基礎と応用—，築地書館，2006.
土壌物理学会編：土壌物理用語辞典，養賢堂，2002.
宮﨑　毅・西村　拓編：土壌物理実験法，東京大学出版会，2011.
宮﨑　毅他：土壌物理学，朝倉書店，2005.
Warrick, A. W.：*Soil Physics Companion*, CRC Press, 2001.

第 3 章

足立格一郎：土質力学．共立出版．2002.

地盤工学会不飽和地盤の挙動と評価編集委員会編：不飽和地盤の挙動と評価，地盤工学会，丸善株式会社，2004.

Horton, R. *et al.* eds.：*Hartge/Horn*：*Essential Soil Physics*：*An introduction to soil processes, functions, structure and mechanics* (English version), Schweizerbart Science Publishers, 2016.

Logsdon, S. *et al.* eds.：*Quantifying and modeling soil structure dynamics*, Soil Science Society of America, 2013.

第4章

真船文隆・渡辺　正：化学はじめの一歩シリーズ2　物理化学，化学同人，2016.

三村芳和：酸素のはなし―生物を育んできた気体の謎―，中公新書，2007.

安田喜憲：気候変動の文明史，NTT 出版，2004.

矢田　浩：鉄理論＝地球と生命の奇跡，講談社現代新書，2005.

山崎勝義：物理化学 Monograph シリーズ下（第2版），広島大学出版会，2016.

Kirk, G.：*The Biogeochemistry of Submerged Soils*, John Wiley & Sons, 2004.

第5章

北村義信：乾燥地の水をめぐる知識とノウハウ，技報堂出版，2016.

恒川篤史編：乾燥地を救う知恵と技術，丸善出版，2014.

日本砂丘学会編：世紀を拓く砂丘研究―砂丘から世界の沙漠へ―，農林統計協会，2000.

日本土壌肥料学会編：塩集積土壌と農業，博友社，1991.

山本太平編：乾燥地の土地劣化とその対策，古今書院，2008.

第6章

武田育郎：水と水質環境の基礎知識，オーム社，2001.

西尾道徳：農業と環境汚染―日本と世界の土壌環境政策と技術―，農文協，2005.

日本地下水学会編：地下水水質の基礎，理工図書，2000.

松中照夫：（農学基礎シリーズ）新版 土壌学の基礎―生成・機能・肥沃度・環境―，農山漁村文化協会（農文協），2018.

Masters, G. M. and W. P. Ela：*Introduction to Environmental Engineering and Science* 3rd ed., Prentice Hall, 2007.

Stumm, W. and J. J. Morgan：*Aquatic Chemistry*：*Chemical Equilibria and Rates in Natural Waters* (Environmental Science and Technology：A Wiley-Interscience Series of Texts and Monographs Book 127) 3rd ed., 1996.

Sylvia, D. M. *et al.*：*Principles and Applications of Soil Microbiology* 2nd ed. Pearson Prentice Hall, 2005.

第7章

宮﨑　毅・西村　拓編：土壌物理実験法，東京大学出版会，2011.

八幡敏雄：土壌の物理，東京大学出版会，1983.

Campbell, G. S.：*Soil Physics with BASIC*, Elsevier, 1985.

Campbell, G. S. and J. L. Norman：*An Introduction to Environmental Biophysics* 2nd ed., Springer, 1998.

Carslaw, H. S. and J. C. Jaeger：Conduction of *Heat in Solids*, Clarendon Press, 1959.

Hillel, D.：*Environental Soil Physics：Fundamentals, Applications, and Environmental Considerations*, Elsevier, 1998.（ヒレル, D. 著, 岩田進午・内嶋善兵衛監訳：環境土壌物理学, 農林統計協会）

Horton, R. *et al.* eds.：*Hartge/Horn：Essential Soil Physics：An introduction to soil processes, functions, structure and mechanics* (English version), Schweizerbart Science Publishers, 2016.

Monteith, J. L. and M. H. Unsworth：*Principles of Environmental Physics* 4th ed., Academic Press, 2008.

第8章

池田駿介・萱　和利監修：環境保全・再生のための土砂栄養塩類動態の制御, 近代科学社, 2014.

塩沢　昌他編：農地環境工学 第2版, 文永堂出版, 2016.

土壌物理学会編：土壌物理用語辞典, 養賢堂, 2002.

農業土木学会：農業土木ハンドブック, 農業土木学会, 2000.

農林水産省構造改善局計画部：土地改良事業計画指針 農地開発（改良山成畑工）, 農業土木学会, 1992.

第9章

伊理正夫・藤野和建：数値計算の常識, 共立出版, 1985.

ジュリー, W.・R. ホートン著, 取出伸夫監訳：土壌物理学—土中の水・熱・ガス・化学物質移動の基礎と応用—, 築地書館, 2006.

日本地下水学会 地下水流動解析基礎理論のとりまとめに関する研究グループ編：地下水シミュレーション—これだけは知っておきたい基礎理論—, 技報堂出版, 2010.

フヤコーン, P. S.・G. F. ピンダー著, 赤井浩一訳監修：地下水解析の基礎と応用（上巻 基礎編／下巻 応用編）, 現代工学社, (1987／1988).

矢川元基：〈有限要素法の基礎と応用シリーズ 8〉流れと熱伝導の有限要素法入門, 培風館, 1983.

山崎郭滋：偏微分方程式の数値解法入門, 森北出版, 1993.

索　引

欧文

ア行

カ行

サ行

タ行

ナ行

ハ行

マ行

ヤ行

ラ行

ワ行

編集者略歴

西村　拓（にしむら　たく）

1963年　石川県に生まれる
1989年　東京大学大学院農学系研究科修士課程修了
　東京大学農学部農業工学科，東京農工大学農学部地域生態システム学科，
　同大学院農学研究科国際環境農学
　専攻を経て
現　在　東京大学大学院農学生命科学研究科 教授
　博士（農学）

実践土壌学シリーズ 4
土 壌 物 理 学

定価はカバーに表示

2019年4月20日　初版第1刷

編集者　西　村　　　拓
発行者　朝　倉　誠　造
発行所　株式会社　朝　倉　書　店
東京都新宿区新小川町 6-29
郵便番号　162-8707
電　話　03（3260）0141
FAX　03（3260）0180
http://www.asakura.co.jp

〈検印省略〉

教文堂・渡辺製本

ISBN 978-4-254-43574-0　C 3361　Printed in Japan